2015 年度中国电力科学研究院专著出版基金资助项目

储能系统关键技术
及其在微网中的应用

李建林　修晓青　惠　东
徐少华　马会萌　房　凯　著
谢志佳　靳文涛　孙　威

中国电力出版社
CHINA ELECTRIC POWER PRESS

内容提要

本书主要讨论储能技术在微网中应用的关键技术及相关示范工程现状，详细介绍了微网中储能的作用、政策与标准、微网结构与模型，重点分析了储能系统的容量配置技术与控制策略，并结合示范工程对微网中储能的作用进行了介绍，本书遵循理论分析与实例仿真相结合的原则，以期为广大读者提供借鉴。

本书可作为从事储能技术研究的科研工作者参考使用，亦可作为高等院校相关专业广大师生的参考用书。

图书在版编目（CIP）数据

储能系统关键技术及其在微网中的应用 / 李建林等著. —北京：中国电力出版社，2016.6 (2023.12重印)
ISBN 978-7-5123-9481-0

Ⅰ.①储… Ⅱ.①李… Ⅲ.①储能－研究 Ⅳ.①TK02

中国版本图书馆 CIP 数据核字（2016）第 134048 号

中国电力出版社出版、发行
（北京市东城区北京站西街 19 号 100005 http://www.cepp.sgcc.com.cn）
北京盛通印刷股份有限公司印刷
各地新华书店经售

*

2016 年 6 月第一版 2023 年 12 月北京第四次印刷
787 毫米×1092 毫米 16 开本 10 印张 225 千字
印数 3501—4000册 定价 **45.00** 元

前　言

在能源供给与环境问题的双重压力下，自2015年，中共中央国务院、国家能源局、发改委等相继出台了强有力的政策文件，《中共中央国务院关于进一步深化电力体制改革的若干意见》（中发〔2015〕9号）及相关配套文件《关于改善电力运行调节促进清洁能源多发满发的指导意见》《发改委关于做好电力需求侧管理城市综合试点工作的通知》首先肯定了储能在微网中提高系统消纳能力和能源利用效率的重要作用，继而《关于促进智能电网发展的指导意见》《国家能源局关于推进新能源微电网示范项目建设的指导意见》，紧接着，2016年《关于推进“互联网+”智慧能源发展的指导意见》，均明确提出储能技术在智能电网发展中的重要地位。

储能系统能够优化分布式电源并网与消纳、参与调峰调频、提高用户参与需求侧响应的积极性，微网中为容纳高比例波动性可再生能源，需考虑技术经济性，配置一定容量的储能系统。

本书得到了科技部“863”项目（2014AA052004）、国家电网公司软科学项目（8142DG160001）以及中国电科院专著出版基金的大力资助，在此深表谢意。在本书编辑过程中，中国电力科学研究院的同事李蓓、杨水丽、张明霞、闫涛、胡娟、许守华、渠展展、汪奂伶等同志也付出了辛勤劳动，参与了部分内容的撰写、校对等工作，硕士生陈明轩、吴小刚、吴振威、马速良、张婳等完成了书中部分算法、建模和仿真，在此一并致谢。

限于作者水平和条件，书中疏漏之处在所难免，恳请读者批评指正。

2016年5月

作者于北京

目 录

目录

第1章

概　　述

1.1　分布式发电及微网现状

近年来，国内外能源危机日渐严峻，传统化石燃料引起的环境污染也日益加剧。与此同时，集中式发电由于其拓扑结构单一、供电灵活性较差等特点，难以满足用户对供电安全性、可靠性的要求。因此，各国相继将目光投向以可再生能源为能量来源的分布式发电，发展扩大新型清洁能源的开发利用成为解决能源环境以及供电安全可靠性问题的必然选择。

分布式发电技术主要有：风能发电、光伏发电、潮汐能发电、生物质能发电以及燃气轮机/内燃机发电等。目前，国内外分布式发电的研究主要集中在风力发电和光伏发电。与传统的集中式大规模发配电方式相比，分布式发电技术具有发电系统分散独立、可靠性高、可对区域电网的电能质量和性能进行实时控制、投资少、安装地点灵活、建设周期短、用户可自主控制、能源利用率高以及环境污染小等优势。但是，可再生分布式能源的大规模接入也给传统电网带来巨大的挑战和冲击：其一，分布式可再生能源出力具有随机性和波动性，可控性较差；其二，分布式能源的接入将改变传统配电网中单向潮流的基本格局，这一特点可能会严重影响电网的电压质量、短路电流和供电可靠性。因此，为减少分布式电源接入对大电网产生的不利影响，充分整合分布式发电技术的优势，相关研究人员提出了一种更加灵活、更加智能的分布式发电系统组织形式——微网（microgrid）。

将各种分布式电源组成微网的形式运行，具有多方面的优点，例如，①有利于提高配电网对分布式电源的接纳能力；②可有效提高间歇式可再生能源利用率，并可根据实际用户需求提供多样化的电能质量服务；③可降低配电网络损耗，优化配电网运行方式；④可在电网故障状态下保证关键负荷供电，提高网络的供电可靠性；⑤可用于解决偏远地区、荒漠或海岛中用户的用电问题。微网已成为解决分布式电源无障碍接入的友好载体。

微网中往往融合了先进的信息技术、控制技术和电力技术，在提供可靠的电力供应、满足用户多种需求的同时，还能保证实现能源效益、经济效益和环境效益的最大化。与此同时，微网可在常规电网中扮演电网支撑、提高能效、节能降耗、防震减灾、农村电气化等角色。由微网的种种优点决定，微网将是智能电网建设中不可或缺的重要部分，微网技术的全面发展是实现智能电网建设的客观要求。

因此，大力发展微网技术，使其配合当前的电力系统组成更加灵活的供电格局，可以有效加强我国电力系统的安全性和可靠性，为提高当前电力系统的供电能力和电能质量指出了一条有效途径，也为优化当前电力系统结构及构建坚强、完全可控的智能电网

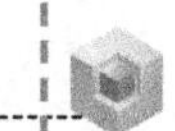

提供理论支持。在我国，大力地推广微网技术，是走可持续发展道路的具体体现，是对我国调整能源结构、解决边远地区用电、保护环境、落实科学发展观、构建社会主义和谐社会的有力支撑。

在微网的概念提出后，迅速受到了包括美国、欧盟、日本、中国等世界各国、各地区的高度重视，各国政府纷纷制订相关的能源发展策略，为微网的发展提供了强劲的动力。

1.1.1 美国

美国电气可靠性技术解决方案协会（Consortium for Electric Reliability Technology Solutions，CERTS）是世界分布式发电微网领域研究的先行者，它发表了一系列了关于微网概念和控制的著述，这些著述针对微网的思想及重要性技术问题进行了详细的描述。CERTS 在威斯康辛麦迪逊分校建立了自己的实验室规模的测试系统，并与美国电力公司合作，在俄亥俄州的哥伦布 Dolan 技术中心，建立了微网平台。美国北部电力系统承接的曼德瑞沃（Mad River）微网是美国第一个微网示范性工程，该示范工程主要用于检验微网建模及仿真方法、微网保护及其控制策略研究和微网的经济效益等，与此同时初步的探讨了制定微网管理条例和相关法规。美国能源部（DOE）在"Grid 2030"发展战略中，提出以微网的形式安装和利用分布式发电系统的阶段性计划，该计划对此后微网技术的发展规划进行了较为详尽的阐述。

1.1.2 日本

日本在分布式发电的应用和微网建设领域走在了世界前列，已在国内建立了多个微网示范工程。可再生能源一直是日本电力行业关注的重点，新能源与工业技术发展组织（The New Energy and Industrial Technology Development Organization，NEDO）支持了多项微网示范工程的建设，同时鼓励和倡导可再生能源和分布式发电技术在微网中的应用。NEDO 早在 2003 年就启动了包含可再生能源的地区配电网项目，分别在京都、爱知和青森 3 个县建立了微网示范性工程。在青森县的微网示范工程中，电能和热能全部由可再生能源（风能、太阳能和生物质能）供给，示范工程中的整个微网通过公共连接点与大电网连接。微网成功投运后，增加了可再生能源利用率，减少了当地用户从大电网的购电量，并且 CO_2 排放量明显降低，在为期 1 周的试运行测试期间，整个系统的电压和频率均维持在允许范围内，较好地实现了系统的安全、稳定运行。

1.1.3 欧洲

欧盟通过资助和建设 Microgrids 和 MoreMicrogrids 2 个微网项目，拓展对微网概念的理解、提高分布式发电装置在微网中的渗透率，基于微网项目及示范工程初步形成了微网运行、控制、保护、通信，以及安全等相关的理论体系。希腊、德国、西班牙等国建立了不同规模的微网示范性试验平台，其中由德国太阳能研究所（ISET）建立的微网实验室是欧洲微网的典型代表，容量达 200kVA，试验平台上设计并且安装了简单的能量管理系统。

未来欧盟针对微网的研究主要集中于分布式可再生发电系统的控制策略、单微网的运行规划、多微网运行管理技术的研发、微网技术和商业化规范的制定、微网示范性测试平台的建立及推广，以及电力系统运行性能的综合评估等方面，为分布式可再生发电系统大规模接入电网提供理论和实践依据，也为传统电网向智能电网的过渡做好铺垫。

欧盟第五框架计划（1998～2002 年）项目——The Microgrids: Large Scale Integration of Micro-Generationto Low Voltage Gridsactivity，总投资 450 万欧元，形成了以雅典国立科技大学为首的包含 7 个欧盟国家 14 个研究组织参与的科研团队。该项目在微网控制策略、并网和孤岛运行、微网保护、微网经济性、实验室建设方面等取得了重大成果，并在雅典、曼彻斯特、ISET 等地建立了微网实验平台。

欧盟第六框架计划(2002～2006 年)项目——Advanced Architecturesand Control Concepts for MoreMicrogrids，总投资 850 万欧元，相对于第五框架计划，第六框架计划的研究团队进一步的扩大，不仅包括 ABB、Siemens 这样的电气设备制造商，还包括一些欧盟成员国的电力企业和来自希腊、英国、西班牙、葡萄牙、德国等国家的技术人员共同参与，研究的对象也由单微网运行拓展到多个微网并列运行，该框架计划项目的目标是保证并实现多微网在电力市场环境下的技术及商业接入。同时，欧盟还建立了多个微网示范工程，例如，由希腊 CRES 公司牵头在爱琴海南部建立的基斯诺斯岛微网工程，由荷兰 Continuon 公司牵头在 Bronsbergen 假日公园建立的微网工程，由德国 MVVEnergie 公司牵头在一个包含 1200 户居民的生态区建立的多微网试验点，西班牙 LABEIN 公司、葡萄牙 EDP 公司、意大利 CESI 公司、丹麦 OESTKRAFT 公司也均在各国建立了相应的微网试验点。这些示范工程的研究成果已成为欧盟“智能电网——欧洲未来电网展望和战略”中的重要组成部分。

1.1.4 中国

微网技术作为前沿技术研究领域，以其高可靠性、环保、灵活等众多优点在欧美等发达国家得到了大力发展，与发达国家相比，我国对分布式发电和微网的研究起步较晚，相对来说技术尚不够成熟，还需要进一步的努力与发展。在《中华人民共和国可再生能源法》等一系列国家政策法规的鼓励引导下，在国家科技部“973”项目、“863”项目及国家自然科学基金等资金支持下，国内众多高校、科研机构和企业投入到可再生能源和微网的研究开发及应用实践中，取得了一些阶段性的研究成果，建设了一批微网示范工程。从地域上来看，我国微网示范工程主要分布于边远地区、海岛及城市等传统电网投资成本高、可再生能源丰富、环境压力大的地区。

（1）我国西藏、青海、新疆、内蒙古等边远地区人口密度低、生态环境脆弱，扩展传统电网成本高，采用化石燃料发电对环境的损害大。但边远地区风、光等可再生能源丰富，因此利用本地可再生分布式能源的独立微网是解决我国边远地区供电问题的合适方案，例如，西藏阿里地区狮泉河水光储互补微网、青海玉树州杂多县大型独立光伏储能微网等。

（2）我国拥有超过 7000 个面积大于 500m^2 的海岛，其中超过 450 个岛上有居民。这些海岛大多依靠柴油发电在有限的时间内供给电能，目前仍有近百万户沿海或海岛居民生活在缺电的状态中。考虑到向海岛运输柴油的高成本和困难性以及海岛所具有的丰

富可再生能源，利用海岛可再生分布式能源、建设海岛微网是解决我国海岛供电问题的优选方案。从更大的视角看，建设海岛微网符合我国的海洋大国战略，是我国研究海洋、开发海洋、走向海洋的重要一步，目前已建设了一批海岛微电网示范工程，例如，浙江鹿西岛并网型微网示范工程、浙江东福山岛风光储柴及海水综合新能源微网、浙江南麂岛离网型微网示范工程等。

（3）我国城市微网示范工程，重点示范目标包括集成可再生分布式能源、提供高质量及多样性的供电可靠性服务、冷热电综合利用等，例如，天津生态城二号能源站综合微网、河南分布式光伏发电及微网运行控制试点工程等。

另外，还有一些发挥特殊作用的微网示范工程，例如，江苏大丰的海水淡化微网项目。

1.1.5 其他国家和地区

世界上还有许多国家和地区开展微网相关研究和示范工程建设，例如，韩国济州岛示范工程、印尼电信产业微网工程、澳大利亚珀斯等地的9个微网示范工程、泰国Kohjig等地的7个微网示范工程、南非罗本岛微网示范工程、香港晨曦岛微网示范工程等。越来越多的国家和地区加入到微网的研发和应用中，根据具体国情和实际需求建设各具特点的微网示范工程。表1-1中列出了国内外的一些典型微网示范工程。

表1-1　　典型微网示范工程

序号	名称（地点）	能源种类	储能系统	主要特点
1	NREL Microgrid（美国）	柴油发电机：125kW 燃气轮机：30kW 光伏：10kW 风机：100kW	蓄电池	电源形式较多，负荷相对单一、无电动机负荷，分布式发电系统可靠性测试
2	Sandia DETL Microrid（美国）	光伏、燃气轮机	电池储能	分析分布式电源利用效率，监测分布式电源、负荷变化对微网稳态运行的影响
3	CERTS Microgrid（美国）	燃气轮机：60kW×3	蓄电池	电源类型单一，没有考虑光伏、风机等分布式能源
4	Waitsfield Microgrid Project（美国）	光伏：10kW 燃气轮机：30kW 柴油发电机：380kW	计划后期增加风机和飞轮储能	分布式电源配电网规划、微网上层监控研究
5	Distributed Utility Integration Test Project（美国）	光伏：150kW 微型燃气轮机：90kW 柴油发电机：300kW	锂离子电池：500kW 液流电池：1MW	微网的电压和频率调整、电能质量监测与分析，微网继电保护机分布式电源渗透率对配电网影响的研究
6	Palmdale, Calif. City Microgrid Project（美国）	风电：950kW 水轮机：250kW 汽轮机：200kW 备用柴油发电机：800kW	超级电容器：2×225kW	研究超级电容对电能质量的影响
7	Santa Rita Prison Microgrid project（美国）	光伏：275kW	锂离子电池：2MW	为监狱提供日常用电，可孤岛运行8h以上，低储高发

续表

序号	名称（地点）	能源种类	储能系统	主要特点
8	DOD Marine Corps Air Station Miramar Microgrid（美国）	光伏：230kW	锌溴电池：250kW	降低高峰用电需求，并在无法获得电网电力时为关键军事系统提供电力
9	PSU GridSTAR Microgrid Test Center（美国）	—	锂离子电池：250kW	集成了可再生能源与能源存储、电动汽车充电等先进技术
10	Scripps Ranch Community Center BESS（美国）	光伏：30kW	锂离子电池：100kWh	平抑可再生能源功率波动，后备电源
11	EnerDel Mobile Hybrid Power System（美国）		锂离子电池：15kW	节省发电机燃料供应，保证电力供需平衡
12	BCITMicrogrid Demonstration Site（加拿大）	光伏：27kW 柴油发电机：300、500、125kW 天然气：15kW	电池储能	加拿大第一个校园智能微网示范站点
13	Bronsbergen Holiday Park microgrid（荷兰）	光伏：335kW	电池储能	提供200幢别墅电力，联网孤岛自动切换，黑启动能力
14	AM Steinweg residential microgrid project（德国）	光伏：35kW 热电联产：28kW	铅酸电池：50kWh	系统能够进行孤岛运行，满足长时间的电力需求
15	CESI RICERCA DER test microgrid（意大利）	燃气轮机：150kW 光伏：24kW 模拟风机：8kW 柴油发电机：7kW	飞轮：100kW/30s 蓄电池：110kW 全钒氧化还原液流电池：42kW 钠氯化镍电池：64kW	进行稳态、暂态运行过程测试和电能质量分析
16	Kythnos Islands Microgrid（希腊）	6台光伏发电单元：11kW 柴油发电机：5kW	电池储能：3.3kW/50kWh	微网运行控制以提高系统满足峰荷能力和改善可靠性，目前只能独立运行
17	Labein Microgrid Project（西班牙）	光伏：0.6、1.6、3.6kW 柴油发电机：2×55kW 微型燃气轮机：50kW 风电：6kW	飞轮：250kW 超级电容器：5kW/5s 电池储能：11.8kWh	并网集中和分散控制策略分析，需求侧管理，电力市场交易
18	DeMoTec test microgrid system（德国）	光伏：1.4kW，1.4、20kW 模拟光伏 柴油发电机：20、30kVA 燃气轮机：5.5kVA 风电：5kVA	电池储能：52.8、52.8、44.2kWh	电源类型多样，借助线路模拟、电网模拟和微网模拟装置，设置外延网络运行状态
19	MVV Residential Microgrid Demonstration Project（德国）	燃气轮机：1.2kW 光伏：23.5kW	电池储能：6kW/18kWh	微网性能测试，经济效益评估
20	NTUA Microgrid system（希腊）	光伏：1.1kW、110W 风机：2.5kW	电池储能：15kWh	微网经济评估，分层控制策略、联网和孤岛模式切换研究
21	Armines Microgrid（法国）	光伏：3.1kW 燃料电池：1.2kW 柴油发电机：3.2kW	电池储能：18.7kWh	微网的上层调度管理和联网及孤岛运行控制

续表

序号	名称（地点）	能源种类	储能系统	主要特点
22	Aegean Islands Microgrid system（希腊）	光伏：12kW 柴油发电机：9kVA 风机：5kW	电池储能：85kWh	通过微网运行控制以提高系统满足峰荷能力和改善可靠性。目前只能孤网运行
23	Hachinohe Project（日本）	沼气内燃机：3×170kW 光伏：80kW 风电：20kW	铅酸电池：100kW	供需平衡研究
24	Aichi Project（日本）	光伏：330kW 燃气轮机：130kW 磷酸型燃料电池：800kW 固体氧化物燃料电池：25kW 熔融碳酸盐燃料电池：440kW	钠硫电池：500kW	多种分布式能源的区域供电系统及对大电网的影响研究
25	Sendai Microgrid Project（日本）	燃料电池：250kW 内燃机：2×350kW 光伏：50kW	电池储能	分布式电源和无功补偿、动态电压调节装置的研究与示范
26	Kyotango Microgrid Project（日本）	光伏：50kW 内燃机：400kW 燃料电池：250kW 风机：50kW	铅酸电池：100kW	微网能量管理、电能质量控制研究
27	TokyoShimizu Construction Company Microgrid Project（日本）	内燃机：90、350kW 燃气轮机：27kW 光伏：10kW	超级电容：100kW 电池储能：420kWh	负荷预测、负荷跟踪、优化调度、热电联产控制的研究
28	Tokyo Gas Microgrid projects（日本）	光伏：10kW 内燃机：2×25、9.9kW 风机：6kW	电池储能	保证微网内电力供需平衡，实现本地电压控制，保证电能质量，减少温室气体排放
29	ERI Microgrid（韩国）	光伏：20kW 风电：10kW 柴油发电机：70kW	电池储能	
30	Central India system（印度）	风电：2×7.5kW 光伏：5kW 柴油发电机：2、5kW	电池储能	为移动电话基站持续提供电力。减少柴油发电机的燃料成本，减少二氧化碳排放
31	Bulyansungwe Microgrid（非洲）	光伏：2×3.6kW 柴油发电机：4.6kW	电池储能：21.6kWh	为两所宾馆、学校和修道院供电
32	Iencois Island Microgrid（巴西）	光伏：21kW 风电：3×7.5kW 柴油发电机：53kW	电池储能	风光柴储独立微网系统
33	西藏阿里地区狮泉河水光储互补微电网项目	光伏：10MW 水电：6.4MW 柴油发电机：10MW	储能：5.2MWh	光电、水电、火电多能互补；海拔高、气候恶劣
34	西藏日喀则地区吉角村微电网项目	水电 光伏发电：6kW 风电：15kW 柴油应急发电 总装机：1.4MW	电池储能	风光互补；海拔高、自然条件艰苦

续表

序号	名称（地点）	能源种类	储能系统	主要特点
35	西藏那曲地区丁俄崩贡寺微电网项目	光伏：6kW 风电：15kW	储能系统	风光互补；西藏首个村庄微网
36	青海玉树州玉树县巴塘乡10MW级水光互补微电网项目	光伏：2MW（单轴跟踪光伏发电） 水电：12.8MW	储能：15.2MW	兆瓦级水光互补，全国规模最大的光伏微电网电站之一
37	青海玉树州杂多县大型独立光伏储能微网项目	光伏：3MW	双向储能系统：3MW/12MWh	多台储能变流器并联，光储互补协调控制
38	青海海北州门源县智能光储路灯微网项目	光伏：3MW	锂电池储能：3MW/12MWh	高原农牧地区首个此类系统，改变了目前户外铅酸电池使用寿命在2年的状况
39	新疆吐鲁番新城新能源微网示范区项目	光伏（包括光伏和光热）：13.4MW	储能系统	当前国内规模最大、技术应用最全面的太阳能利用与建筑一体化项目
40	内蒙古额尔古纳太平林场风光储微网项目	光伏：200kW 风电：20kW 柴油发电机：80kW	铅酸蓄电池：100kWh	边远地区林场可再生能源供电解决方案
41	广东珠海市东澳岛兆瓦级智能微网项目	光伏：1MW 风电：50kW	铅酸蓄电池：2MWh	与柴油发电机和输配系统组成智能微电网，提升全岛可再生能源比例至70%以上
42	广东珠海市担杆岛微网	光伏：5kW 风电：90kW 柴油发电机：100kW 波浪发电：10kW	储能：442kWh	拥有我国首座可再生独立能源电站；能利用波浪能；具有60t/天的海水淡化能力
43	浙江东福山岛风光储柴及海水综合新能源微网项目	光伏：100kW 风电：210kW 柴油发电机：200kW 负荷：240kW 海水淡化：24kW	铅酸蓄电池：1MWh 单体2V/1000AH，共2×240节	我国最东端的有人岛屿；具有50t/天的海水淡化能力； 储能平抑风光波动，提高新能源利用率，辅助柴发维持微网稳定，储能类型单一，功能单一
44	浙江南麂岛离网型微网示范工程项目	光伏：545kW 风电：1MW 柴油发电机：1MW 海流能：30kW	铅酸蓄电池：1MWh	全国首个兆瓦级离网型微网示范工程；能够利用海洋能；引入了电动汽车充换电站、智能电能表、用户交互等先进技术；储能用以平抑风光流波动，提高可再生能源利用率，减少柴油机发电机运行时间。储能系统功率较小，能量结构单一
45	三沙市500kW独立光伏发电示范项目	光伏：500kW	磷酸铁锂电池：1MWh	我国最南方的微网
46	江苏大丰风柴储海水淡化独立微网项目	风电：2.5MW 柴油发电机：1.2MW 海水淡化负荷：1.8MW	铅碳蓄电池：1.8MWh	研发并应用了世界首台大规模风电直接提供负荷的孤岛运行控制系统

从已有示范工程或示范试验系统来看，储能由于具有能量双向流动能力，能够对电网能量进行快速响应，是微网中的关键技术。由于储能技术在分布式电源及微网中的应用还处于起步阶段，大力开展储能系统在微网中的应用研究具有重要意义。

1.2 储能在微网中的作用

1.2.1 提供短时供电

微网存在两种典型的运行模式，即并网运行模式和孤岛运行模式。在正常情况下，微网与常规配电网并网运行；当检测到电网故障或发生电能质量事件时，微网将及时与电网断开，独立运行。微网在这两种模式的转换中，往往会有一定的功率缺额，在系统中安装一定的储能装置，可以保证在这两种模式转换下的平稳过渡，保证系统的稳定。另外，对于离网型微网，可将白天风电、光伏发出的电力存储到储能系统中，夜间储能系统放电，为用户提供电能。

1.2.2 电力调峰

由于微网中的微源主要由分布式电源组成，其负荷量不可能始终保持不变，并随着天气的变化发生波动。另外，一般微网的规模较小，系统的自我调节能力较差，电网及负荷的波动就会对微网的稳定运行造成十分严重的影响。为了调节系统中的峰值负荷，就必须使用调峰电厂来解决，但是现阶段主要运行的调峰电厂，运行昂贵，实现困难。

储能系统可以有效地解决这个问题，它可以在负荷低谷时储存分布式电源发出的多余电能，而在负荷高峰时回馈给微网以调节负荷需求。储能系统作为微网中必要的能量缓冲环节，其作用越来越重要。它不仅可以降低为满足峰值负荷需求的发电机组容量，同时充分利用了负荷低谷时段的电能。

1.2.3 改善微网电能质量

近年来，人们对电能质量问题日益关注，国内外都做了大量的研究。微网与大电网并网运行时，必须达到电网对功率因数、电流谐波畸变率、电压闪变以及电压不对称的要求。此外，微网必须满足自身负荷对电能质量的要求，保证供电电压、频率、停电次数满足允许的范围。储能系统对于微网电能质量的提高发挥重要作用，通过对储能并网逆变器的控制，可以调节储能系统向电网和负荷提供的有功和无功功率，达到提高电能质量的目的。

对于微网中的光伏或者风电等分布式电源，外在条件的变化会导致输出功率的变化，从而引起电能质量的下降。如果将这类分布式电源与储能系统结合，可以有效解决电压骤降、电压跌落等电能质量问题。在微网的电能质量调节装置，针对系统故障引发的瞬时停电、电压骤升、电压骤降等问题，此时利用储能系统提供快速功率缓冲，吸收或补充电能，提供有功、无功功率支撑，进行有功或无功补偿，以稳定、平滑电网电压的波动。当微网与大电网并联运行时，微网相当于一个有源电力滤波器，能够补偿谐波电流和负荷尖峰；当微网与大电网断开孤岛运行时，储能系统能够保持微网电压的稳定。

1.2.4 提升分布式电源性能

多数可再生能源诸如太阳能、风能、潮汐能等，由于其本身具有随机性和不可控性，当外界的光照、温度、风力等发生变化时，分布式电源的输出功率随之发生变化，将储能系统应用于微网中，通过分布式电源与储能系统的协同控制，可以平抑风电、光伏等分布式电源出力波动，提高可再生能源的利用率。另外，太阳能发电的夜间、风力发电在无风的情况下，或者其他类型的分布式电源处于维修期间，微网中的储能系统能够发挥过渡作用，储能系统的容量主要取决于负荷需求。

1.3 储能在微网中的关键技术

从当前科学技术的发展和应用角度来看，针对储能在微网研究中的关键问题集中在以下几个方面：①微网运行问题；②微网建模与仿真；③微网中储能配置技术；④微网控制策略；⑤微网能量管理策略。上述问题的研究和解决对于储能系统在微网中的应用、示范、运行和推广都至关重要，下面针对储能系统在微网研究中的关键问题进行归纳总结和综述。

1.3.1 微网运行问题

对于用户来说，微网是一个可定制的电源，在满足用户多样化电能需求的同时实现增强网络可靠性、降低损耗、支撑局部电网频率、电压等功能；对于大电网来说，微网又是一个可以调度的负荷，该“负荷”能够在短时间内做出响应从而满足调度需要。基于以上特性，微网具有两种典型的运行模式，一种模式是脱离大电网，自主运行，即孤岛（离网）运行模式；另一种模式是与大电网相连的并网运行模式。对应于两种典型运行模式，存在两种过渡状态，一种是微网在正常运行状态下与电网的解列、并列过渡过程；另一种是微网从停运状态转向稳态运行的黑启动过渡状态。微网的典型运行模式和过渡状态间的相互关系如图 1-1 所示。

当大电网运行正常时，微网通过闭合与主网的并网开关从而实现联网运行。此时微网内部的可再生分布式电源向微网中的本地负荷供电，当微网内部分布式电源出力不足时，由主网补充供电；当微网自身出力充裕时，可将多余电能回馈大电网；在主网存在电压/频率跌落时，通过控制实现微网对主网进行补充供电，微网作为独立电源，对大电网的平稳运行起到调节、辅助作用。

当大电网出现故障或因调度需求需要断开并网点开关时，微网进入孤岛运行模式。此时

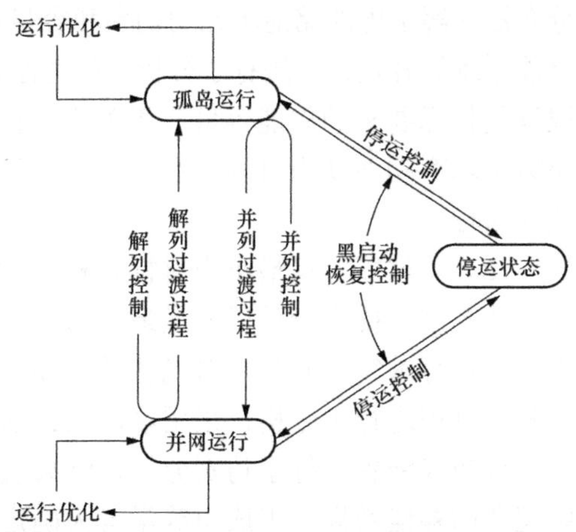

图 1-1 微网状态及转换关系

微网内本地负荷由微网中各分布式电源供电，形成独立的小型电力系统。此时，如果微网内部分布式电源出力能够满足微网本地负荷，则由微网内部可再生分布式电源联合储能系统，实现对网内负荷供电；如果微网内部分布式电源出力无法完全满足微网本地负荷，可以考虑切除微网内的普通负荷（非重要负荷），此时微网仅对网内的重要负荷（敏感型负荷）供电，从而保证重要负荷的不间断供电和微网的供电可靠性。当主网恢复运行或根据调度指令可以恢复并网时，可通过闭合微网与主网的并网点开关恢复并网运行。

1.3.2 微网建模与仿真

对微网进行建模仿真分析，不仅能够预先验证运行控制策略的正确性与合理性，而且可以确保系统实际运行时的安全性、稳定性和可靠性。目前，微网系统的仿真分析主要以单元级和系统级两种形式展开。微网单元级仿真分析主要侧重于对各分布式发电单元的单元结构、各分布式电源控制算法、储能系统控制策略等方面进行建模分析。此类模型的仿真分析，可以保证微网合理规划系统组成及配置、提高可再生能源渗透率和利用率、提高微网运行安全性和可靠性。微网系统级的仿真分析是指在单元级仿真分析的基础上，建立整体的系统运行模型，该模型主要用于研究和分析微网系统各组成部分的出力变化规律、建立系统与各组成单元间的能量流动对应关系、定量描述系统中的瞬时能量关系及流动过程、确定可以保证系统稳定运行的关键性参数。

因此，为保证微网系统运行的经济、安全和稳定，针对各个组成单元的物理特性，分别建立相应的单元级仿真模型和系统模型对微网系统前期配置、拓扑结构确定和控制策略制订是十分必要的。

1.3.3 储能系统配置技术

储能系统的容量对工程经济性以及其平抑效果有很大影响，因此在利用储能系统时，需要考虑其容量配置问题，常用的储能容量配置方法如下：

（1）以指标最优为目标。相关学者在分析风功率预测误差分布特征的基础上，就电池储能系统的功率和容量对风功率预测考核指标的影响进行了仿真分析，采用截止正态分布法求解了电池储能单元的功率和容量，并将储能系统应用于独立风光微网系统中，就储能系统的容量计算进行了分析，在进行储能容量配置时选取了负荷缺电率作为指标，求取满足指标要求的储能容量。相关研究在考虑储能单元荷电状态等约束的基础上，以减小风电场有功波动为目标进行储能容量计算，使得风电机组输出功率波动能够满足电网接入指标。

（2）以储能容量最小为目标。相关学者研究了储能单元容量对电网稳定性的影响，并在此基础上提出一种以容量最小为目标的储能优化配置模型，采用饱和控制理论以及内点法进行求解。此外，对光伏功率和负荷功率的预测误差进行了概率统计，并对二者的随机过程进行了分析，采用区间估计法求得储能系统的容量函数，分别就储能集中配置和分布式配置进行了仿真分析，结果表明分布式配置时储能对光伏的补偿效果优于集中配置的补偿效果。王成山等学者为确定储能系统的补偿范围，对分布式发电的频谱进行分析，分析过程中采用了离散傅里叶变换法，在配置过程中考虑了多种约束条件，如储能充放电效率、荷电状态等，以期得到满足系统输出功率波动率所需的最小储能容量。

（3）以系统成本最小为目标。以系统成本最小为目标储能系统容量配置的研究，考虑了离网型微网系统中的负荷缺电率等指标，建立了储能单元的成本模型，采用智能算法对储能系统的功率和容量进行优化计算。另外，考虑风光输出功率以及常规机组停运的随机性，建立了系统等可信容量模型，采用蒙特卡洛模拟法求解具有等可信度的风光储容量组合，并从中选出全寿命周期成本最小的风光储组合。此外，部分学者考虑了储能放电深度对其寿命的影响，通过雨流计数法计算储能系统的循环寿命，在此基础上建立了混合储能系统经济成本模型，通过启发式算法求解使得成本最小的滤波常数，进而确定电池储能和超级电容器的容量。

1.3.4 微网控制策略

微网中一般包含着运行特性差异显著的各种各样的分布式电源和储能系统，这些设备通过电力电子装置和电气接口连接到电网的交流母线上与大电网并网运行，又或者在一定条件下主动或被迫离网孤岛运行，但是无论微网运行于何种运行模式下，都需要合理的选择控制策略对微网进行控制，从而保证微网安全可靠的运行。在并网运行时，微网必须在不影响主网运行的前提下保证自身的安全稳定运行，并且为主网提供电压/频率支撑等辅助操作；当微网从并网运行状态转换为孤岛运行状态时，控制系统必须保证微网内部电压和频率支撑，供给或吸收微网出力和负荷之间的暂态功率差额，保证微网自身的安全稳定运行；当微网从孤网模式转换为并网模式时，控制系统还需要保证微网与大电网的同步连接。

为实现以上控制功能，微电网中的控制研究一般集中在微网单元级控制和微电网系统级控制两个方面。

1.3.4.1 单元级控制

微网中的各分布式单元一般通过电力电子接口逆变器接入电网，目前针对逆变器的控制方法主要有 3 种，即恒功率控制（*PQ* control）、恒频恒压控制（*U*/*f* control）和下垂控制（Droop control）。

（1）恒功率控制（*PQ* control）一般应用于并网运行的分布式电源中，恒功率控制的实质是将有功功率和无功功率解耦后分别进行控制，采用恒功率控制的结果是保证分布式电源输出的有功和无功功率等于其指令参考功率，即当并网逆变器所连接的交流母线的频率和电压幅值在允许阈值内变化时，分布式电源输出的有功和无功功率维持不变。

（2）恒压恒频控制（*U*/*f* control）多应用于处于孤岛运行状态的微电网分布式电源，应用恒压恒频控制可以保证不论分布式电源的出力如何变化，交流母线上的电压和频率保持不变，从而为微网运行提供电压和频率支撑，保证系统的稳定运行。

（3）下垂控制（Droop control）是模拟发电机组功频静特性的一种控制方法，下垂控制是典型的对等控制，在下垂控制中不需要各分布式发电单元间进行通信就能够实现均衡的负荷功率分配，下垂控制通过模拟与传统发电机相似的有功-频率（*P*-*f*）、无功-电压（*Q*-*U*）之间的下垂特性实现。微网处于孤岛模式运行时，应用下垂控制能够实现有功和无功功率在微网各分布式发电电源间的均衡分配，并且保证微网系统运行中电压

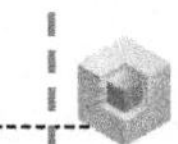

和频率稳定。当微网需要恢复与主网并联运行时，各分布式电源的接口逆变器采用下垂控制可以实现微网与主网的同步，减小由孤岛状态转移到并网状态引起的冲击电流，实现微网孤岛与并网的无缝切换。

1.3.4.2 系统级控制

从整体控制架构上，微网的系统级控制方案主要包括主从控制、对等控制和分层控制3种。

（1）主从控制一般是指选择恒压恒频控制的分布式单元作为上层主控单元，为微网运行提供电压频率支撑，选择采用恒功率控制的分布式电源作为下层从控单元，主从控制的主要缺点是微网中的主控单元容量会限制整个系统的容量，导致系统扩容障碍；并且从控单元过多地依赖主控制单元，容易降低微网系统可靠性。

（2）对等控制是指微网系统中的各分布式电源的地位相同，不分主从，采用对等控制的各分布式单元一般应用下垂控制策略，这样可以保证在微网运行切换时不改变各分布式电源的控制方法，保证微源的即插即用，对等控制的优点是扩容方便，可以免去各分布式电源间的通信设备，造价成本低，更易于实现负荷的均衡分配；缺点是微网系统并网时容易因电压不同步问题对电网产生大的冲击，并且系统的抗干扰能力较差。

（3）分层控制是将一些控制权限分配给微网中各组成单元、各组成单元在微网中央控制器的控制下自治运行的协调控制方法，分层控制能够适应微网分布广、约束多和灵活多变等特征；分层控制是众多方法中较为先进的微网控制方式，通常应用于对供电电能质量要求较高的微网中。

1.3.5 微网能量管理策略

微网与常规电力网络存在较大的区别，其运行方式、采用的能源政策、网络中分布式单元类型和渗透率、负荷特性和并网约束都不同于常规网络。微网系统能量管理的主要目标是在确保微网运行稳定性和经济性的基础上，对微网内部的能量管理进行优化。一方面，要尽可能多且有效地利用可再生分布式能源、减少燃料的使用、保护环境；另一方面，要考虑合理的减少储能单元的出力负担，避免频繁充放电，提高其使用寿命。因此，微网的能量管理系统搭建需综合考虑不同分布式电源的运行成本、实时电价和负荷类型等多方面因素。微网能量管理问题属于多目标、带约束优化问题。其优化的目标一般包括降低经济费用、减少环境污染、负荷优化管理和最大化向配电网输送电能等；约束条件一般包含微网运行状态约束、微网功率平衡约束、微网运行稳定性约束等。当前，在优化算法研究中，主要涉及非线性约束条件的制订和分布式发电设备控制变量的整定等几个方面。

近年来，伴随着智能控制技术的蓬勃发展，基于粒子群算法、遗传算法和蚁群算法的一系列智能优化算法均被扩展应用到微网能量管理之中并取得了较好的效果。因此，制订有效、合理的微网能量管理策略，设计高效、可靠的微网能量管理系统，对保证微网的安全可靠运行具有十分重要的意义。

微网能量管理系统的主要功能包括：采集微网系统本地负荷和可再生能源的预测信息、能源信息、基于实时监控系统采集的电网信息。通过信息采集与反馈实现电网、分布式电源、储能系统和本地负载间的最优功率匹配；实现各种分布式发电设备在多中工作模式间的灵活切换；保证微网在各运行模式间平滑切换；确保网络中的敏感负荷得到可靠供电，实现微网安全、经济、稳定运行。图1-2所示为微网能量管理系统的工作示意图。

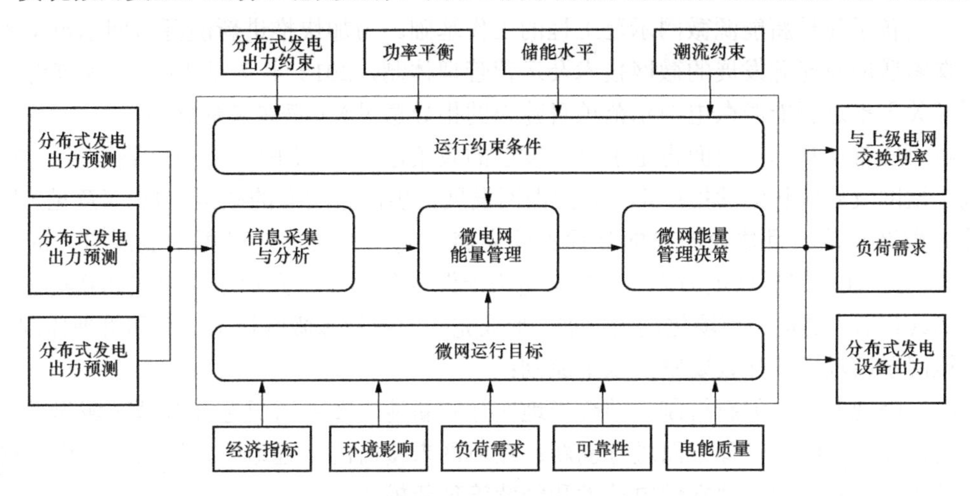

图1-2 微网能量管理系统的工作示意图

1.4 政策法规、标准规范

1.4.1 相关政策法规

为推动清洁可再生能源的发展，在《中华人民共和国可再生能源法》《可再生能源中长期发展规划》《可再生能源发展“十三五”规划》等法规规范中提出了对新能源行业的扶持政策，同时《分布式发电管理办法》《分散式接入风电项目开发建设指导意见》《关于发展天然气分布式能源的指导意见》《关于做好分布式光伏发电并网服务工作的意见》《关于发挥价格杠杆作用促进光伏产业健康发展的通知》《关于做好分布式电源并网服务工作的意见》《分布式电源并网相关意见和规范（修订版）》《分布式发电管理暂行办法》《分布式电源接入电网技术规定》《燃气热电三联供工程技术规程》等政策的出台对推动分布式能源的发展发挥了积极作用。

随着分布式电源的快速发展，高渗透可再生分布式能源对电网的影响日益明显，并且微网可以覆盖传统电力系统难以达到的偏远、孤立海岛等地区，并提高该地区的供电可靠性和电能质量，微网技术正越来越引起业界的关注与重视。微网是由多种分布式电源、储能系统、能量转换装置、负荷以及监控保护装置汇集而成的小型发配电系统，是一个能够实现自我控制、保护和管理的独立自治系统，可以有并网运行和孤岛运行两种模式。可实现风、光、天然气等各类分布式能源多能互补，具备较高新能源电力接入比例，可通过能量存储和优化配置实现本地能源生产与用能负荷基本平衡，根据需要与公共电网灵活互动且相对独立运行的智慧型能源综合利用局域网。在国家科技部“973”项目、“863”项目及国家自然科学基金等资金支持下，“十二五”期间我国建设了30多个微网示范工程，各级政府已经出台了一些支持性政策。

我国可再生能源发展“十二五”规划把新能源微网作为可再生能源和分布式能源发展机制创新的重要方向。近年来，有关研究机构和企业开展新能源微网技术研究和应用探索，具备了建设新能源微网示范工程的工作基础。为加快推进新能源微网示范工程建设，探索适应新能源发展的微网技术及运营管理体制，2015 年 7 月 13 日国家能源局发布了《关于推进新能源微电网示范项目建设的指导意见》（简称《意见》）。

《意见》首次从国家层面肯定了微网发展的政策地位，为微网下一步发展指明了方向，明确了微网发展的科学的推广形式，为微网发展提供国家层面的政策支持。《意见》指出新能源微网示范项目建设的目的是探索建立容纳高比例波动性可再生能源电力的发输（配）储用一体化的局域电力系统，探索电力能源服务的新型商业运营模式和新业态，推动更加具有活力的电力市场化创新发展，形成完善的新能源微网技术体系和管理体制。新能源微网示范项目的建设要坚持以下原则：

（1）因地制宜，创新机制。结合当地实际和新能源发展情况选择合理区域建设联网型微网，在投资经营管理方面进行创新；在电网未覆盖的偏远地区、海岛等，优先选择新能源微网方式，探索独立供电技术和经营管理新模式。

（2）多能互补，自成一体。将各类分布式能源、储电蓄热（冷）及高效用能技术相结合，通过智能电网及综合能量管理系统，形成以可再生能源为主的高效一体化分布式能源系统。

（3）技术先进、经济合理。集成分布式能源及智能一体化电力能源控制技术，形成先进高效的能源技术体系；与公共电网建立双向互动关系，灵活参与电力市场交易，使新能源微网在一定的政策支持下具有经济合理性。

（4）典型示范、易于推广。抓好典型示范项目建设，因地制宜探索各类分布式能源和智能电网技术应用，创新管理体制和商业模式；整合各类政策，形成具有本地特点且易于复制的典型模式，在示范的基础上逐步推广。

能源互联网是在互联网理念基础上构建新型信息能源融合广域网，它把一个单向的电网，转变成和更多的消费者互动的电网。微网是能源互联网中的基本组成元素，是能源互联网实现的基础。微网既可并网运行又可独立运行，与电网可实现双向能量灵活交换，使能源用户自由平等地实现能源交易。《意见》提出“新能源微电网是‘互联网+’在能源领域的创新性应用，对推进节能减排和实现能源可持续发展具有重要意义。”并提出“新能源微电网是电网配售侧向社会主体放开的一种具体方式，符合电力体制改革的方向，可为新能源创造巨大发展空间。”“互联网+”首次创新性地运用到新能源微电网领域。旨在鼓励新能源微网建设中，按照能源互联网的理念，采用先进的互联网及信息技术，实现能源生产和使用的智能化协同运行，以新方式参与到电力市场，形成高效清洁的能源利用新载体。《意见》的出台对推进新能源微网示范项目建设具有重要作用。

1.4.2 相关技术标准

国外与微网较为相关的标准主要是 IEEE 1547《分布式电源与电力系统互联》系列标准，特别是其中的 IEEE Std 1547.4^{TM}—2011《分布式电源孤岛系统的设计、运行和集成指南》。IEEE 1547 系列标准是世界上公认的在微网和分布式电源领域较为全面和权威的标准，由美国电气和电子工程协会标准协调委员会21号（IEEE SCC21，关于燃料电池、光伏、分布式发电和储能）组织制定。然而，IEEE系列标准主要基于美国的环境，中国微网建设和运行情况与美国存在一定不同。国外微网相关标准见表1-2和表1-3。

表1-2　IEEE和IEC系列标准

序号	标准名称
1	IEEE 1547™-2003（R2008） 分布式电源与电力系统互联标准
	IEEE 1547.1™-2005（R2011） 分布式电源与电力系统互联一致性测试步骤
	IEEE 1547.2™-2008 IEEE1547分布式电源与电力系统互联标准应用指南
	IEEE 1547.3™-2007 分布式电源与电力系统互联的监测、信息交流和控制指南
	IEEE 1547.4™-2011 分布式电源孤岛系统的设计、运行和集成指南
	IEEE 1547.6™-2011 分布式电源与电力系统配电二级网络互连操作规程建议
	IEEE P1547.7™ 分布式电源接入后对配电影响研究指南草案
	IEEE P1547.8™ 可为1547标准的扩展应用提供辅助支持和实现策略的操作规程建议
2	IEC/TS 62257-1-2003 IEC 82/728/DTS-2012（新版本） 乡村电气化用小型可再生能源和混合系统的推荐规范（简称“推荐规范”） 第1部分：乡村电气化的一般介绍
	IEC/TS 62257-2-2004 推荐规范．第2部分：从电气化系统的要求到范围
	IEC/TS 62257-3-2004 推荐规范．第3部分：项目开发和管理
	IEC/TS 62257-4-2005 推荐规范．第4部分：系统选择和设计
	IEC/TS 62257-5-2005 推荐规范．第5部分：电气事故的防护
	IEC/TS 62257-6-2005 推荐规范．第6部分：验收、操作、维护和替换
	IEC/TS 62257-7-2008 推荐规范．第7部分：发电机
	IEC/TS 62257-7-1-2010 推荐规范．第7-1部分：光伏发电机组
	IEC/TS 62257-7-3-2008 推荐规范．第7-3部分：乡村电气化系统用发电机组的选择
	IEC/TS 62257-8-1-2007 推荐规范．第8-1部分：独立电气化系统用电池和电池管理系统的选择　发展中国家可采用的自动充满铅酸蓄电池的特殊案例

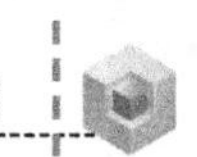

续表

序号	标 准 名 称
2	IEC/TS 62257-9-1-2008 推荐规范．第 9-1 部分：微型功率系统
	IEC/TS 62257-9-2-2006 推荐规范．第 9-2 部分：微型电网
	IEC/TS 62257-9-3-2006 推荐规范．第 9-3 部分：集成系统　用户接口
	IEC/TS 62257-9-4-2006 推荐规范．第 9-3 部分：集成系统　用户接口
	IEC/TS 62257-9-5-2007 推荐规范．第 9-4 部分：集成系统　用户设备
	IEC 82/731/DTS-2012（新版本） 推荐规范．第 9-5 部分：集成系统　农村电气化工程用便携光伏提灯的选择
	IEC/TS 62257-9-6-2008 推荐规范．第 9-6 部分：光伏独立发电系统的选择
	IEC/TS 62257-12-1-2007 推荐规范．第 12-1 部分：乡村电气化系统用自镇流（CFL）荧光灯的选择和家用照明设备的建议
3	IEEE 929-2000 光伏系统电网接口推荐标准
4	IEEE 929-2000 光伏系统电网接口推荐标准

表 1-3　　　　其他国家和地区相关标准

序号	国家	标 准 名 称
1	美国	UL 1741—2010 分布式能源系统逆变器、变压器、控制器、连接设备的安全标准
2	欧洲	欧洲电工标准化委员会（CENELEC）：公共低压配电网连接微小发电机的草案（版本 eEN50438）
3	英国	ER G75/1《20kV 以上电压等级或容量超过 5MW 的嵌入式发电厂接入公共配电网的推荐标准》
4	德国	针对接入中压电网分布式电源的并网标准
5	加拿大	C22.2 NO.257《基于逆变器的微电源与配电网互联》
		C22.9 NO.9《分布式电力系统供应互联标准》
6	日本	《并网技术要求指导方针》
		《EAG 970—1993 分散发电连接电网技术建议》
7	新西兰	基于逆变器的微电源标准 AS 4777.1、AS 4777.2、AS 4777.3
8	澳大利亚	全国电力市场微电源连接

我国的微网标准化进程落后于实际微网工程，除广西地标 DB45/T 864—2012《微电网接入 10kV 及以下配电网技术规范》已发布外，国内尚无已经发布的微网国家标准、行业标准、地方标准、企业标准。其中，国家标准《微电网接入配电网测试规范》《微电网接入配电网系统调试与验收规范》《微电网接入配电网运行控制规范》《微电网接入系统设计技术规范》，以及国家电网公司企业标准《微网接入配电网技术规范》正在制订中。

第2章

微网系统结构与模型

2.1 系统结构

微网是20世纪90年代末期由美国电力可靠性技术解决方案协会首先提出的，作为一种新兴的能量传输方式，通过采用微网的形式，可以提高电力系统中对可再生能源的利用，同时可以提高分布式能源在电网中的渗透率。尽管对微网的定义不尽相同，但国际上基本认为：微网是由各种分布式电源/微电源、储能单元、负荷以及监控、保护装置组成的一个能够实现自我控制、保护和管理的小型发配电系统；具有较为灵活的运行方式和调度性能，既可以与大电网并联运行，也可以独立孤岛运行。根据实际情况和需求，微网系统容量一般为数千瓦至兆瓦，微网通常连接在低压或中压配电网络中。微网可以将存在特性差异的不同类型的分布式发电电源进行优化组合，提高用户侧供电可靠性和电能质量。储能单元作为微网系统的重要组成部分，可以提高可再生能源的接纳能力、为快速准确的追踪负荷变化提供有力保障。微网中的监控和保护装置提高了微网系统的功率控制能力，为更加充分的利用可再生能源、抑制能量分布不平衡和提供优质电能提供了必要的技术支持。微网的典型拓扑结构如图2-1所示。

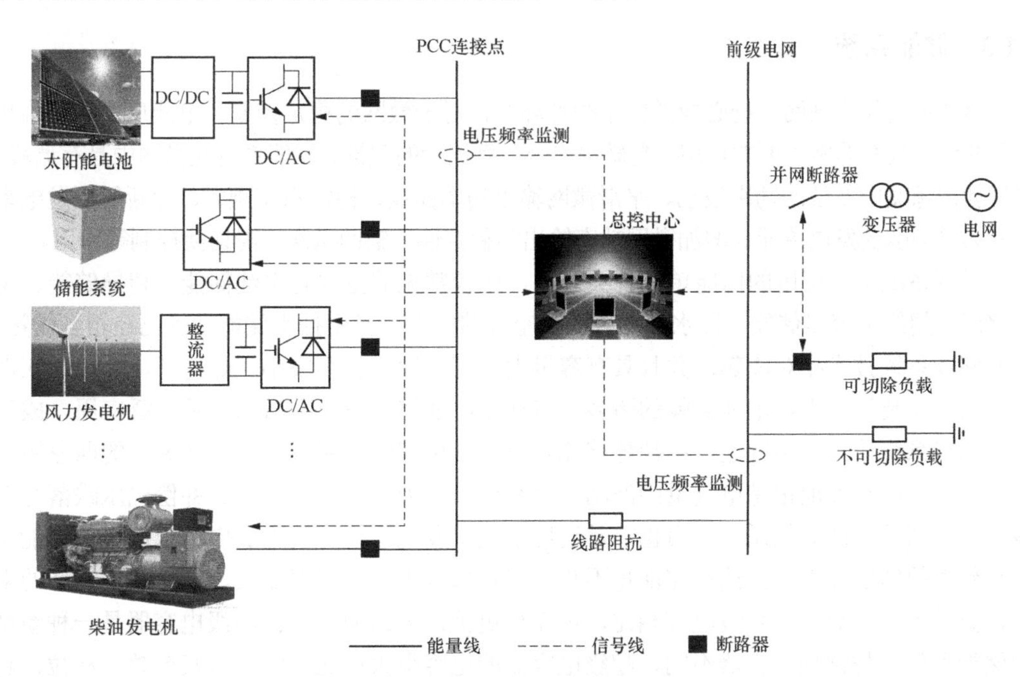

图2-1 微网的典型拓扑结构

2.1.1 微网母线类型

目前，国内外的微网系统采取的母线形式有交流母线、直流母线和交直流混合母线3种。采用直流母线结构的微系统中，分布式电源均通过电力电子变换后连接入直流母线，并通过与直流母线连接的电力电子逆变器连接到配电网中，但选择直流母线结构的微网系统运行可靠性较差，例如，当逆变器故障时，将会导致整个系统无法工作；采用交流母线结构的微网系统中，分布式电源或储能单元通过逆变器连接到微网系统的交流母线上，这种结构既方便微网扩容、实现分布式电源的即插即用，又提高了微网系统的供电可靠性，系统的冗余性较高；采用交直流混合母线结构的微网系统中，各分布式电源和储能系统根据自身运行特性分别连接到直流母线和交流母线上，这种连接方式虽然可以保证系统具有较高的供电可靠性及冗余性，但同时也导致微网系统的结构及控制系统变得复杂。

2.1.2 分布式发电单元

微网中的分布式电源（Distributed Energy Resource，DER）按照是否可再生分为两大类，即基于可再生能源的分布式电源和基于化石能源的分布式电源。其中，基于可再生能源的分布式电源以光伏发电系统和风力发电机为主要代表；基于化石能源的分布式电源以微型燃气轮机、小型柴油发电机和燃料电池为代表。在众多的分布式电源中，光伏发电系统以其绿色、可靠和不受地域限制等特殊优势，已成为最具有发展前途的分布式电源之一。然而，若在微网中单独应用光伏发电系统，其功率输出易受到光照强度和温度的影响，造成输出功率波动性较大、电能质量差、运行不可调度等问题。因此，在微网中，需要为光伏发电系统搭配额外的储能设备，以保证微网的安全稳定运行。

2.1.3 储能系统

储能系统作为微网系统必要的能量缓冲环节，对于微网的稳定控制、电能质量的改善和不间断供电具有非常重要的作用，是微网安全可靠运行的关键。储能系统在微网中具有调峰、平抑新能源发电系统的功率波动、平滑微网输出功率曲线、稳定系统频率、使新能源发电系统变为可调度的发电单元、增加微网功率输出的稳定性、辅助微网平滑切换控制等作用。

微网系统中，可用的储能单元种类繁多，比较常见的主要有电池储能、超导储能、飞轮储能、超级电容器储能、抽水储能、压缩空气储能等。其中抽水储能技术已经相当成熟；电池储能系统技术相对成熟，并且具有容量大、可靠性高、污染小、噪声低、环境适应性强、便于安装等优点，电池储能的诸多优点使得电池储能系统在微网中被广泛应用，成为微网储能系统的首选装置之一；超导储能具有非常快速的功率吞吐能力和灵活的四象限运行能力，可以有效地跟踪电气量的波动，具有调节电力系统功率因数、补偿电压跌落等功能，并且超导储能的长循环寿命也非常适用于光伏发电系统频繁充放电需求；飞轮储能系统是新型的储能元件，虽然存储能量不高，但功率极大，使用寿命长，无充放电循环的限制，充放电时间短，与超级电容相比，可靠性更优，占地面积小；超级电容器是一种新型的储能器件，与常规电容器不同，超级电容器的电容很大可达到法拉级甚至数千法拉，超级电容器不仅具有常规电容器的功率密度大、充电能量密度高等优点，还可以实现快速充放电，并且使用寿命更长，不容易老化。这些特点使得超级电容器成为处理尖峰负荷的绝佳选择，但是超级电容器的价格比较昂贵，因此在电力系统中一般只用于短时间、大功率的负载平滑等场合，例如，大功率直流电机的启动支撑，在电压跌落和瞬态干扰期间提高供电水平；压缩空气储能建设投资和发电成本均低于抽水蓄能电站，但其能量密度低，并受岩层等地形条件的限制，压缩空气储能系统储气库漏气开裂可能性极小，安全系数高，寿命长，可以冷启动、黑启动，响应速度快，主要用于峰谷电能回收调节、平衡负荷、频率调制、分布式储能和发电系统备用。表2-1中列出几种典型储能方式的性能比较。

表2-1　　储能方式性能比较

储能方式	铅酸蓄电池	超导储能	飞轮储能	超级电容器
能量密度（Wh/kg）	30～200	<1	5～50	2～5
功率密度（W/kg）	100～700	1000	180～1800	7000～18000
寿命（y）	8	30	30	30
效率（%）	92	90	90	95
安全性	高	低	不高	高
维护量	较小	大	较大	小
对环境影响	污染	无污染	无污染	无污染
年平均价格（元/kWh）	120	1800	500	750

2.1.4 负荷

与常规电力系统中负荷等级类似，微网中的本地负荷一般分为不可切除（敏感型）负荷和可切除（普通型）负荷2种。其中，不可切除类负荷对供电的电能质量及可靠性要求较高，在微网实际运行中，应优先保证此类负荷的高质量可靠供电；可切除类负荷相对于不可切除类负荷来说，其供电的电能质量及可靠性要求相对较低，若在微网实际运行中如无法满足对所有负荷实现供电，优先切除此类负荷，保证微网安全稳定运行。

2.1.5 断路器

微网中的断路器主要存在于分布式电源并网电气接口处、微网与主网并网点处及可切除类负载并网点处。通过控制存在于分布式电源并网电气接口处断路器的通断实现分布式电源的“即插即用”；通过控制存在于微网与主网并网点处断路器的通断来实现微网并网与离网（孤岛）运行；通过控制可切除类负载并网点处断路器的通断来保证不可切除负载的可靠供电。微网中的断路器通过总控中心进行实时监控。

2.1.6 总控中心

目前，国内微网中的总控中心一般选取分层控制的控制结构，除了各底层控制器以外，还设置总控中心实现微网系统整体的管理和调度，总控中心通过控制信号联络线与各底层控制器建立通信，从而实现保证微网能量平衡、各分布式单元的切除和接入、负荷的切除和接入、故障检测、并离网切换等功能，保证微网的安全稳定运行。

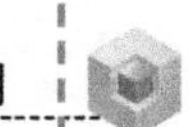

2.2 光伏系统模型

2.2.1 光伏电池数学模型

光伏电池是太阳能光伏发电系统的基础部件，其 *I-U* 特性、*P-U* 特性受太阳光照强度、电池表面温度以及光伏电池 PN 节参数影响呈现为非线性关系。要实现光伏发电系统的模拟，须解决如何对光伏电池特性的仿真模拟。图 2-2 所示为光伏电池的经典等效电路，许多学者对其数学模型及参数估计方法进行了研究。五参数模型通过分析光伏电池模型参数与辐照度、电池表面温度、大气光学质量等的关系，仅需要厂商提供的参数，即可建立模型，具有较高的精度和通用性。

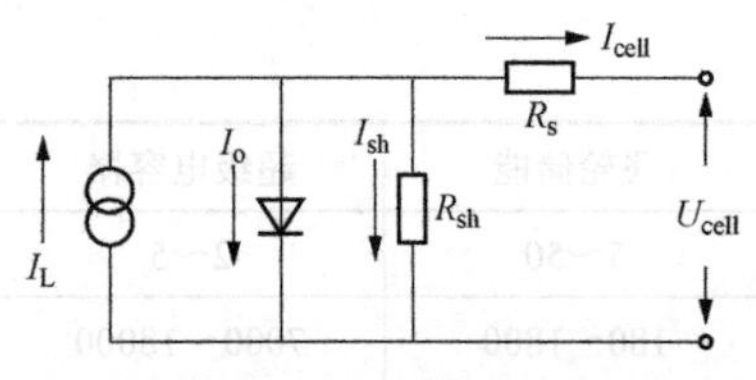

图 2-2　光伏电池五参数模型等效电路

光伏电池五参数模型形式为

$$I_{cell} = I_L - I_o\left[\exp\left(\frac{U_{cell}+I_{cell}R_s}{a}\right)-1\right]-\frac{U_{cell}+I_{cell}R_s}{R_{sh}} \tag{2-1}$$

式中　I_{cell} 和 U_{cell}——光伏电池输出电流和电压，在气象参数给定时，可唯一确定光伏电池 *I-U* 曲线。

该模型有 5 个待定参数，即光电流 I_L、二极管反向饱和电流 I_O、理想因子 a、串联电阻 R_s 和并联电阻 R_{sh}，这 5 个模型参数的数值与辐照度、电池表面温度和相对光学气团等因素有关。

通常，厂商给定了标准额定条件（SRC）下的运行参数，SRC 特指太阳辐照度 $1000W/m^2$，电池表面温度 25℃，相对大气光学质量 AM1.5 的条件。利用 SRC 条件的运行参数，求解下列非线性方程组得到模型参数的参考值。

$$\begin{cases}
I_{sc.ref} = I_{L.ref} - I_{o.ref}\left(e^{\frac{I_{sc.ref}R_{s.ref}}{a_{ref}}}-1\right)-\dfrac{I_{sc.ref}R_{s.ref}}{R_{sh.ref}} \\
0 = I_{L.ref} - I_{o.ref}\left(e^{\frac{U_{oc.ref}}{a_{ref}}}-1\right)-\dfrac{U_{oc.ref}}{R_{sh.ref}} \\
I_{mp.ref} = I_{L.ref} - I_{o.ref}\left(e^{\frac{U_{mp.ref}+I_{mp.ref}R_{s.ref}}{a_{ref}}}-1\right)-\dfrac{U_{mp.ref}+I_{mp.ref}R_{s.ref}}{R_{sh.ref}} \\
0 = I_{mp.ref} + U_{mp.ref}\dfrac{-I_{o.ref}R_{sh.ref}\exp\left(\dfrac{U_{mp.ref}+I_{mp.ref}R_{s.ref}}{a_{ref}}\right)-a_{ref}}{a_{ref}R_{sh.ref}+I_{o.ref}R_{s.ref}R_{sh.ref}\exp\left(\dfrac{U_{mp.ref}+I_{mp.ref}R_{s.ref}}{a_{ref}}\right)+a_{ref}R_{s.ref}} \\
\mu_{Voc} \approx \dfrac{U_{oc.ref}-U_{oc.Tc}}{T_{ref}-T_c}
\end{cases} \tag{2-2}$$

式中　$I_{sc.ref}$——短路电流参考值；

$U_{oc.ref}$——开路电压参考值；

$I_{mp.ref}$、$U_{mp.ref}$——最大功率点电流参考值和电压参考值；

μ_{Voc}——开路电压温度补偿系数；

T_{ref}——光电池参考工作温度，为 25℃。

这些参数均是厂家提供的 SRC 条件运行参数。式（2-2）是非线性方程组，可用牛顿—拉夫逊法求解。然而，μ_{Voc} 的计算比较复杂，且需要温度 T_c 下的开路电压。事实上，R_{sh} 通常比较大，对模型的影响很小。忽略 R_{sh} 后，也可省略 μ_{Voc} 的方程，模型参数计算得以简化。

图 2-3 所示为在 Simulink 中实现的光伏电池 5 参数模型。

2.2.2　光伏阵列数学模型

光伏组件由多块光伏电池串联而成，多个光伏组件经串并联后组成光伏阵列。基于光伏电池模型的串并联，得到光伏阵列的模型：

$$\begin{cases} U_{PV} = N_s N_{ss} V_{cell} \\ I_{PV} = N_{pp} I_{cell} \\ P_{PV} = U_{PV} I_{PV} \end{cases} \tag{2-3}$$

式中　U_{PV}、I_{PV} 和 P_{PV}——光伏阵列输出电压、电流和功率；

N_s——单个光伏组件中光伏电池的串联数；

N_{ss}——光伏组件的串联数；

N_{pp}——光伏组件串的并联数。

图 2-4 所示为基于光伏电池 5 参数模型的光伏阵列数学模型，输入参数包括倾斜面辐照度、环境温度、空气质量、组件串联数和并联数、光伏阵列端电压等，其中光伏阵列端电压由电压测量元件反馈回来，主电路用一个受控直流电流源模拟，电流控制指令由光伏电池模型给出。

2.2.2.1　光伏组件 *I-U* 曲线仿真

以 GEPVp-200-MS 多晶硅光伏组件为对象，仿真比较光伏组件模型与实际光伏组件特性。表 2-2 是该组件在标准测试条件 STC（1000W/m^2、25℃、AM1.5）下的典型参数。

表 2-2　GEPVp-200-MS 多晶硅光伏组件典型性能参数（STC）

参数	数值	单位	参数	数值	单位
P_{mpp}	200	W	I_{sc} 温度补偿	5.6	mA/℃
U_{mpp}	26.3	V	U_{oc} 温度补偿	–0.12	V/℃
I_{mpp}	7.6	A	P_{mpp} 温度补偿	–0.5	%/℃
U_{oc}	32.9	V	最大系统电源	600	V
I_{sc}	8.1	A	NOCT	45	℃

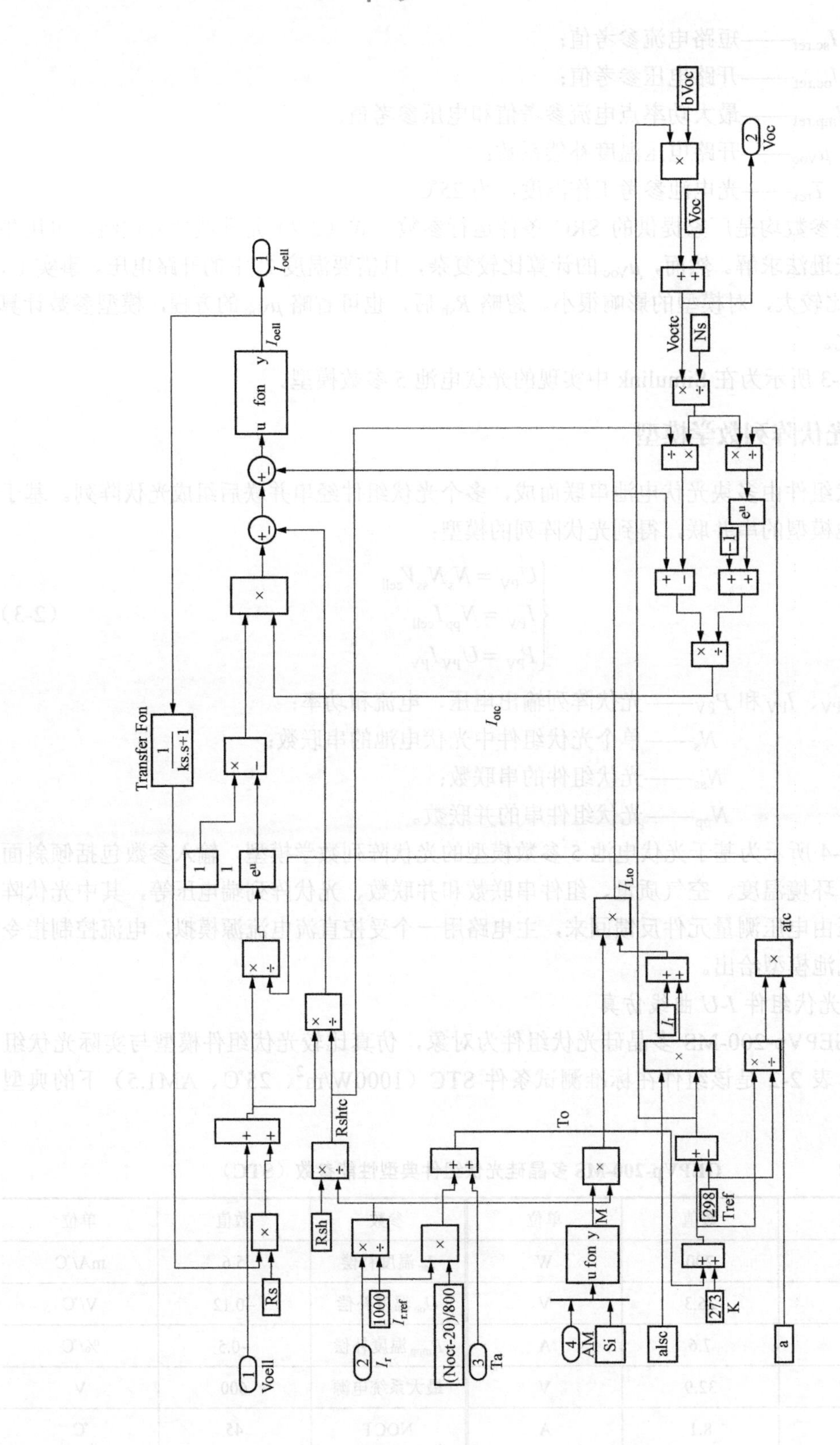

图 2-3 基于 Simulink 的光伏电池数学模型

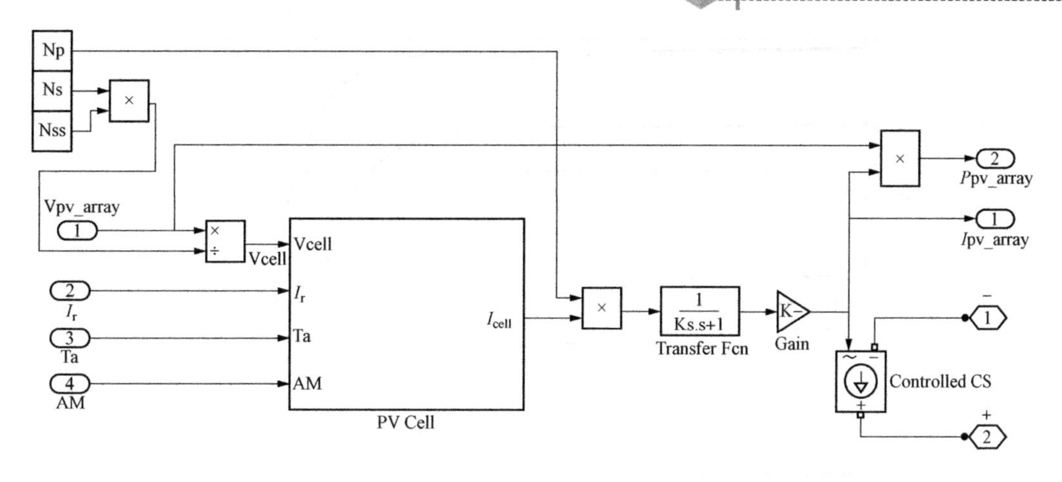

（a）模型内部结构

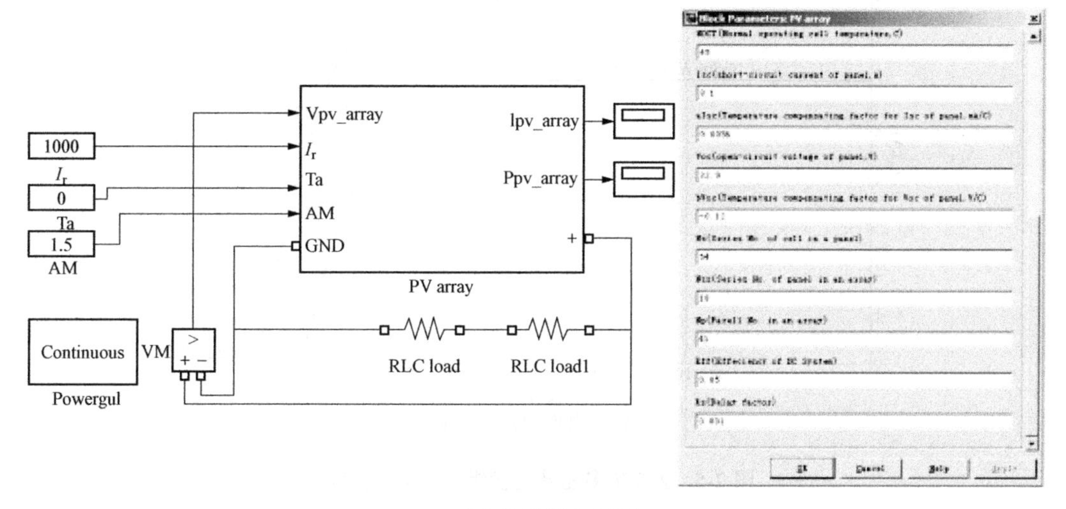

（b）模型封装和参数化

图 2-4　基于 Simulink 的光伏阵列数学模型

图 2-5（a）和图 2-5（b）分别是厂商提供的 *I-U* 曲线和模型仿真结果。在 1000W/m^2、t_c=25℃的条件下，模型仿真得到 I_{sc}=8.103A，U_{oc}=32.9V，U_{mpp}=26.29V，I_{mpp}=7.607A，与厂商给出的典型性能参数基本一致。在 800W/m^2 t_c=45℃的条件和 1000W/m^2 t_c=60℃条件下的仿真 *I-U* 曲线与厂商给出的 *I-U* 曲线一致。通过对比可知，光伏组件模型能够准确模拟实际光伏组件的 *I-U* 特性。

2.2.2.2　光伏组件带电阻负载仿真

当光伏组件输出直接连接负载时，稳定工作点将是光伏组件 *I-U* 曲线和负载 *I-U* 曲线的交点。本节以光伏组件带电阻负载为对象，检验光伏组件模型在带负载条件下的运行特性。

系统接线如图 2-4 所示，仿真条件为：

（1）1 块 GEPVp-200-MS 多晶硅光伏组件。

（2）太阳辐照度 S=1000W/m^2，电池工作温度 t_c=10℃，AM1.5。

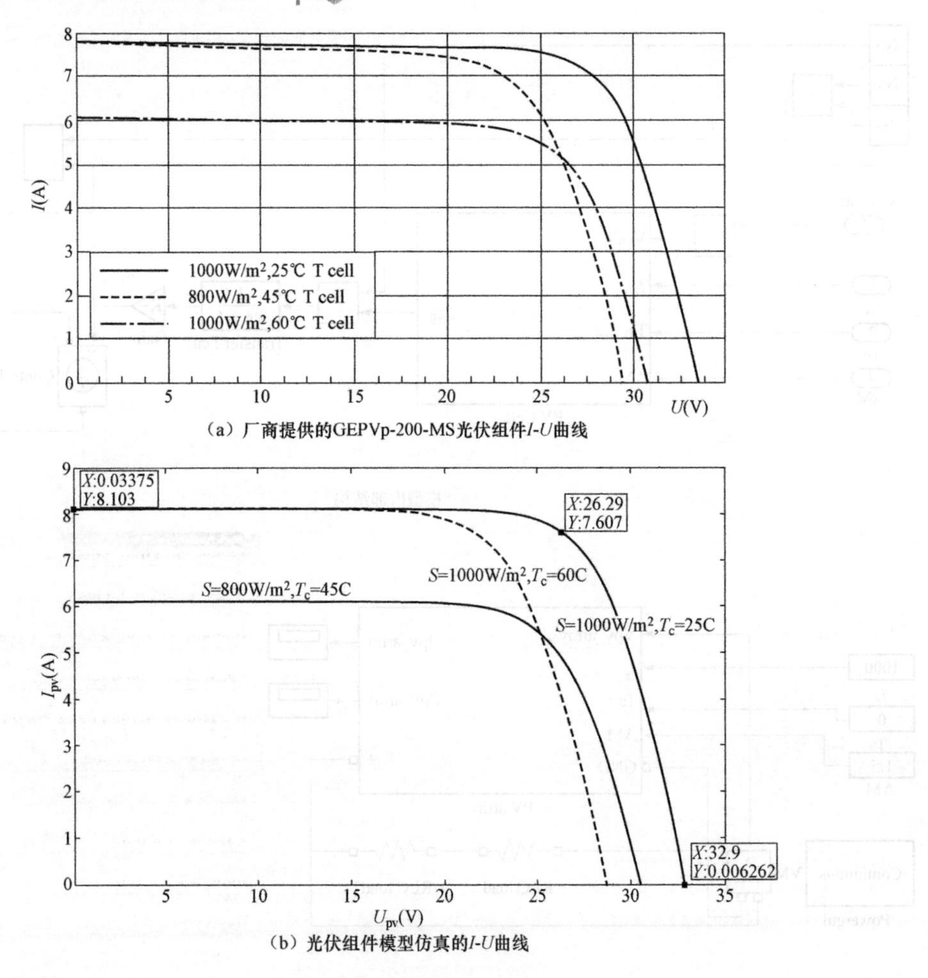

（a）厂商提供的GEPVp-200-MS光伏组件*I*-*U*曲线

（b）光伏组件模型仿真的*I*-*U*曲线

图 2-5　200W 多晶硅光伏组件的 *I*-*U* 曲线

（3）电阻 R=10Ω。

首先，通过光伏组件和 10Ω 电阻的 *I*-*U* 曲线判断出理论工作点的位置，图 2-6 所示为光伏组件 *I*-*U* 曲线和 10Ω 电阻的 *I*-*U* 曲线。由图 2-6 可见，两条曲线交点约在 I=3.054A，U=30.52V 附近，该点就是光伏组件带 10Ω 电阻的稳定工作点。

然后，仿真运行 10s，得到光伏组件带 10Ω 电阻的电压和电流波形，如图 2-7 所示。由图 2-7 可见，从 t=0s 开始，系统就已经进入稳定工作状态，工作点电压 U=30.53V，工作点电流 I=3.053A。

仿真工作点和理论工作点一致，表明光伏组件模型能够准确模拟实际光伏组件带阻性负载的工作特性。

2.2.2.3　光伏阵列带直流电动机负载仿真

在光伏阵列带直流电动机负载时，电动机启动过程中的冲击电流较大。本节将仿真光伏阵列带直流电动机负载的启动过程，在冲击负载下检验光伏阵列模型的性能。仿真系统接线如图 2-8(a)所示，为了减小电动机启动电流，系统配备了电动机启动装置（Motor Startup），其内部结构如图 2-8（b）所示，由 3 个电阻串联组成，当 t=2.8s 时切除启动电

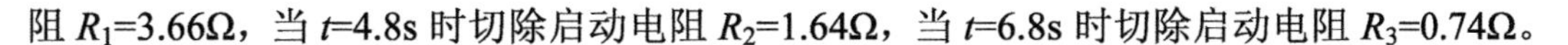

阻 R_1=3.66Ω，当 t=4.8s 时切除启动电阻 R_2=1.64Ω，当 t=6.8s 时切除启动电阻 R_3=0.74Ω。

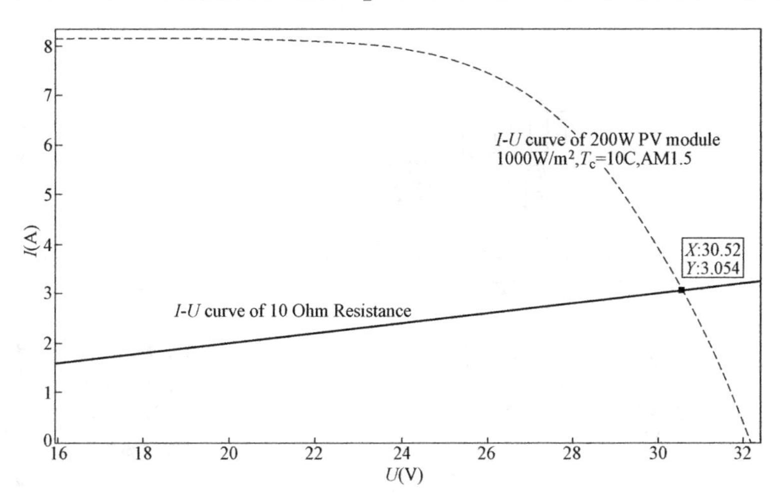

图 2-6　200W 光伏组件与 10Ω 电阻的 *I-U* 曲线

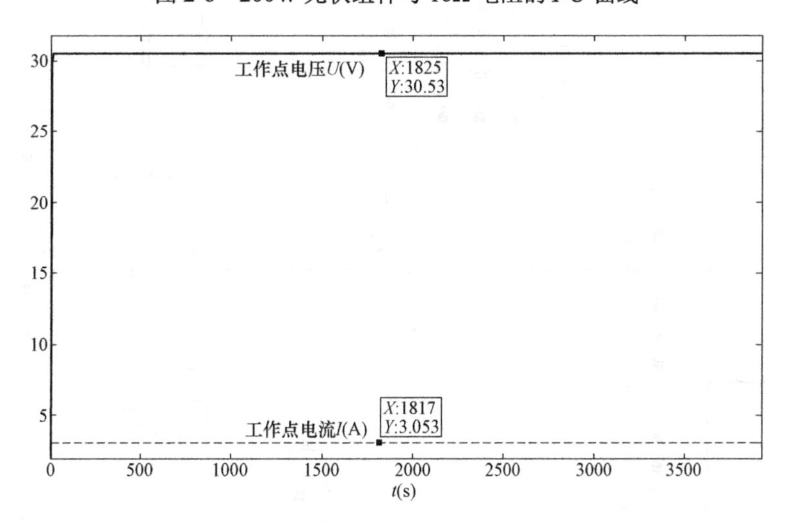

图 2-7　200W 光伏组件带 10Ω 电阻的工作电压和电流波形

仿真条件：

（1）采用 GEPVp-200-MS 多晶硅光伏组件，9 块组件串联，3 串组件再并联，在 STC 条件下光伏阵列的 P_{mpp}=5.4kW，U_{oc}=263.2V，I_{sc}=24.3A；

（2）太阳辐照度 S=1200W/m^2，环境温度 T_a=10℃，AM1.5；

（3）电动机额定电压 240V，额定电流 16.2A，电动机在 t=0s 时启动；

（4）其他负载等效为并联在光伏阵列输出端的 RLC 负载，R=150Ω。

图 2-9 所示为电动机启动过程中的电动机电压、电流和光伏阵列输出功率波形。由图 2-9 可见，随着 t=0s 时电动机启动，光伏阵列输出功率突增到 5.34kW；然后随着电动机电流逐渐减小，光伏阵列输出功率逐渐下降；到 t=2.8s 时切除启动电阻 R_1，由于在切除瞬间的电动机电流不变、电压突然下降，因此光伏阵列输出功率突然减小，随后电动机再次出现冲击电流，因此光伏阵列输出功率再次突增，在 t=4.8s 和 t=6.8s 切除另两

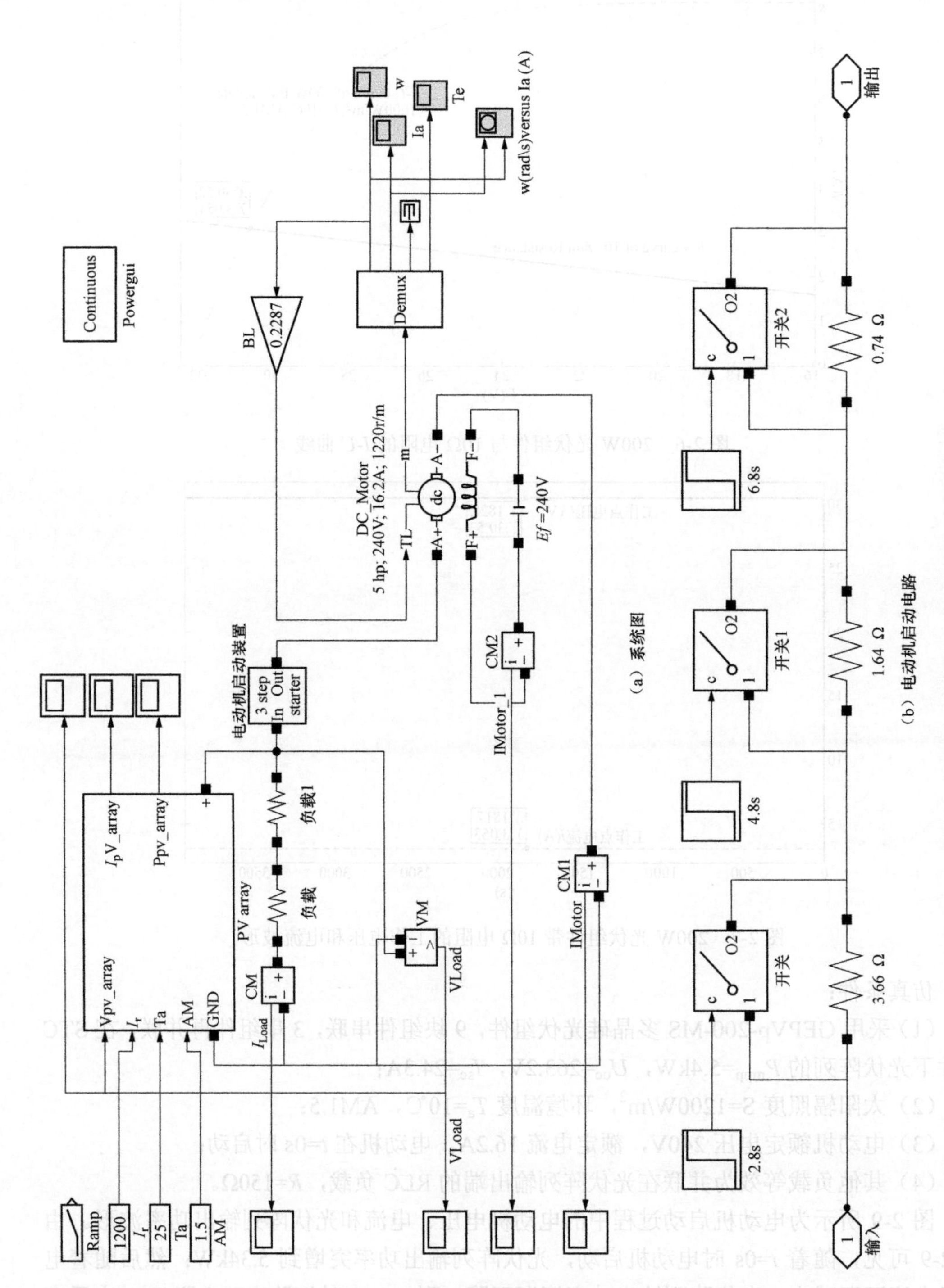

（a）系统图

（b）电动机启动电路

图 2-8　Simulink 中实现的光伏阵列带 3.8kW 直流电动机系统图

个启动电阻时也出现类似现象。通过仿真可知，光伏阵列模型能够较好地模拟光伏阵列带电动机负载的工作特性。

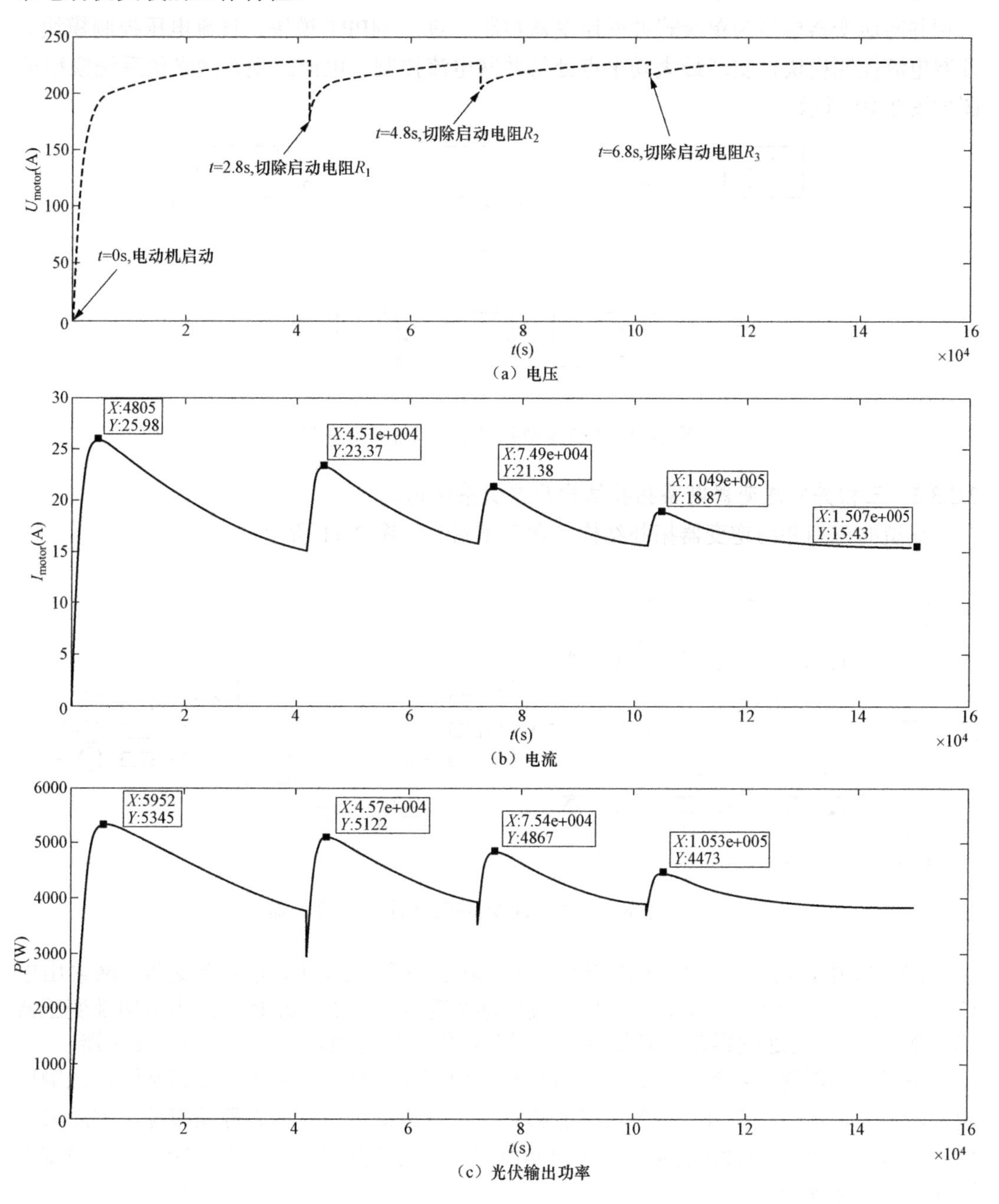

（a）电压

（b）电流

（c）光伏输出功率

图 2-9　光伏阵列带 3.8kW 直流电动机的电压和电流波形

2.2.3　光伏系统结构与模型

2.2.3.1　电流源型并网光伏系统

常规并网光伏系统采用电流源型并网逆变器实现光伏直流电向交流的转换，并注入

电网，逆变器输出电压、频率跟随电网电压和频率。

电流源型并网光伏系统数学模型由光伏阵列模型和三相并网逆变器模型组成。其中，三相并网逆变器模型为单级式并网逆变器控制，包含 MPPT 模块、直流电压控制模块、并网电流控制模块，实现最大功率点处得并网电流控制。电流源型并网光伏系统模型框图如图 2-10 所示。

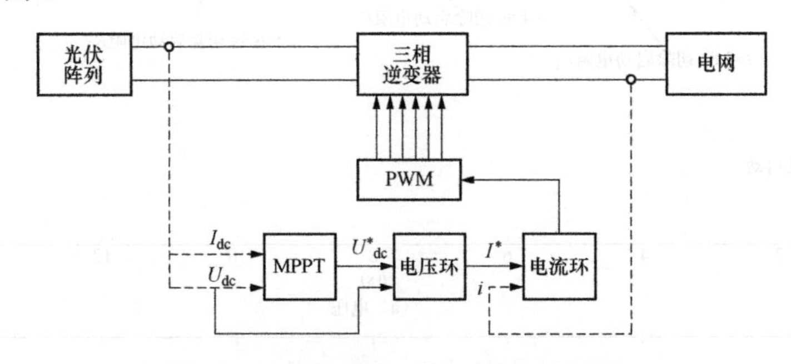

图 2-10　电流源型并网光伏系统模型框图

2.2.3.2　三相并网逆变器电路拓扑结构及控制系统构成

典型的三相并网逆变器拓扑结构（含变压器）如图 2-11 所示。

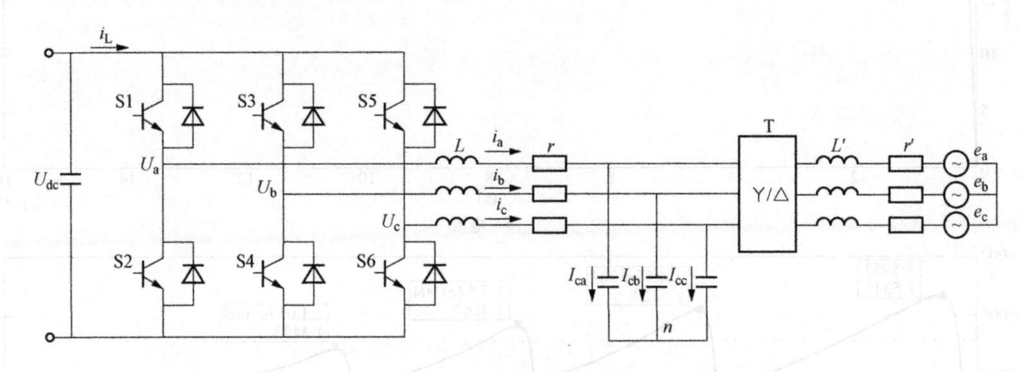

图 2-11　典型的三相并网逆变器拓扑结构（含变压器）图

图 2-11 中，U_a，U_b，U_c 为逆变器交流侧输出电压，i_a，i_b，i_c 为逆变器并网输出电流，e_a，e_b，e_c 为电网电压，L 为输出滤波电感及变压器一次侧漏感，L' 为电网及变压器二次侧漏感，r 为逆变器输出等效电阻，r' 为电网等效电阻，T 为Y/△隔离变压器。

在三相并网逆变器控制回路中，可以在正向同步旋转坐标系下将三相基波正弦输出电流转换为直流量，而 PI 控制策略能够实现对直流给定信号的无静差跟踪，因此采用 PI 控制策略实现电流波形控制。具有 PI 控制器的三相并网光伏逆变器输出电流控制系统的结构如图 2-12 所示。

在逆变器控制系统设计中，采用电压外环、电流内环的双闭环控制结构。在图 2-12 中，输出电压 U_{dc} 和 MPPT 控制器输出的参考电压给定 U^*_{dc} 比较后，送入电压环 PI 控制器，电压控制环的输出信号作为网侧电流有功分量给定值 i^*_d。控制系统将采集到的三相输出电流经过 Clark 和 Park 变换后，分解为有功电流反馈量和无功电流反馈量，与指令电流比较后经过 PI 调节后生成新的逆变器控制指令。由于并网逆变器通常需要控制为单

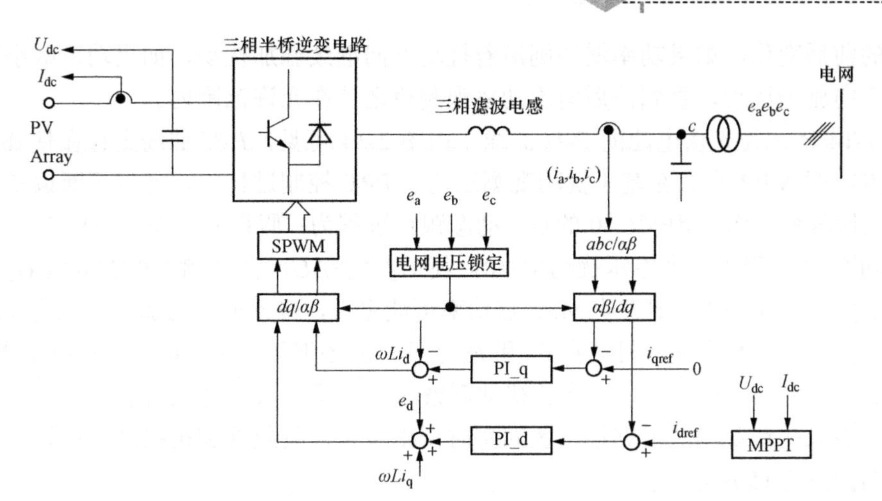

图 2-12　三相并网光伏逆变器输出电流控制系统结构图

位功率因数运行，因此，令无功电流 $i_q^*=0$。为使并网系统的有功功率输出达到最大，必须采用锁相技术控制输出电流的频率、相位，使其与电网电压严格同步。电流 PI 调节器的输出信号，经过 Park 逆变换后得到三相网侧电压在两相静止坐标系上的控制信号，经过 SPWM 模块后，输出 6 路 SPWM 控制信号，从而实现对光伏并网逆变器的控制。

2.2.3.3　滤波器模型

为了消除逆变器输出电流的谐波，使得输出电能质量符合相关标准。一般在逆变器输出端采用并网滤波器。常见的有 LC 型和 LCL 型并网滤波器，本节采用 LC 型滤波器，如图 2-13 所示。

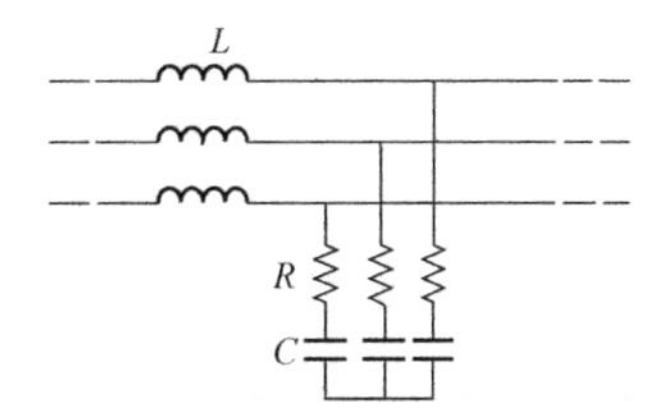

图 2-13　LC 型并网滤波器

LC 型滤波器属于典型的二阶滤波器，截止频率为

$$f_c=\frac{1}{2\pi\sqrt{LC}} \tag{2-4}$$

在截至频率以上以–40db/decade 衰减。在并网逆变型分布式电源中，为了有效消除谐波，LC 型滤波器的取值一般范围为

$$2f_0\leqslant f_c\leqslant\frac{f_k}{10} \tag{2-5}$$

式中　f_0——工频，50Hz；

f_k——SPWM 载波频率，取 10kHz。

2.2.3.4　MPPT 控制器模型

由光伏电池特性可知，光伏电池 *I-U* 特性随着光照、温度等环境条件发生变化，因此它的最大功率点（MPP）也在变化。为了使光伏电池总是工作按最大功率输出，就需要通过最大功率跟踪（MPPT）控制器实时跟踪最大功率点。常见的 MPPT 控制技术有恒电压跟踪方法、扰动观察法、电导增量法等，本节采用变步长扰动观测法。

扰动观测法的基本原理是：在光伏阵列输出电压或电流上施加一个小扰动，观测输

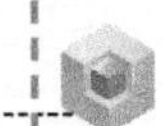

出功率的前后变化，如果功率增加则沿着扰动方向继续施加扰动，如果功率减小则沿着扰动反方向施加扰动，直到前后两次功率观测值之差在允许范围内。

图 2-14 所示为光伏电池的 P-U 曲线。由图 2-14 可见，P-U 曲线上存在使 $dP/dU=0$ 的极值点，即 MPP 点。在基于扰动观测法的 MPPT 控制过程中，通过不断调整输出电压，使光伏阵列工作在 $dP/dU=0$ 的点。动态跟踪过程为：假设原工作点电压 U_1，光伏电池输出功率 P_1；施加一个电压扰动$\Delta U>0$，使 $U_2=U_1+\Delta U$，在观测工作点电压 U_2 时的输出功率 P_2，如果 $P_2>P_1$，则表明 MPP 点功率可能更大，应该继续增加工作点电压；如果 $P_2<P_1$，则表明 MPP 点功率可能在 P_2 和 P_1 之间，应该继续在 U_1 和 U_2 之间搜索 MPP 点电压。ΔU 是电压扰动步长，定步长扰动观察法不容易收敛，并且可能出现工作点振荡现象，变步长扰动观测法根据搜索区间实时调整步长，收敛性和抗扰动性更好。扰动法的流程图如图 2-15 所示。

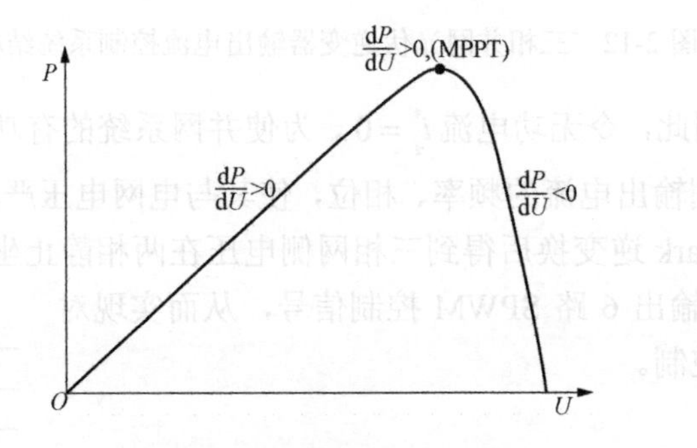

图 2-14　光伏电池 P-U 曲线

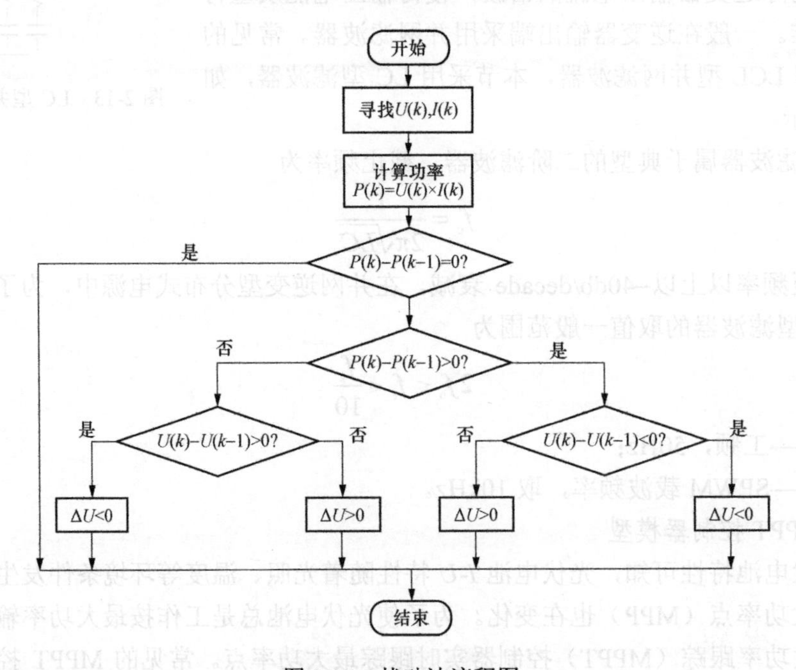

图 2-15　扰动法流程图

在 Simulink 中实现了基于扰动法的 MPPT 控制器，对于 200kW 左右的并网逆变器，

功率步长 ΔP=10kW，参考电压 ΔU=2.5V。

2.2.3.5　电流环 PI 控制器模型

光伏并网逆变器的控制目标之一是实现输出电流对给定电流指令的快速准确跟踪。为了达到期望的稳态和动态性能指标，并网逆变器的电流控制器需要具有很好的随动性能以准确、快速跟踪电流控制环的给定信号。电感电流内环反馈控制框图如图 2-16 所示。

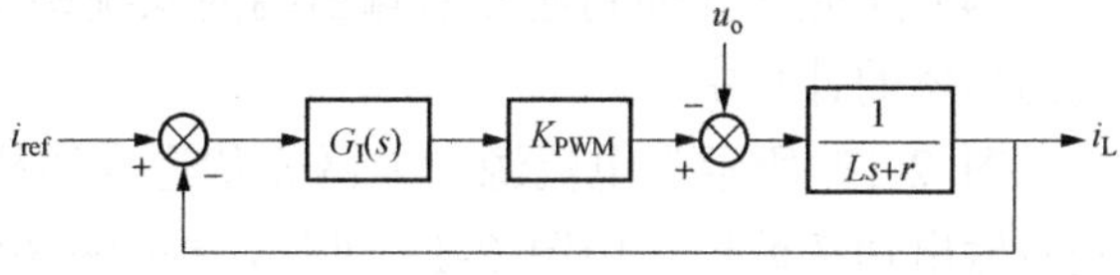

图 2-16　电感电流内环反馈控制框图

则其闭环传函为

$$T_i(s)=\frac{I_L(s)}{I_{ref}(s)}=\frac{G_I(s)K_{PWM}}{Ls+r+G_I(s)K_{PWM}} \tag{2-6}$$

式中　$I_{ref}(s)$——电流环参考信号；

$I_L(s)$——电容电流反馈信号。

当电流环控制器只采用比例积分控制器即 $G_I(s)=k_{pi}+\frac{k_{ii}}{s}$ 时，式（2-6）等效为

$$T_i(s)=\frac{I_L(s)}{I_{ref}(s)}=\frac{(k_{pi}s+k_{ii})K_{PWM}}{Ls^2+rs+k_{pi}K_{PWM}s+k_{ii}K_{PWM}} \tag{2-7}$$

首先令积分系数 k_{ii} 为零，计算电流控制器比例参数 k_{pi}，化简式（2-7）可得式（2-8），然后设计积分系数 k_{ii}

$$|T_i(s)|=\frac{k_{pi}K_{PWM}}{\sqrt{\omega^2L^2+(k_{pi}K_{PWM}+r)^2}} \tag{2-8}$$

系统带宽定义：当系统闭环幅频特性的幅值降到–3dB 时对应的频率为 f_b，$0\sim f_b$ 的频率范围称为系统的带宽。因开关频率为 10kHz，则取电流内环截止频率为 $f_{ib}=\frac{1}{5}f_s$=2000Hz，则 $k_{pi}=6.284e^{-3}$。

加入 k_{iv} 后系统带宽将发生变化，为了保证系统带宽在要求范围之内，选择系统带宽为 f_{ib}=2050Hz，则由式（2-9）可得，k_{ii}=1.96。

$$k_{ii}=\frac{\omega_f}{K_{PWM}}\{[(K_{PWM}k_{pi})^2+2(\omega_f L)^2-2K_{PWM}{}^2k_{pi}{}^2]^{0.5}-\omega_f L\} \tag{2-9}$$

2.2.3.6　电流源型并网光伏系统模型

在 Simulink 中实现的电流源型并网逆变器整体模型，主功率回路包括三相逆变桥、滤波器和升压变压器，控制回路包括 MPPT 与直流电压控制器、电流环控制器。

2.2.3.7　仿真分析

（1）以电流源型并网逆变器模型和光伏阵列模型为基本模块，基于 Simulink 搭建电流源型并网光伏系统仿真模型系统仿真条件为：

环境温度 t_a=0℃，光照辐射度 1000W/m^2，AM=1.5；

环境温度 t_a=0℃，光照辐射度为日典型辐照度，最大辐照度 1200W/m^2，最小辐照度 0W/m^2，AM=1.5。

（2）光伏阵列 PV_array 容量为 200kW，开路电压为 592V，短路电流为 1126A。

（3）电流源型并网光伏逆变器 dir-GC-inv-200kW 额定功率 200kW，模型内部含有一台 200kVA 190V/380V Yd11 变压器输出，输出接入 380V 交流母线。

（4）从光伏阵列到逆变器输出端的系统整体效率取 0.85，效率因子包含在光伏阵列输出功率的计算中。

图 2-17 所示为电流源型并网光伏逆变器模型稳定运行后的光伏阵列输出功率与逆变器输出功率波形。由图 2-17 可见，稳定运行后，光伏阵列输出功率为 200kW，逆变器输出有功功率为 199kW，无功功率为零。

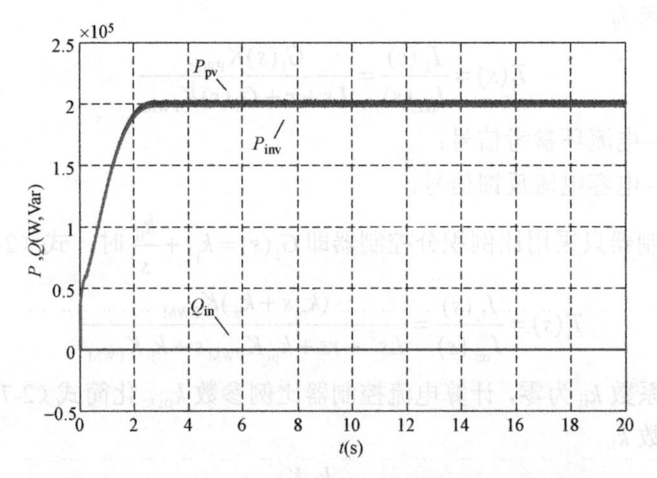

图 2-17 光伏阵列输出功率与逆变器输出功率波型

图 2-18 所示为进入稳态后的逆变器并网点处三相电压及电流波形。由图 2-21 可见，电压波形和电流波形周期为 0.02s，频率稳定在 50Hz；且电流与电压同相位，实现了单位功率因数。

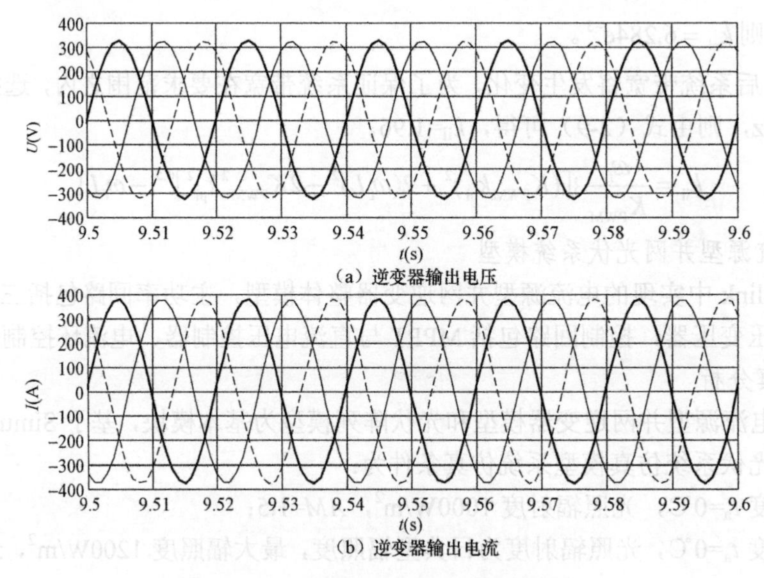

图 2-18 逆变器输出电压与电流波形

图 2-19 所示为电流源型并网光伏逆变器模型稳定运行后的光照辐射度、光伏阵列输出功率与光伏系统并网输出功率波形。由图 2-19 可见，稳定运行过程中，光照强度为 1200W/m^2 时，光伏阵列输出功率为 250kW，光伏电站并网有功功率为 225kW，光伏阵列模型可以模拟光伏电站实际运行情况，验证了模型的正确性。

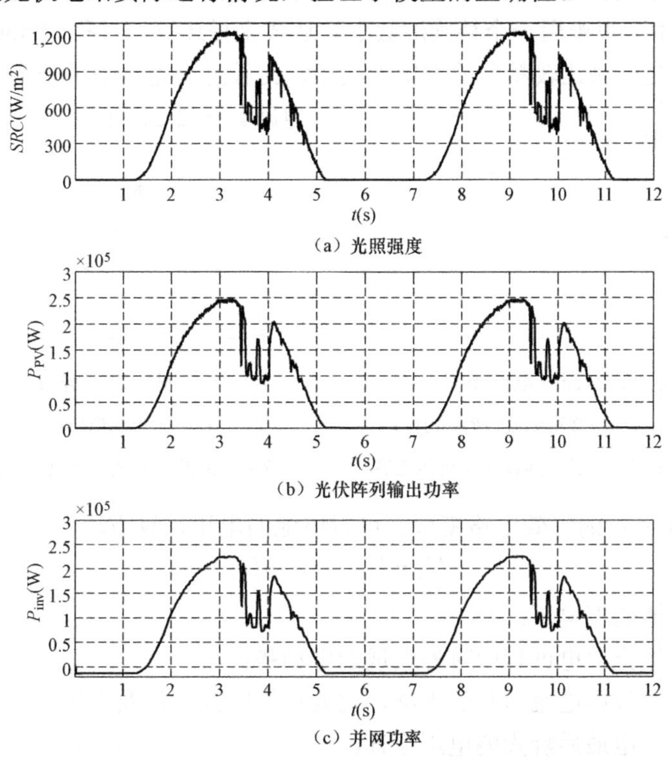

图 2-19　光照辐射度、光伏阵列输出功率及系统并网功率

2.3　储能系统模型

2.3.1　储能电池数学模型

2.3.1.1　Thevenin 电路模型

Thevenin 电路模型是一个最具有代表性的基本电路模型，其电路如图 2-20 所示。在该电路模型中，开路电压 U_{OC} 反映了电池中存储电能能力的大小；电阻 R_1 模拟了所有形式的能量损失，包括电损失的能量和非电损失的能量，电阻的阻值会随充放电条件及电池状态的不同发生变化；过压电容 C 与电阻 R_2 用来模拟电池充放电过程中电解质扩散现象和由其产生的瞬态电流现象，它的值取决于电池的荷电状态、温度以及电池安装结构的设计。

基于图 2-20 所示的 Thevenin 电路模型，在一定程度上能够比较精确地反映电池荷电状态及其剩余容量，比较适合电池的状态预测，但是要实时计算出电池的荷电状态，比较复杂。由于该模型电路形式简单明了，比较直观地反映了电池的充放电过程，在工

程计算与分析上被广泛采用。另外，对短期的充放电过程（几分钟），该模型具有较高的准确性，可用于分析电池系统的动态响应速度与小信号稳定性。

2.3.1.2　等效电路数学模型

电池以化学形式在电化学电池的活性物质中存储能量，电池充放电的过程是个很复杂的化学反应过程，很难用一个精确的数学表达式来描述这一过程。Shimada T.K.等提出的等效电路模型是一种比较精确的蓄电池模型，比较适合蓄电池的仿真与测试，其等效电路如图 2-21 所示。

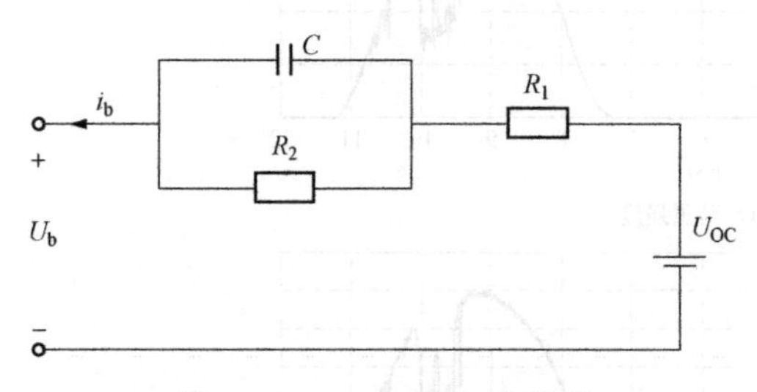

图 2-20　Thevenin 电路模型

U_b—蓄电池电压；i_b—终端电流；R_1—内阻；U_{OC}—开路电压；R_2—过压电阻；C—过压电容

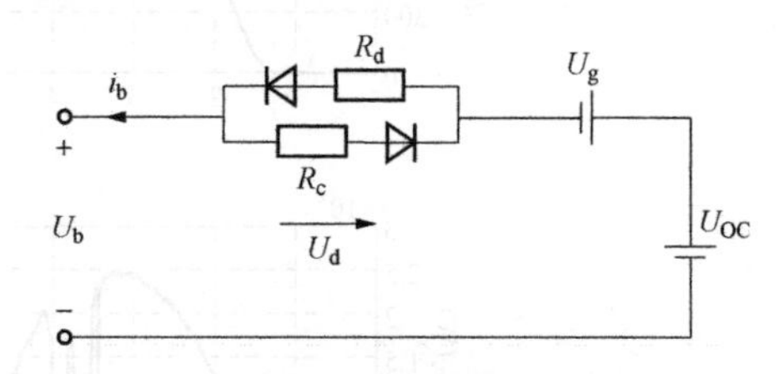

图 2-21　等效电路模型

U_b—蓄电池电压；i_b—终端电流；R_d—放电内阻；R_c—充电内阻；U_{OC}—开路电压

根据图 2-21 所示的等效电路模型，可得电池的电压计算方程

$$U_b = U_{OC} - U_d + U_g \tag{2-10}$$

式中　U_b——电池的端电压；

U_{OC}——电池充放电过程中对外表现的电动势；

U_d——由充放电电流引起的压降，主要包括阻性元件及电压饱和元件；

U_g——在充电最后阶段的电压上升。

影响以上电压的主要参数有充放电电流、荷电状态（State of Charging，SOC）及温度。考虑 Nernst 方程，可得 U_{OC} 与 U_d 的计算如下

$$U_{OC} = E_0 + E_1 \ln\left(1 - \frac{1-SOC}{S_E}\right) \tag{2-11}$$

$$U_d = R_{c(d)} i_b + U_a \left(1 - e^{-\frac{|i_b|}{I_a}}\right) \tag{2-12}$$

对于放电状态（$i_b>0$）、R_d、U_a、U_g 的计算方法如下

$$R_d = R_0 + R_1 e^{\frac{SOC}{S_R}} \tag{2-13}$$

$$U_a = U_{a0} + U_{a1} e^{\frac{1-SOC}{S_a}} \tag{2-14}$$

$$U_g = 0 \tag{2-15}$$

对于充电状态（$i_b>0$）、R_c、U_a、U_g 的计算方法如下

$$\begin{cases} R_c = R_0 + R_1 e^{\frac{1-SOC}{S_R}} & (SOC < S_b) \\ R_c = R_0 + R_1 e^{\frac{1-S_b}{S_R}} & (SOC > S_b) \end{cases} \tag{2-16}$$

$$\begin{cases} U_a = U_{a0} + U_{a1} \cdot SOC & (SOC < S_b) \\ U_a = U_{a0} + U_{a1} \cdot S_b & (SOC > S_b) \end{cases} \tag{2-17}$$

$$\begin{cases} U_g = U_{ga} e^{\frac{SOC - S_b}{S_g}} & (SOC < S_b) \\ U_a = U_{ga} \left(2 - e^{\frac{S_b - SOC}{S_g}} \right) & (SOC > S_b) \end{cases} \tag{2-18}$$

其中：

$$S_b = S_{b0} - \beta_b |i_b| \tag{2-19}$$

$$S_g = S_{g0} - \beta_g |i_b| \tag{2-20}$$

以上方程中，其他系数都是与温度有关的变量，可分别用如下公式计算

$$U_{OC} = E_{00}(1 + \alpha_{E0} T) \tag{2-21}$$

$$E_1 = E_{10}(1 + \alpha_{E1} T) \tag{2-22}$$

$$S_E = S_{E0}(1 + \alpha_{S_E} T) \tag{2-23}$$

$$R_0 = R_{00}(1 + \alpha_{R_0} T) \tag{2-24}$$

$$R_1 = R_{10}(1 + \alpha_{R1} T) \tag{2-25}$$

$$U_{a0} = U_{a00}(1 + \alpha_{V_0} T) \tag{2-26}$$

$$S_{b0} = S_{b00}(1 + \alpha_{S_{b0}} T) \tag{2-27}$$

$$\beta_b = \beta_{b0}(1 + \alpha_{\beta_b} T) \tag{2-28}$$

$$S_{g0} = S_{g00}(1 + \alpha_{S_{g0}} T) \tag{2-29}$$

相关参数物理意义说明及 VRLA 电池典型参数取值见表 2-3 和表 2-4。

表 2-3　　电池等效电路模型参数意义对照表

符号	物理意义	符号	物理意义
U_b	终端电压	U_α	U_d的最大饱和压降
U_{OC}	开路电压	R_0	内阻的恒定值
E_0	满充时开路电压	R_1	内阻对 SOC 变化引起的系数
E_1	SOC 对开路电压的系数	$U_{\alpha 0}$	U_α的恒定值
S_E	SOC 对开路电压的曲率	S_b	SOC 对 U_g 的影响点
U_d	由电流引起的电压降	S_g	SOC 对 U_d 的曲率
R_d	放电内阻	S_{b0}	S_b 的最大值
R_c	充电内阻	β_b	S_g 的最小值
U_g	充电最后阶段的电压上升	S_{g0}	SOC 对 U_g 的曲率

表 2-4　　VRLA 电池等效电路模型中典型参数取值表

符号	放电	充电	单位	比例	物理意义
E_{00}	2133	2219	mV	1	T=25℃下的 E_0
α_{E0}	0.00016	–0.00032	1/℃	1	E_0 的温度系数

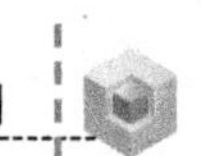

续表

符号	放电	充电	单位	比例	物理意义
E_{10}	589	705	mV	1	T=25℃下的 E_1
α_{E1}	0.0028	0.0038	1/℃	1	E_1的温度系数
S_{E0}	3.082			1	T=25℃下的 S_E
α_{SE}	0.00687		1/℃	1	S_E的温度系数
I_a	7.53	5.85	A	K	U_d饱和量为 63%时的电流
S_R	0.201	0.167		1	内阻对 SOC 的变化分量
R_{00}	3.29	5.84	mΩ	1/K	T=25℃下的 R_0
α_{R0}	−0.008	−0.017	1/℃	1	R_0的温度系数
R_{10}	5.97	20.16	mΩ	1/K	T=25℃下的 R_1
α_{R1}	−0.039	−0.028	1/℃	1	R_1的温度系数
U_{a1}	23	−43	mV	1	U_a对 SOC 的变化系数
S_a	0.345			1	U_a对 SOC 的变化分量
U_{a00}	25	−22	mV	1	T=25℃下的 U_{a0}
α_{Ua0}	−0.029	−0.022	1/℃	1	U_{a0}的温度系数
U_{ga}		213	mV	1	U_g最大值的一半
β_g		0.00027	1/A	1/K	S_{g0}的电流系数
S_{b00}		1.044		1	T=25℃下的 S_{b0}
α_{Sb0}		0.00067	1/℃	1	S_{b0}的温度系数
β_{b0}		0.01066	1/A	1/K	T=25℃下的 β_{b0}
$\alpha_{\beta b}$		−0.0177	1/℃	1	β_b的温度系数
S_{g00}		0.0146		1	T=25℃下的 S_{g0}
α_{Sg0}		−0.0272	1/℃	1	S_{g0}的温度系数

表 2-3 中的参数均是对单体额定电压为 2V，容量为 70Ah 电池的测试得到的典型值，其中 K 为比例因子，计算如下

$$K=\frac{C}{70} \tag{2-30}$$

式中 C——实际使用的蓄电池容量，单位 Ah。

电池组仿真模型中，电池单体默认值是 2V、1000Ah。电池组用一个受控直流电压源模拟，电压控制指令来自模型。电池组模型包含 4 个主要模块，即模型参数温度修正模块、开路电压计算模块、放电电压计算模块和充电电压计算模块。模型输入变量包括充/放电电流和当前荷电状态，输出变量是对应的电池端电压。如果在电池模型外使用一个积分环节来累计电池充/放电电量，就可以很容易地模拟荷电状态的变化。

2.3.2 超级电容数学模型

超级电容应用了电学双电层理论，在充电时形成理想极化状态的电极表面，电荷将吸引周围电解质溶液中的异性离子，使其附于电极表面，形成双电荷层，构成双电层电容。

超级电容特点：循环寿命长，功率密度大。由于超级电容的放电过程理论上不受限制，因此具有较大的功率密度，适合于大电流和短时间充放电场合；充放电效率高，超级电容可等效为一个理想电容器与内阻很小的等效内阻的串联结构，因此在充放电过程中，能量损耗很小，充放电效率可高达 90%以上；高低温特性好，可正常工作在–40～70℃的场合。

图 2-22 所示的超级电容器模型采用一阶线性 RC 模型，这种模型结构简单，能够较准确地反映出超级电容器在充放电过程中外在的电气特征。超级电容可以等效为一个理想电容器 C 和较小阻值的电阻 R_{es}（等效串联阻抗）串联，同时与一个较大阻值的电阻 R_{ep}（等效并联阻抗）并联。等效并联内阻 R_{ep} 反映了超级电容器的总漏电情况，也称为漏电电阻。

通电状态下，通过并联内阻 R_{ep} 的放电电流 I_s 称为漏电流，它影响超级电容的长期储能性能，并联内阻 R_{ep} 通常很大，有几十千欧。采用大电流充电时，由于超级电容串联等效电阻 R_{es} 的存在，会使超级电容的充电效率一定程度的降低，因此需要考虑充电电流对超级电容的工作效率的影响，R_{es} 通常很小，一般只有几十微欧。

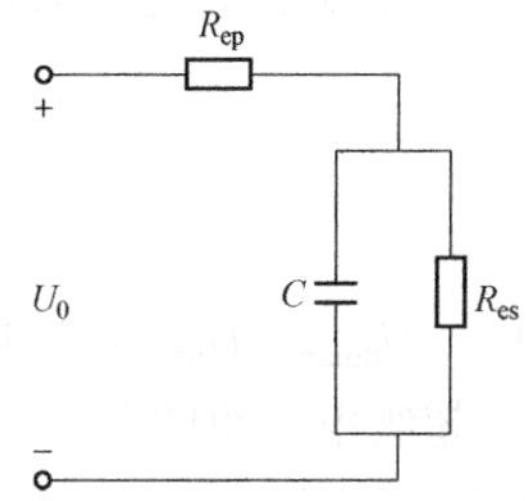

图 2-22　超级电容等效电路图

令充电时的电流 I 和功率 P 为负值；放电时的电流 I 和功率 P 为正值，则

$$P = U_0 I = (U - IR)I \tag{2-31}$$

超级电容容量

$$C = \frac{I\mathrm{d}t}{\mathrm{d}U}$$

假设第 n 时刻超级电容储存的电量为 $Q(n)$，则下一时刻，储存的电量为 $Q(n+1)$

$$Q_{(n+1)} = Q_{(n)} - I\Delta t \tag{2-32}$$

假设某时刻超级电容工作电压为 $U(n)$，下一时刻的工作电压 $U(n+1)$，则有

$$U_{(n+1)} = U_{(n)} - I\frac{\Delta t}{C} \tag{2-33}$$

超级电容在工程应用中要考虑到使用寿命，因此要限制在［U_{min}，U_{max}］的电压范围内工作。荷电状态 SOC 反映了在允许的工作电压范围内超级电容储存电量的程度（充放电深度），是设计超级电容重要的控制参数，用以下公式定义

$$SOC = \frac{U - U_{min}}{U_{max} - U_{min}} \tag{2-34}$$

式中　U——超级电容工作的实际电压；

U_{max}——超级电容电压上限，即额定电压，电容达到这个电压点停止充电；

U_{min}——超级电容电压下限，电容达到这个电压点，停止放电。

超级电容能量输出为

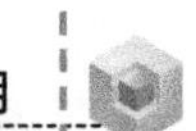

$$E = \frac{1}{2}CU_{\max}^2 - \frac{1}{2}CU_{\min}^2 \tag{2-35}$$

超级电容的效率 η 定义为充放电过程充电能量与放电能量之比，即

$$\eta = \frac{E_{dch}}{E_{cha}} = \frac{\int_0^t I_d \times u(t)dt}{\int_0^t I_c \times u(t)dt} \tag{2-36}$$

充电效率 η_c 定义为超级电容储存能量与充入能量之比，即

$$\eta_c = \frac{\frac{1}{2}C(U_{c\max}^2 - U_{c\min}^2)}{\int_0^t I_c \times u(t)dt} \tag{2-37}$$

式中 $U_{c\max}$、$U_{c\min}$——超级电容充电时起始和截止电压。

放电效率 η_d 定义为超级电容输出能量与超级电容储存能量之比，即

$$\eta_d = \frac{\int_0^t I_d \times u(t)dt}{\frac{1}{2}C(U_{d\max}^2 - U_{d\min}^2)} \tag{2-38}$$

式中 $U_{d\max}$、$U_{d\min}$——超级电容放电时起始和截止电压。

超级电容组的总电阻和总电容可以通过下式计算

$$R_{UC-total} = n_s \frac{R_{ES}}{n_p} \tag{2-39}$$

$$C_{UC-total} = n_p \frac{C}{n_s} \tag{2-40}$$

多个单体超级电容组成超级电容器组，可以满足短时高峰负荷的要求。

2.3.3 储能系统模型

2.3.3.1 电池储能单元

储能系统可以将电力转化为其他形式的能量，并在需要时以电的形式释放。其储能方式主要包括 3 种类型：一是物理储能，主要包括了压缩空气储能、抽水储能、蓄冰储能等，由于这种储能方式媒介不发生化学变化，所以效率会相对较低。二是化学储能，主要包括了铅酸电池、锂离子电池、钒电池、钠硫电池等。电池储能在充放电过程中一般会伴随储能介质的化学反应，因此使得电池的寿命会相对有限。三是其他储能，包括了超导、飞轮及超级电容等，这种方式电能以动能、电磁能等形式进行储存，充放电速度相对较快，效率也非常高。

以张北风光储输示范工程中的 1MWh 锂离子电池储能系统为例，该系统是由 5 个 200kWh 的电池储能单元并联构成，通过变压器接入 35kV 系统。锂电池储能系统的最小单元为单体，每个单体的电压为 3.2V，电流为 50A，质量为 2kg；将每 10 个单体串联，构成一个电池包模块，每个模块参数电压为 32V，电流为 50A，质量为 22kg。24 个电池包模块串联组成一个电池柜储能系统，每个电池柜电压为 768V，容量达到 38.4kW。6 个电池柜并联一组，组成 200kW 的电池储能单元，5 个电池储能单元并联即组成 1MWh

的锂离子电池储能系统。系统的示意如图 2-23 所示。

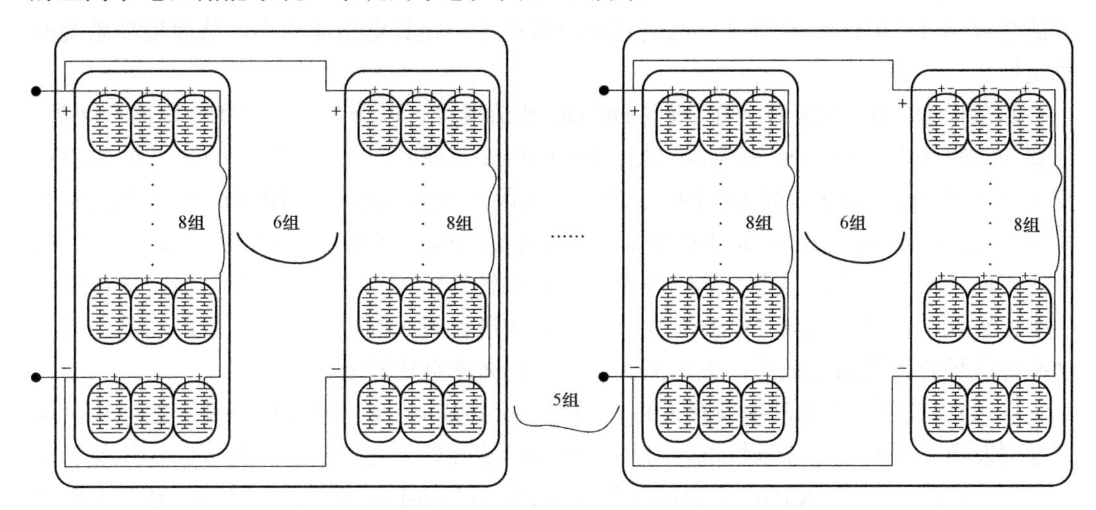

图 2-23　锂离子电池储能系统

储能系统需要根据实际运行状况来控制每一阶段的实际充电容量和放电容量。以电池储能为例，电池由于本身自放电，存在自损电量。实际运行中，其输出功率不仅受到外电路电量需求制约，也受到剩余电量和最大输出功率的约束。实时分阶段充放电约束为

$$0 \leqslant S_c(j) \leqslant \min\left\{k_c(j)P_c\eta_c\Delta t,\ S_{max}-(1-\sigma)S_{j-1}, \Delta P_j\Delta t\right\} \tag{2-41}$$

$$0 \leqslant S_d(j) \leqslant \min\begin{Bmatrix} k_d(j)P_d\eta_d\Delta t \\ S_{max}-(1-\sigma)S(j-1), \Delta P_j\Delta t \end{Bmatrix} \tag{2-42}$$

则第 j 段实际减少电量为

$$S(j) = S_c(j=1) - S_d(j=1) + (1-\sigma\Delta t)S(j-1) \tag{2-43}$$

电池的分段荷电量为

$$SOC(j) = S(0) - \sum_{j=1}^{n} S(j-1) \tag{2-44}$$

式（2-41）和式（2-42）分别表示第 j 段充电容量、放电容量，kWh。$S(j)$为第 j 段蓄电池减少容量，kWh。k_c，k_d 为 t 时刻充电、放电状态系数，$k_c(j), k_d(j) \in [0\sim 1]$。当 k_c，k_d 均为 0 时，蓄电池处于浮充状态。式（2-44）中 SOC（j）为第 j 段初始时刻电池荷电量。

蓄电池的过充、过 放会严重影响电池寿命和输出功率，为此一般限定电池荷电状态上下限值。

$$\begin{cases} S_{max} = 0.9N_{BESS}C_{BESS} \\ S_{min} = 0.1N_{BESS}C_{BESS} \end{cases} \tag{2-45}$$

式中　S_{max}、S_{min}——最大允许充电容量上值、放电容量下值；

C_{BESS}——单元电池额定容量，取可放电最大容量和可充电最大容量为额定容量的 90%。

2.3.3.2　双向 DC/DC 变流器

双向 DC/DC 变流器在功率转换系统中能起到传递能量的作用，不仅能实现储能系

统的功率双向流动，进行储能和释放，还可以提高电池的利用率，实现稳定输出，更重要的是双向 DC/DC 变流器可以稳定直流母线电压，使其电压波动小，从而提高系统的稳定性。

和单向 DC/DC 变流器一样，双向 DC/DC 变流器也可以分为隔离型和非隔离型两类。主要的非隔离双向 DC/DC 变流器包括：Boost-Buck 双向 DC/DC 变流器、Cuk 双向 DC/DC 变流器以及 Speic/zeta 双向 DC/DC 变流器。带隔离变压器的双向 DC/DC 变流器主要为隔离型 Boost-Buck 的双向 DC/DC 变流器，电路结构包括双全桥、双半桥以及双推挽型。

双向 DC/DC 变流器中，非隔离型的电路比较简单，相对容易实现，但是其电压转换率比较低；隔离型双向 DC/DC 变流器可以实现比较大的电压变比，且能满足不同的功率等级场合，然而在低压，大电流的场合应用效率会比较低。

DC/DC 变换器作为功率变换元件，通过 Boost-Buck 变换器与储能装置相连接，根据微网发电功率和负荷需求情况，既可以使储能装置处于充电状态，也可以使其处于放电状态，对应于双向 DC/DC 变流器工作于 Buck 和 Boost 电路模式。以电池储能为研究对象，详细介绍利用双向 DC/DC 变换器对储能充放电控制的原理。

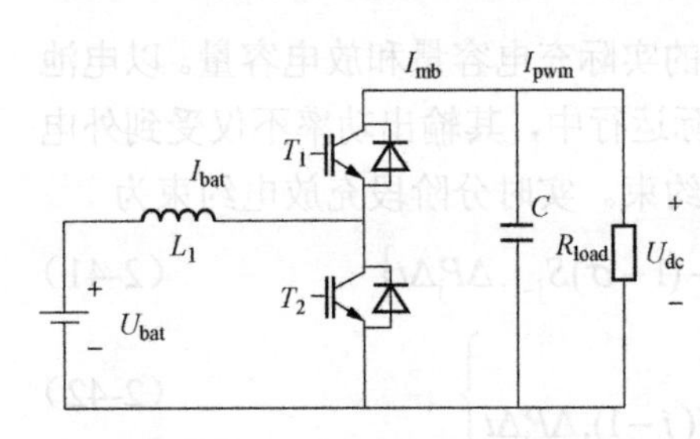

图 2-24　双向 DC/DC 示意图

双向 DC/DC 变流器两种工作模型下的能量流向和控制目标迥异。当变流器运行于 Buck 电路模式，能量由直流母线流向储能，给其充电，使其达到额定电压；运行于 Boost 电路模式时，能量反向，由储能流向直流母线，目的是使其直流母线电压保持稳定，为并网变流器正常工作提供保障。如图 2-24 所示，U_{bat} 为电池端电压，L_1 为滤波电感，T_1、T_2 为开关管，C 为电容，R_{load} 为负载，U_{dc} 为输出电压。

如果 T_1 管关断，T_1 管相当于一个二极管，此时整个变流器就相当于一个 Boost 电路，蓄电池或超级电容处于放电状态。当 T_2 管关断时，T_2 管相当于一个二极管，此时整个变流器就相当于一个 Buck 电路，蓄电池或超级电容处于充电状态。蓄电池与超级电容的控制方法是一样的，下文以电池的充放电为例，做详细的阐述。

以电池为例，可以写出以 I_{bat} 为状态变量的恒流放电的状态方程，其中 D 为 Boost 电路的占空比。

$$L_1\frac{dI_{bat}}{dt}=U_{bat}-(1-D)U_{dc} \tag{2-46}$$

根据式（2-46）得出电流环的控制方程为

$$D=\frac{(K_{p1}+K_{i1}/s)(I_{bat-ref}-I_{bat})+U_{dc}-U_{bat}}{U_{dc}} \tag{2-47}$$

式中　$I_{bat-ref}$——电池的电流指令值；

K_{p1}、K_{i1}——比例积分系数。

其控制框图如图 2-25 所示。

同样以电池为例，通过对 Buck 电路的分析，可以计算出电池恒流充电时电流环的控制方程为式（2-48），其中 D 为 Buck 电路的占空比。

$$D=-\frac{\left(K_{\mathrm{p1}}+\frac{K_{\mathrm{i1}}}{s}\right)(I_{\mathrm{bat-ref}}-I_{\mathrm{bat}})+U_{\mathrm{bat}}}{U_{\mathrm{dc}}} \tag{2-48}$$

其控制框图如图 2-26 所示。

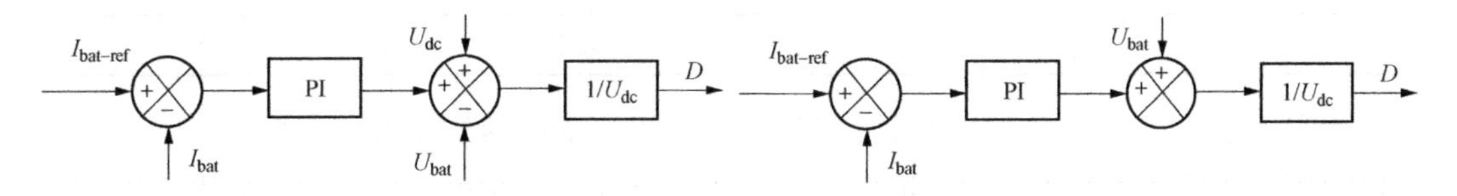

图 2-25 Boost 恒流放电控制框图　　图 2-26 Buck 恒流放电控制框图

除了上述的工作模式外，电池还可以工作在恒压充放电的状态，但在微网及分布式发电系统中，储能系统是按照能量管理系统的指令值输出指定的功率，所以储能装置一般都是采用恒流充放电。

上述分析解决了 DC/DC 充放电的问题，对于储能系统作为稳定的电压源并网，因此还需维持直流侧的电压稳定。当直流侧电压升高时，储能系统负责吸收多余的能量，此时储能系统处于充电状态；当直流侧电压降低时，储能系统负责提供不足的能量，此时储能装置处于放电状态。

根据分析，可以得到如图 2-27 所示的储能系统的控制框图。

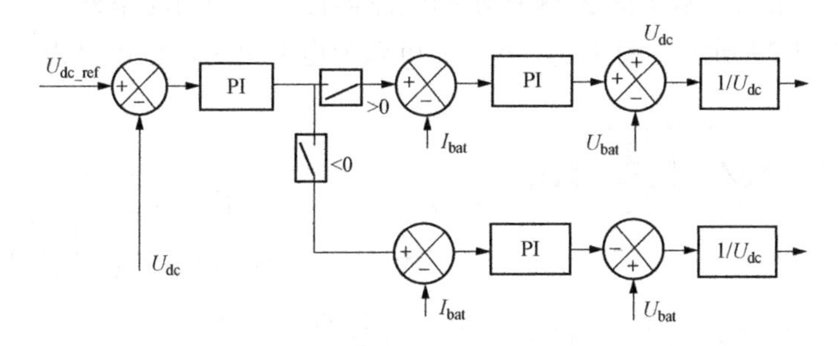

图 2-27 储能系统的控制框图

2.3.3.3 网侧变流器

储能系统必须通过网侧变流器并网，与风电和光伏发电网侧变流器不同的是，储能系统网侧变流器采用的是功率外环控制，这样可以按照需求调整有功控制目标，最大化地发挥储能系统快速吸收或发出有功的优势。

由于网侧变流器直接与电网相连，因而网侧谐波的抑制成为普遍关注的问题。目前用于抑制谐波的滤波器主要有 3 种类型，即 L、LC 和 LCL 滤波器，表 2-5 给出了它们之间的对比情况。其中，单电感 L 变流器具有电路简单、性能可靠，技术成熟的优点，但在大功率应用场合，L 滤波器须采用较大电感值，使得系统的体积变大，质量增加，成本也变高。LCL 滤波器虽然能有效降低电感总量，减小系统的体积和成本，但由于 LCL 滤波器是一个三阶系统，参数相对较多，为了获得良好的滤波效果和电流响应特性，必须采用更为复杂的控制策略。

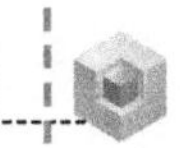

表 2-5　　不同滤波器性能对比

滤波器类型	L	LC	LCL
元件数目	少	较多	多
控制难易	简单	较复杂	复杂
电网影响	小	大	较小
需电感量	多	较多	少

由表 2-5 中可以看出，L 滤波器最简单，所以目前的网侧变流器大多采用了这种结构，但随着大功率场合中变流器的应用，为了降低损耗，功率器件一般需采用较低的开关频率，这样就会使开关频率附近的谐波次数降低。为了满足电网对高次谐波的限制要求，就需要比较大的电感值。大的电感值不但增加了系统的体积、成本，还降低了电流的响应速度，增加了电感上的压降并产生额外的损耗。在变流器逆变状态时，为了获得同样幅值的交流电压，大电感值的变流器需要更高的直流电压，这也会给控制带来难度。二阶 LC 滤波器虽然可以进一步降低电感的值，但是该拓扑滤波器容易受到电网线路电感的影响。LCL 滤波器尽管结构和控制相对比较复杂，但其能有效得降低电感总量，在大功率场合可以相对减小系统的体积和成本，并且受电网影响小。

储能网侧变流器在微网中的用途不同，其运行控制策略也不同。储能网侧变流器常见的控制策略有：恒功率（*PQ*）、恒压恒频（*U*/*f*）等控制模式。

（1）*PQ* 控制策略。基于图 2-28 所示的变流器拓扑，采用功率外环、并网电流内环的控制结构如图 2-29 所示。图中 e_a、e_b、e_c 可以为电网电压，也可以为 *U*/*f*。

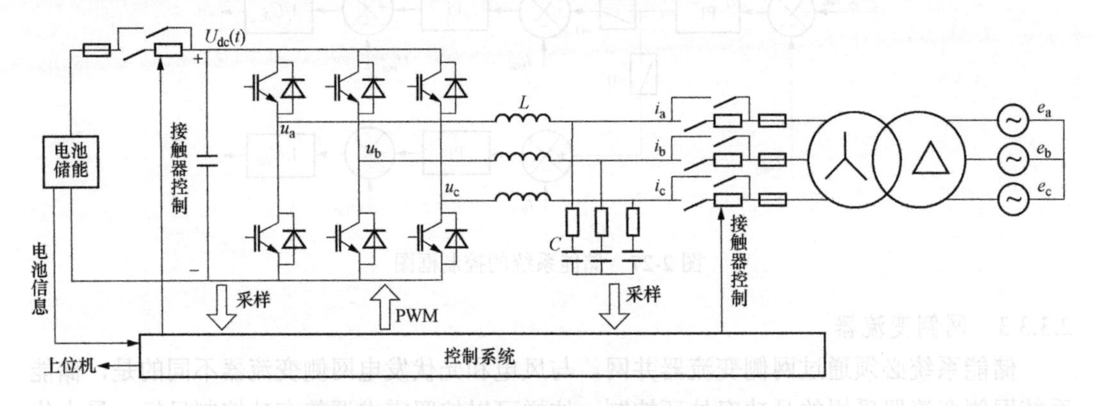

图 2-28　带 LC 滤波器的储能变流器拓扑结构

控制产生的幅值频率恒定的电压源电压。功率外环需要采集电网电压 *U* 和并网电流 *i*，经过 *PQ* 计算模块得到功率实测值，与给定值 P_{ref} 和 Q_{ref} 分别做差，经 PI 环节得到电流内环给定值 I_{dref}、I_{qref}。并网电流经坐标变换得到 *dq* 轴电流 i_d、i_q，分别与 I_{dref}、I_{qref} 做差，同样经过 PI 补偿环节和前馈解耦环节，得到电压参考值 u_d^*、u_q^*，经坐标反变换和 PWM 调制环节，即可得到开关管的开通关断信号，从而保证逆变器按功率给定值向电网输送的功率。

（2）*U*/*f* 控制策略。基于电压和电流的双环 *U*/*f* 控制策略，其控制结构如图 2-30 所示。

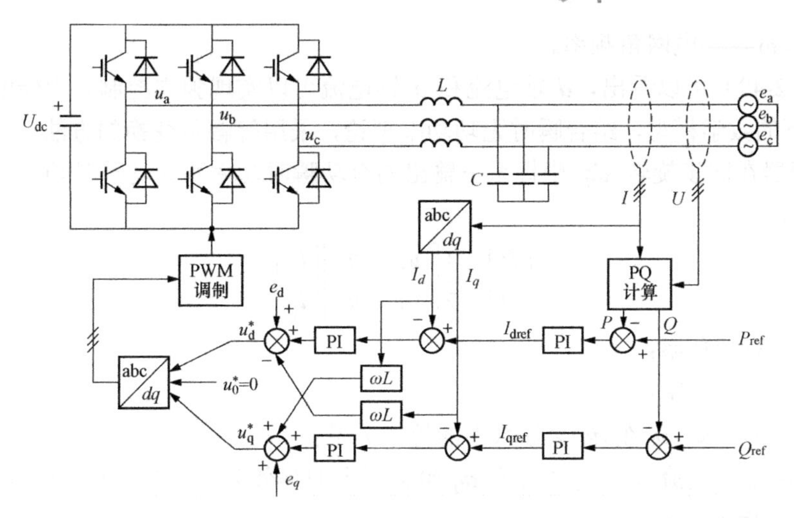

图 2-29　*PQ* 控制策略

电压外环控制需要采集负载侧电压 U，经过坐标变换得到 U_d、U_q，分别与给定值 U_{dref}、U_{qref} 做差，经 PI 补偿环节得到电流内环给定值 I_{dref}、I_{qref}。采集滤波电感电流 i，经坐标变换得到 i_d、i_q 分别与 I_{dref}、I_{qref} 做差，经过 PI 补偿环节和前馈解耦环节，得到电压参考值 u_d^*、u_q^*，经坐标反变换和 PWM 调制环节，即可得到开关管的开通关断信号，从而保证了输出电压幅值和频率的恒定。

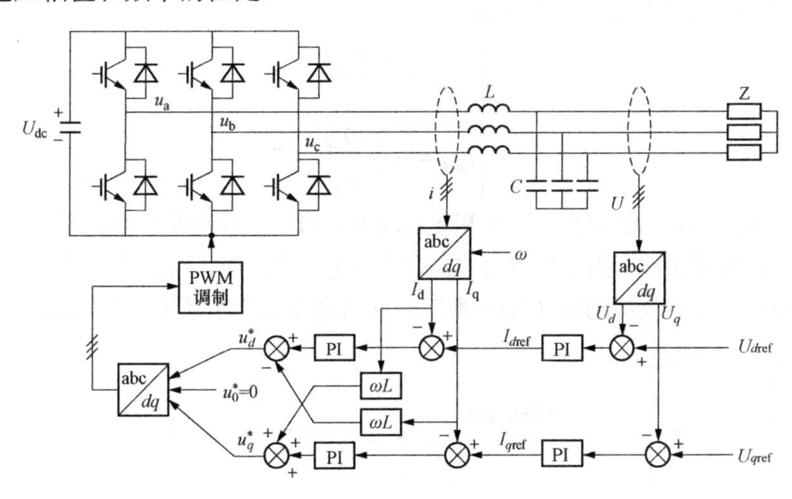

图 2-30　*U*/*f* 控制策略

在 dq 坐标系下，三相逆变器电流内环控制方程为

$$\begin{cases} u_{sd}=\left(k_p+\dfrac{k_i}{s}\right)(i_{dref}-i_d)-\omega L_g i_q+u_d \\ u_{sq}=\left(k_p+\dfrac{k_i}{s}\right)(i_{qref}-i_q)-\omega L_g i_d+u_q \end{cases} \tag{2-49}$$

式中　u_{sd}、u_{sq}——逆变器参考电压；

　　k_p、k_i——电流内环控制器参数；

ω——电网角频率。

由式（2-49）可以看出，d 轴电流和 q 轴电流可以实现独立控制。由储能变换器在 dq 坐标系下的数学模型，结合瞬时无功功率理论，采用等幅值变换的方法，可以计算得到三相逆变器在同步旋转 dq 坐标系下输出的有功瞬时功率和无功瞬时功率表达式如式（2-50）所示

$$\begin{bmatrix} P \\ Q \end{bmatrix} = \frac{3}{2}\begin{bmatrix} u_d & u_q \\ -u_q & u_d \end{bmatrix}\begin{bmatrix} i_d \\ i_q \end{bmatrix} \tag{2-50}$$

式中 P——有功功率；

Q——无功功率；

u_d、u_q——u_a、u_b、u_c 在 dq 坐标系上的等效分量；

i_d、i_q——电感电流 i_{aL}、i_{bL}、i_{cL} 在 dq 坐标系上的等效分量，矩阵求逆的 d、q 轴电流指令值 i_{dref}、i_{qref}。

$$\begin{bmatrix} i_{dref} \\ i_{qref} \end{bmatrix} = \frac{2}{3\varDelta}\begin{bmatrix} u_d & -u_q \\ u_q & u_d \end{bmatrix}\begin{bmatrix} P_{ref} \\ Q_{ref} \end{bmatrix} \tag{2-51}$$

$$\varDelta = u_d^2 + u_q^2$$

式中 P_{ref}、Q_{ref}——电网有功功率和无功功率的相应指令值。

如果将 d 轴定向在三相静止坐标的 a 轴，q 轴垂直于 d 轴，那么 u_d 等于输出电的绝对值，u_q 等于 0，式（2-51）可表示为

$$\begin{cases} i_{dref} = \dfrac{2}{3} \cdot \dfrac{P_{ref}}{u_d} \\ i_{qref} = -\dfrac{2}{3} \cdot \dfrac{Q_{ref}}{u_d} \end{cases} \tag{2-52}$$

由以上分析可知，当给定有功功率和无功功率时可以实现功率解耦控制，在需要有功功率跟踪时，可以将无功功率指令值设为零；在需要无功补偿时，可以将有功功率给定值设置为零。根据分析，可得到恒功率（PQ）型三相并网逆变器控制系统结构如图 2-31 所示。

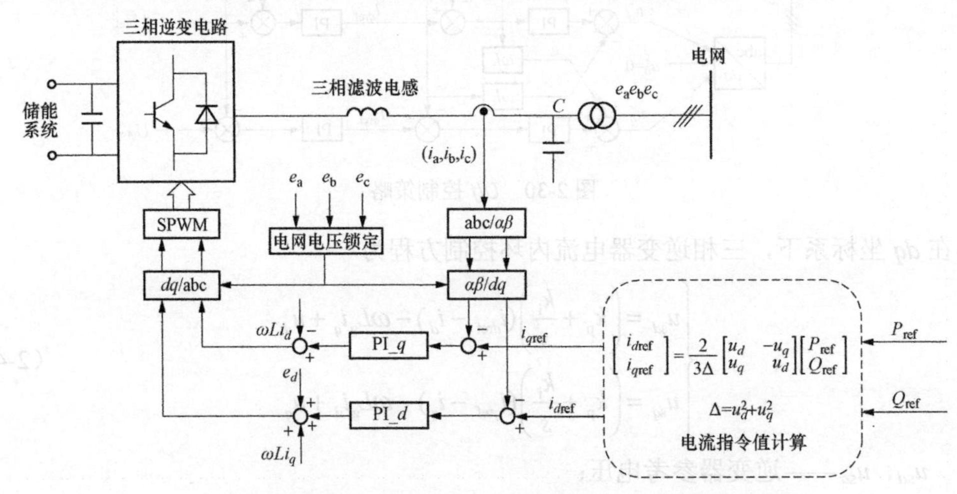

图 2-31 恒功率（PQ）型三相并网逆变器控制系统结构图

恒功率型（PQ）型三相并网逆变器根据瞬时功率表达式得出电流 d 轴和 q 轴分量参考值 I_{dref}、I_{qref}，为使并网系统的有功功率输出达到最大，根据瞬时功率表达式得出电流 d 轴和 q 轴分量参考值 I_{dref}、I_{qref}，然后电流参考值与其实际值 I_d，I_q 的偏差经过 PI 控制器并加上补偿分量，得到电压参考值，作为 SPWM 脉冲发生器的参考电压。必须采用锁相技术控制输出电流的频率、相位与电网电压严格同步。经过 SPWM 模块后，输出 6 路 SPWM 控制信号，从而实现对储能并网逆变器的控制。

PQ 型并网逆变器系统主功率回路包括三相逆变桥、滤波器和升压变压器，控制回路包括 PQ 控制器、电流环控制器。PQ 型储能系统整体模型包括电池模型、储能双向 DC/DC 充放电控制器模型和 PQ 逆变器模型。

系统模型参数与仿真条件为：

1）储能电池额定电压 320V，容量为 200Ah，*SOC* 设定初值为 50%。

2）储能系统 DC/DC 充放电控制器 DC/DC controller 输入侧直流电压 320V，输出侧直流电压 750V。

3）变压器采用 240/380V 角形/星形 Dyn11 接法。

根据储能系统并网运行的主要功能，设定有功功率波动指令实现有功功率跟踪，此时可以将无功功率设置为零。图 2-32～图 2-34 所示为铅酸蓄电池储能系统功率跟踪波形图。其中，图 2-32（a）所示为功率跟踪指令，用来模拟光伏电源短期功率波动出力。

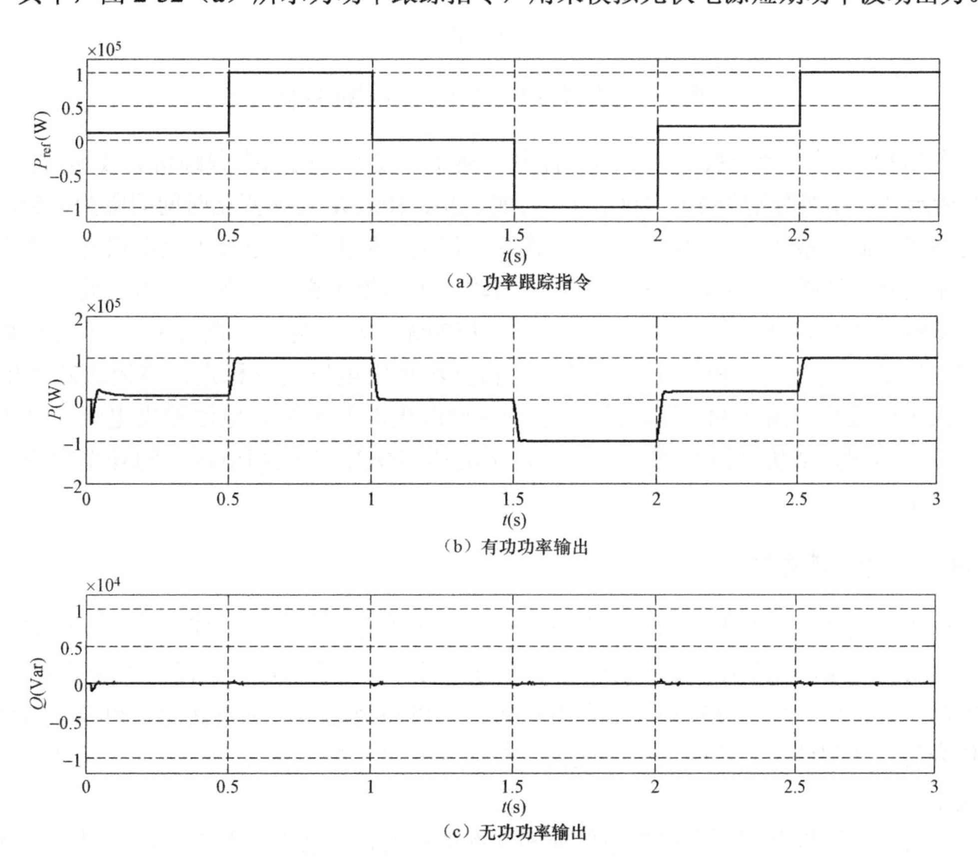

（a）功率跟踪指令

（b）有功功率输出

（c）无功功率输出

图 2-32　并网功率跟踪仿真波形

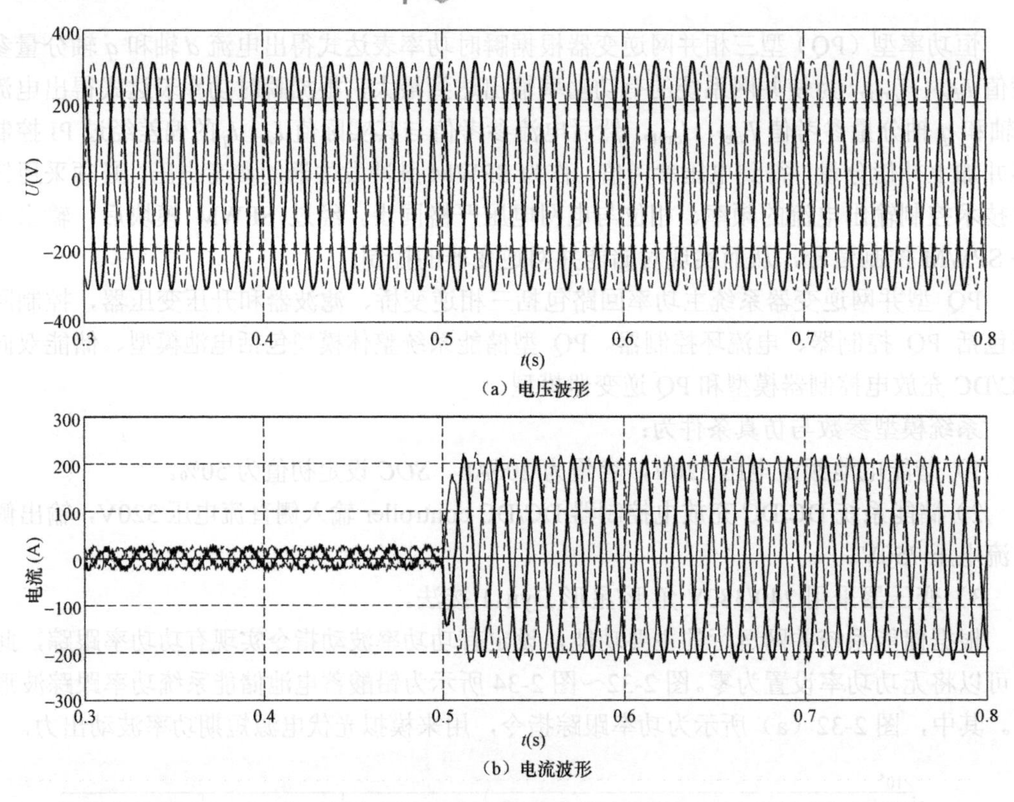

(a) 电压波形

(b) 电流波形

图 2-33 并网功率跟踪时电压、电流波形

图 2-32 所示为储能系统并网运行控制交换功率波动时的功率跟踪仿真波形，图 2-32（a）所示功率指令分别为 10、100、0、–100、20、100kW 功率变化时间间隔为 0.5s，正值功率表示储能系统发出功率，补偿交换功率波动，铅酸蓄电池处于放电状态；负值功率表示储能系统吸收功率，吸收交换功率波动，电池处于充电状态。从仿真波形可以看出，储能系统可较好地跟踪功率指令，且可控制无功功率为零。图 2-33 所示为功率跟踪时的逆变器输出的三相电压电流波形，仿真波形中电压波形稳定，电流跟随输出功率的大小而改变。图 2-34 所示为储能系统并网时电池的 *SOC*、电池输出电流、电池输出电压波形图，从仿真波形中可以看出，电池的 *SOC*、电流和电压跟随功率指令的变化而变化。

2.3.4 混合储能系统

电力储能单元存在多种形式，通常意义上，可以分为能量型储能和功率型储能两大类：①以锂电池、铅酸蓄电池、钠硫电池等为代表的能量型储能，其优点为能量密度大、储能时间长，但功率密度较小、循环寿命短；②以超级电容、飞轮储能、超导磁储能等为代表的功率型储能，具有功率密度大、响应速度快、循环寿命长的优点，但其能量密度较小。

混合储能可以分别利用能量型储能和功率型储能在特性上的互补性，满足不同场合的应用需求。

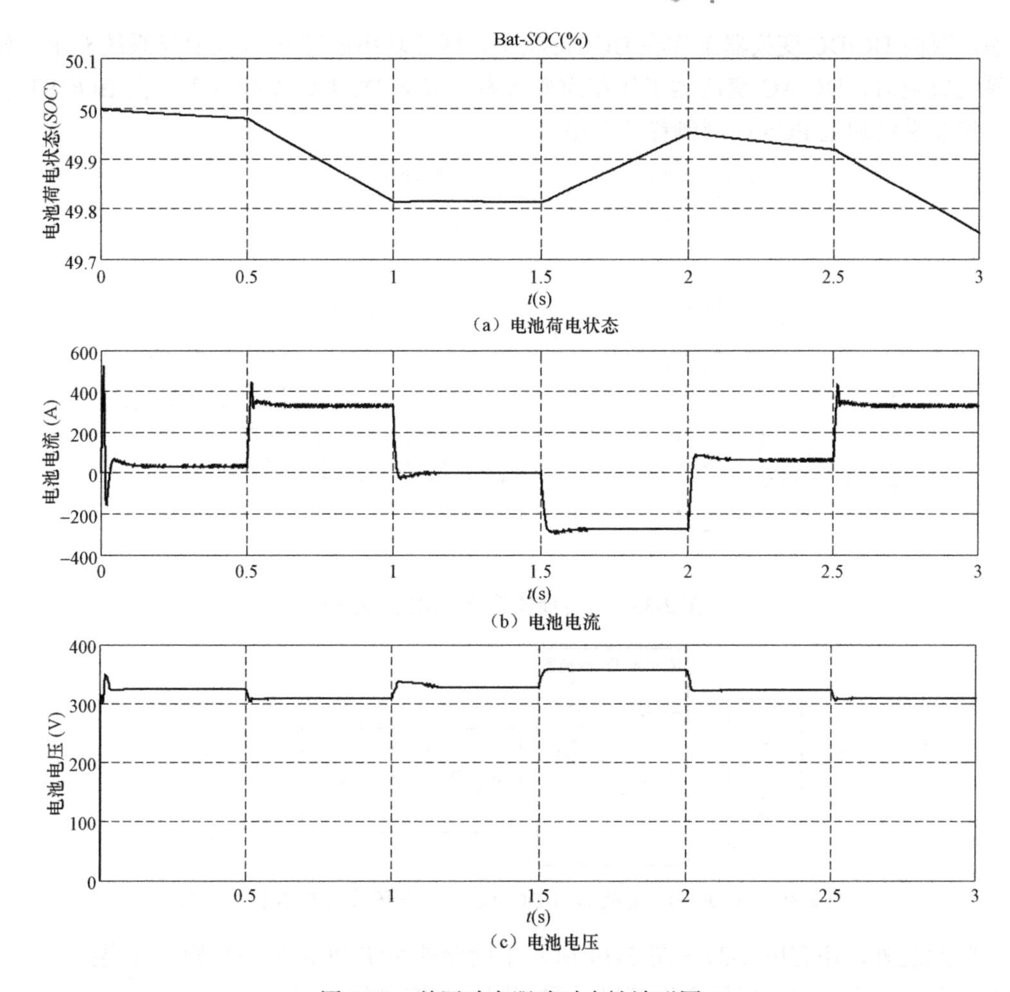

(a)电池荷电状态

(b)电池电流

(c)电池电压

图 2-34 并网功率跟踪时电池波形图

混合储能系统一般由混合储能单元和电力电子器件构成的功率转换系统（Power Conversion System，PCS）两大部分组成。储能元件实现能量储存以及释放；PCS 系统实现对储能元件进行充放电控制、功率控制及调节等功能。

混合储能系统典型拓扑结构如图 2-35 所示，由超级电容器和蓄电池组成的混合储能元件单元通过功率转换系统进行功率的双向流动，从而控制混合储能系统的充放电动作。在图 2-35 中，u_{bat} 为蓄电池侧，u_{sc} 为超级电容侧，该拓扑采用的是共直流侧含双向 DC/DC 变换器和 DC/AC 变流器环节 PCS 拓扑结构。

PCS 装置实现混合储能系统与交流电网之间的双向能量传递，通过控制策略实现混合储能系统充放电管理、负荷功率跟踪等功能，PCS 装置已在太阳能发电、风力发电等分布式发电技术领域中有较多的应用。近些年来，PCS 拓扑结构不断改进，新型 PCS 拓扑结构正向着具有整体损耗更小、可靠性更高以及形成更加方便和高效的模块化方向发展。

储能系统中最为常见的 PCS 装置拓扑，结构如图 2-36 所示。图 2-36 中包含储能单元、双向 DC/DC 变换器和 DC/AC 变流器，储能系统充电时，DC/AC 变流器工作在整流

状态，双向 DC/DC 变换器工作在 BUCK 状态，网侧功率通过 PCS 向储能系统充电；储能系统放电时，DC/AC 变流器工作在逆变状态，双向 DC/DC 变换器工作在 BOOST 状态，储能系统通过 PCS 向网侧释放功率。

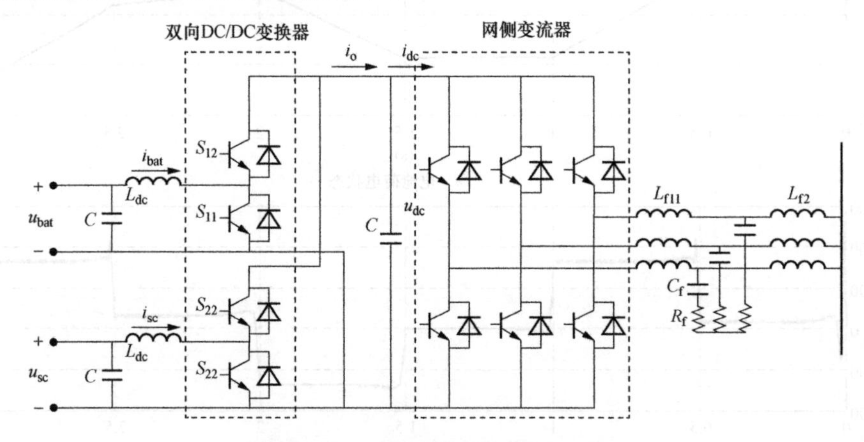

图 2-35 混合储能系统典型拓扑结构

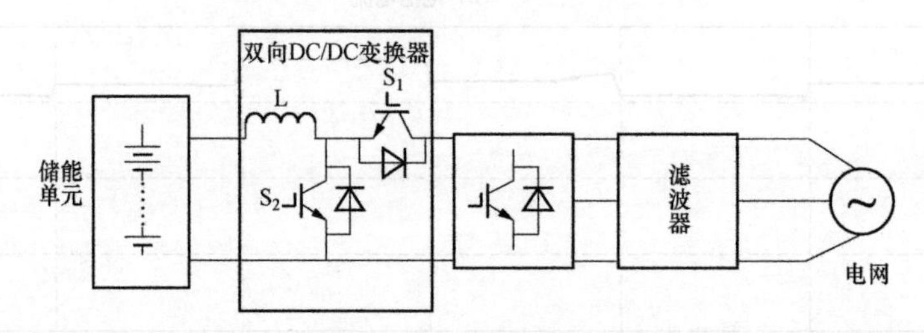

图 2-36 含 DC/DC 变换器与 DC/AC 变流器环节的 PCS 拓扑结构

除此之外，还有图 2-37～图 2-39 所示不同储能系统 PCS 拓扑结构，各类拓扑结构优缺点各异，在不同应用场合下可以采取不同的方案进行配置。

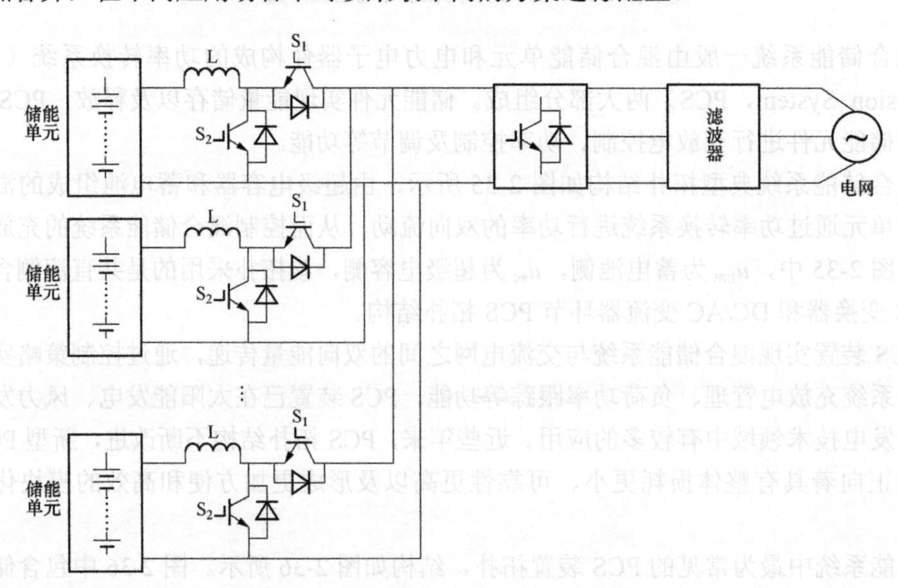

图 2-37 共直流侧含 DC/DC 变换器和 DC/AC 变流器环节 PCS 拓扑结构

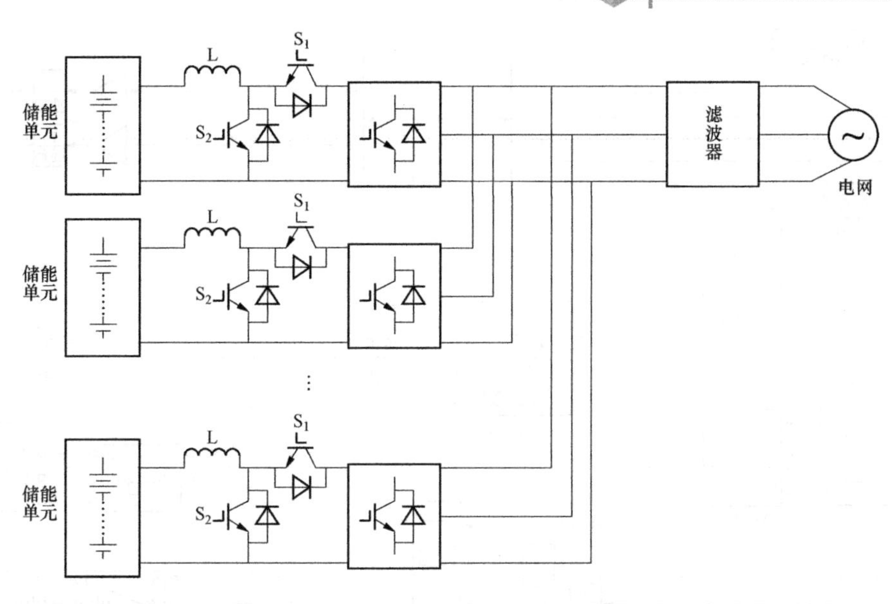

图 2-38 共交流侧含 DC/DC 变换器和 DC/AC 变流器环节 PCS 拓扑结构

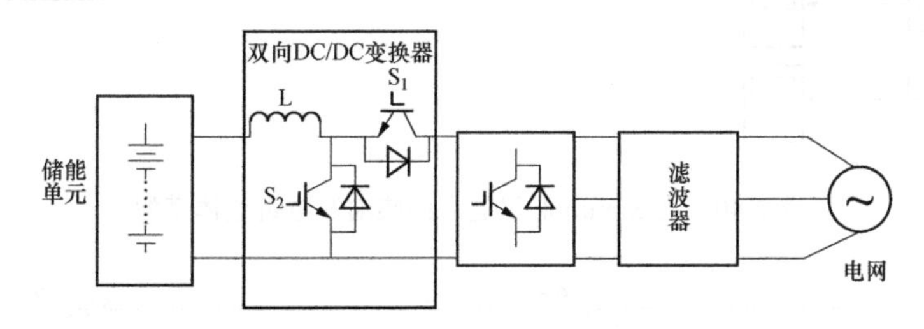

图 2-39 仅含 DC/AC 环节的变流器拓扑结构

2.4 柴油发电机模型

柴油发电机模型主要由同步发电机模型、调速系统模型、励磁系统模型构成。图 2-40 所示为在 Simulink 里建立的柴油发电机组整体模型。

2.4.1 同步发电机模型

发电机模型采用 Simulink 中的六阶同步电机模型，其 *dq* 轴下的数学模型如图 2-41 所示。

2.4.2 柴油发电机与调速系统模型

柴油机是驱动发电机运转的原动机，这里柴油机与其油门执行器的组合采用二阶环节进行建模，模型由连续系统模块集进行建模，系统模型如图 2-42 所示。

主控制器与放大单元构成了比例微分加二阶惯性环节的控制单元，通过调节柴油机油门执行器达到转速调节作用。柴油机输出转速通过积分单元转换为转矩，该转矩通过机组延时后再与乘法器的转速信号相乘得到机械功率信号，发电机在这个机械功率的驱动下发出电功率。这个调节系统对发电机被控对象的控制形成转速闭环负反馈，最终起到 PID 调节作用。

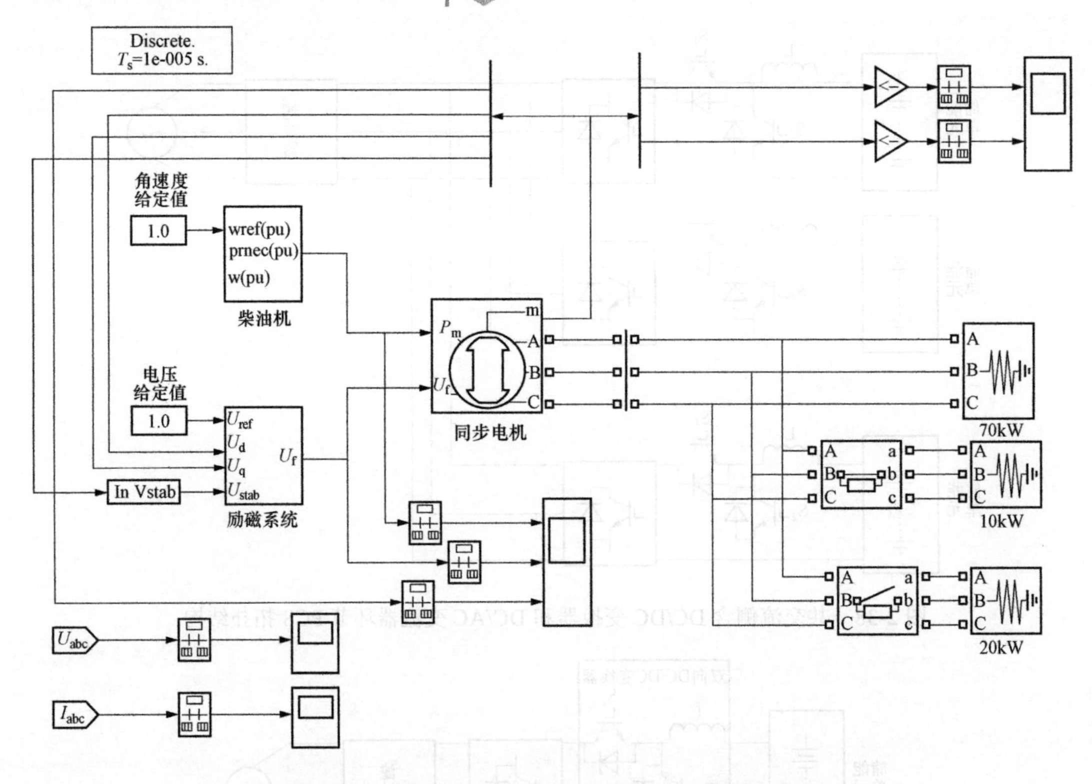

图 2-40　在 Simulink 里建立的柴油发电组整体模型

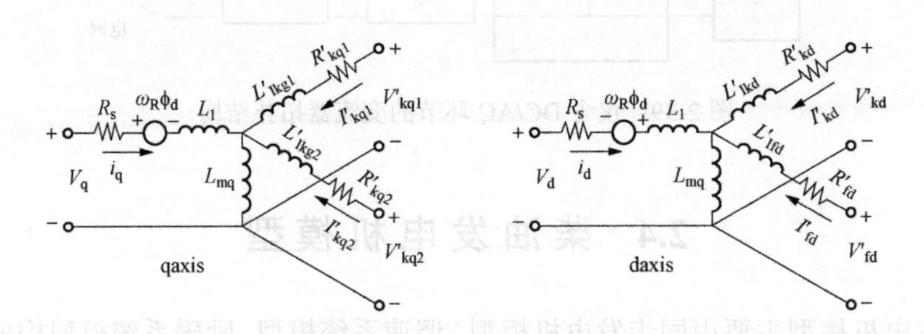

图 2-41　同步发电机模型

$$
\begin{aligned}
&V_d = R_s i_d + \frac{d}{dt}\varphi_d - \omega_R \varphi_q \\
&V_q = R_s i_q + \frac{d}{dt}\varphi_q + \omega_R \varphi_d \qquad && \varphi_d = L_d i_d + L_{md}(i'_{fd} + i'_{kd}) \\
& && \varphi_q = L_q i_q + L_{mq} i'_{kq} \\
&V'_{fd} = R'_{fd} i'_{fd} + \frac{d}{dt}\varphi'_{fd} && \varphi'_{fd} = L'_{fd} i'_{fd} + L_{md}(i_d + i'_{kd}) \\
&V'_{kd} = R'_{kd} i'_{kd} + \frac{d}{dt}\varphi'_{kd} && \varphi'_{kd} = L'_{kd} i'_{kd} + L_{md}(i_d + i'_{fd}) \\
& && \varphi'_{kq1} = L'_{kq1} i'_{kq1} + L_{mq} i_q \\
&V'_{kq1} = R'_{kq1} i'_{kq1} + \frac{d}{dt}\varphi'_{kq1} && \varphi'_{kq2} = L'_{kq2} i'_{kq2} + L_{mq} i_q \\
&V'_{kq2} = R'_{kq2} i'_{kq2} + \frac{d}{dt}\varphi'_{kq2}
\end{aligned}
\tag{2-53}
$$

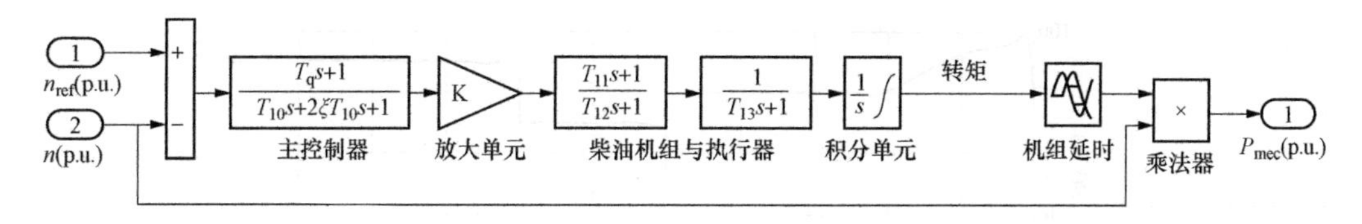

图 2-42 柴油机与调速系统模型方框图

n_{ref}(p.u.)—输入转速设定的标幺值；n(p.u.)—通过发电机检测单元检测的

发电机组实际转速标幺值；

P_{mec}(p.u.)—输出柴油机机械功率标幺值

2.4.3 励磁系统模型

图 2-43 所示励磁系统模型为 IEEE 电力系统稳定性研究中的推荐直流励磁系统模型（IEEE Std 421.5—2005），该模型描述的具有连续电压整流特性的场控 DC 励磁系统。

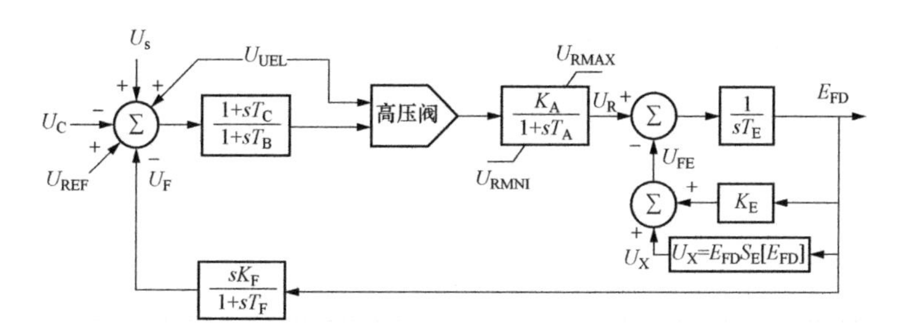

图 2-43 发电机直流励磁系统模型

模型的输入为同步发电机定子输出电压 U_c；U_{ref} 为设定电压；U_f 为反馈电压；U_s 为误差电压输入；K_a 为整流器增益；T_a 为整流器时间常数；U_{Rmax} 与 U_{Rmin} 为整流器饱和值上下限；T_c 和 T_b 为整流器等效，常数通常很小。T_f 与 K_f 为反馈信号滤波器增益与时间常数。U_x=$E_{FD}S_E$［E_{FD}］环路为励磁系统饱和与负载效应模拟环路。

2.4.4 仿真分析

系统运行方式为：

在 t=0s 时，投入 125kVA 的柴油发电机及 80kW 有功负载；

在 t=2s 时，切除 Ltest=10kW 有功负载；

在 t=7s 时，投入 Ltest=20kW 有功负载；

在 t=10s 时，仿真结束。

图 2-44 所示为在负荷投入/切除条件下的柴油发电机输出功率波形情况。在 t=5s 时，切除 10kW 有功负载，柴油发电机输出功率随之突降，到 t=5.2s 时稳定在 70kW。在 t=7s 时，突增 20kW 有功负载，柴油发电机输出功率随之突增，到 t=7.2s 时稳定在 90kW。因此，在负载投入、切除条件下，柴油发电机在额定工作范围内自动调节输出功率，保持电网功率和电压均能够保持安全稳定。

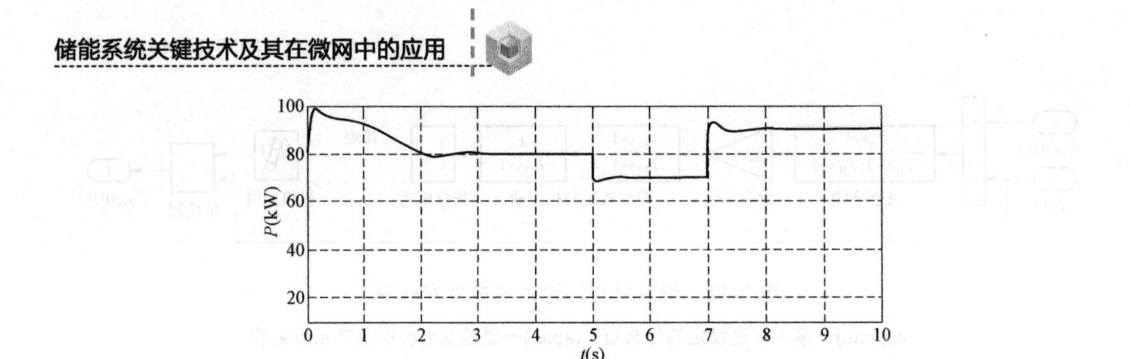

图 2-44　柴油发电机输出功率

2.4.3　励磁系统模型

图 2-43 所示励磁系统模型为 IEEE 电力系统稳定性研究中的推荐直流励磁系统模型（IEEE Std 421.5—2005），该模型描述的是有连续电压整流特性的场控 DC 励磁系统。

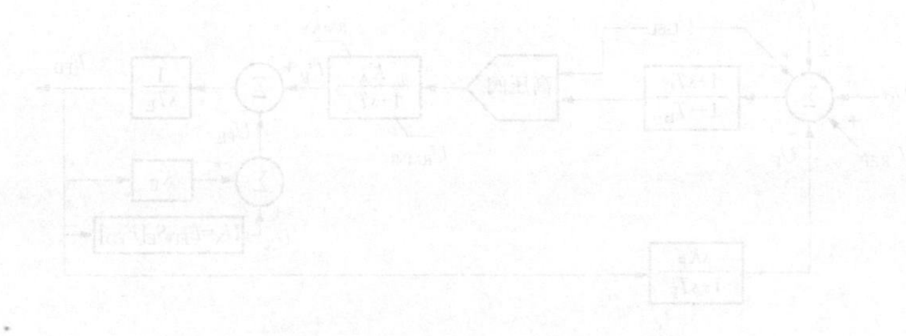

图 2-43　发电机直流励磁系统模型

模型的输入为同步发电机定子输出电压 U_t；U_{ref} 为设定电压；U_f 为反馈电压；U_s 为误差电压输入；K_a 为整流器增益；T_a 为整流器时间常数；U_{Rmax} 与 U_{Rmin} 为整流器饱和值上下限；T_c 和 T_b 为整流器等效，常数通常很小。T_f 与 K_f 为反馈信号滤波器增益与时间常数。$U_x=E_{fD}S_E[E_{fD}]$ 环路为励磁系统饱和与负载效应模拟环路。

2.4.4　仿真分析

系统运行方式为：

在 t=0s 时，投入 125kVA 的柴油发电机及 80kW 有功负载；

在 t=2s 时，切除 Ltest=10kW 有功负载；

在 t=7s 时，投入 Ltest=20kW 有功负载；

在 t=10s 时，仿真结束。

图2-44 所示为在负荷投入/切除条件下的柴油发电机输出功率波形情况。在 t=5s 时，切除 10kW 有功负载，柴油发电机输出功率随之突降，到 t=5.2s 时稳定在 70kW。在 t=7s 时，突增 20kW 有功负载，柴油发电机输出功率随之突增，到 t=7.2s 时稳定在 90kW。因此，在负载投入、切除条件下，柴油发电机在额定工作范围内自动调节输出功率，保持电网功率和电压均能够保持安全稳定。

第3章

储能系统配置技术

3.1 数据补齐算法

目前，新能源产业尤其是风电、光伏发电成为世界的关注焦点。针对新能源的出力特性分析、功率预测、储容配置等均需基于新能源的历史出力数据开展，但由于受到各种因素的影响，经常会导致数据的缺失，增加了研究人员分析数据的难度，而且会造成分析结果的偏差，从而降低了研究人员统计计算工作的效率，所以通过数据补齐消除或者尽可能降低这些缺失数据的影响变得越来越重要。国外专家陆续提出了均值插补、热卡插补、冷卡插补、回归插补和模型插补等方法，并对这些方法进行了广泛讨论和改进。相关领域的研究者在热卡法的基础上提出了树枝分类的距离函数匹配法（最近邻插补法），以避免回归插补和热卡插补法存在的问题。20世纪70年代末，出现了一种有效估计不完全的数据算法——EM算法。基于这一算法，在20世纪80年代初期，有研究者提出了多重插补法里德距离来衡量病例之间的相似性。还有研究将最近邻居法、人工神经网络法和自适应的回归模型应用于短期的降雨量的预测中。近年来，国内也有很多学者开始研究数据缺失问题，相关的研究包括归纳总结常用的数据缺失机制和补齐方法；将多元回归模型与多重填补方法、均值填补法针对不同缺失点数的处理效果进行对比，说明不同缺失情况下补齐方法的优劣；比较多重补齐方法（MI）和其他填补方法，说明多重补齐方法的优势。随着数学的发展，人们把大量的数学模型引入到数据补齐或者预测中。如使用时间序列分析法建立风电场风速预测模型，使用神经网络建立模型预测风电功率，建立以支持向量机为原理的风速风功率预测模型等。风电功率具有一定的时空分布特性，且大规模风电出力具有较强的相关性和自平滑性。与空间相结合的回归模型比，多重补齐方法简单易行，但误差较大，所以可以通过双向补齐建模和变权重整合手段，用以完善时空补齐模型，通过与单一的时间或空间回归模型比较，该模型能够提高补齐精度。双向补齐是指已知前段数据向后补齐和已知后段数据向前补齐。变权重整合，是指多个模型可改变系数的线性组合。权重，是指线性组合的系数。某单一模型对综合模型的影响越大，其权重值越高，线性组合的系数也就越大。下文以风电数据的补齐为例，对上述模型进行详细介绍。

3.1.1 风电功率的时间和空间性分析

基于某99MW风电场5台风电机组的出力数据（C10～C14），单台机组额定功率均为1.5MW，数据样本为5台机组10月连续3000个数据，采样间隔1min，数据样本如图3-1所示。

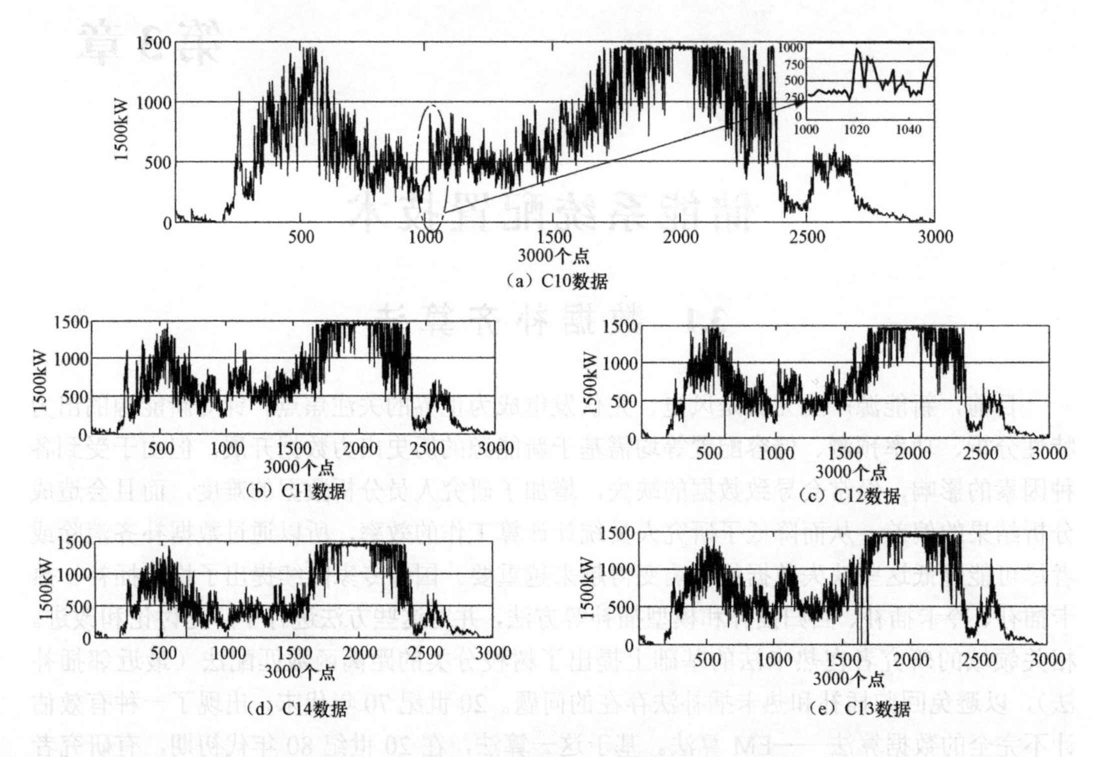

图 3-1 某 99MW 风电场 5 台风电机组出力曲线

图 3-2～图 3-8 及表 3-1 所示结果均是利用完整的 C10～C14 数据和 C10 中 1～1000、1051～3000 的数据对 C10 中 1001～1050 数据补齐并与原始的数据对比的情况。

3.1.1.1 风电功率的时间性分析

风速虽然具有很强的随机性，但是它仍然是时间序列上一系列值，可以根据时间序列分析的方法，找出风速随时间变化的规律。由于风电机组的发电功率与风速有着密切的相关性，风电机组的输出功率也会随时间变化满足一定规律。利用时间序列分析方法可以总结风电功率随时间的变化规律。

对于一组数据 x_1，x_2，x_3，…，x_i 组成的一个向量 V

$$x_{i+1}=\sum_{s=0}^{N}\alpha_s x_{i-s} \tag{3-1}$$

式中 x_{i+1}——i+1 时刻的有功功率值；

x_{i-s}——$i-s$ 时刻的有功功率值；

α_s——系数；

N——i+1 时刻的值与之前的 N 个时刻点有关。

式（3-1）表明 i+1 时刻的观察量与 i+1 之前时刻的观察量之间的线性关系，给出了风电功率随时间的变化规律。

为了建立式（3-1）单一的时间模型，首先对数据进行自相关性分析。对观测序 x_1，x_2，x_3，…，x_n，有

$$\gamma_k = \frac{\sum_{t=k+1}^{n}(x_t - \bar{x})(x_{t-k} - \bar{x})}{\sum_{t=1}^{n}(x_t - \bar{x})^2}(k = 1,2,\cdots) \tag{3-2}$$

然后，根据式（3-2）计算出自相关函数并通过相关性显著检验，判断出N值，建立线性方程组求解出系数α_s，得到单一的时间自回归模型。风电功率的自相关性较强，而且对于每一个缺失点都要重新建立时间模型，篇幅有限不能一一列出相关系数和模型。利用时间序列分析的方法，对C10中的1001～1050个数据点进行补齐，并与实际数据对比，如图3-2所示。

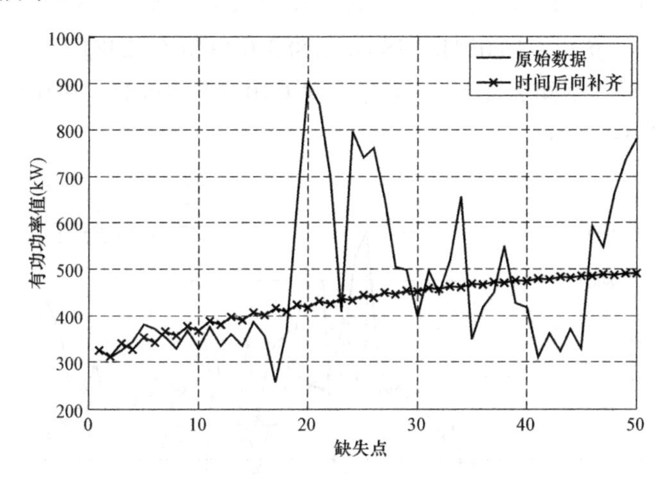

图3-2 时间模型（向后）补齐结果与实际对比图

从图3-2可以看出时间向后补齐模型针对缺失数据段前段补齐效果较好，随着点数增加，效果变差。时间模型会呈直线型主要是由于模型本身就是自回归模型，是前n个时刻值的线性的表达式，所以大致呈线性。随着补齐点距离变大，误差会累积，导致误差的增大。

3.1.1.2 风电功率的空间性分析

相同区域内的风速大体一致，相邻风电机组的风电功率也有很强的相关性，所以可以通过建立风电功率的空间模型，完成数据补齐。针对一段时间内的每一台风电机组的数据，找出相关性，通过相关性显著检验，建立单一的空间回归模型如下

$$Y = \beta_0 + \sum_{i=1}^{n}\beta_i Y_i,\ \ i = (1,2,\cdots) \tag{3-3}$$

式中 Y_i——与Y相关性强的风电机组的观察值；

β_i——系数。

对C10～C14中的1～1000个数据点进行相关性分析，分析结果见表3-1。

表3-1 空间性的相关性分析

风电机组号	C10	C11	C12	C13	C14
C10	1.0000	0.8949	0.8933	0.8574	0.8631

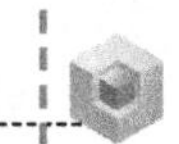

续表

风电机组号	C10	C11	C12	C13	C14
C11	0.8949	1.0000	0.8962	0.8738	0.8714
C12	0.8933	0.8962	1.0000	0.8931	0.8949
C13	0.8574	0.8738	0.8931	1.0000	0.8830
C14	0.8631	0.8714	0.8949	0.8830	1.0000

根据表 3-1 可以看出 C10～C14 的相关系数均大于 0.8，属于强相关。对 C10 建立式（3-3）的单一空间模型，n=4，利用最小二乘法求解 $\beta_i(i=0,1,2,3,4)$。

$$\beta=[-15.0341,0.3864,0.2888,0.1840,0.1238]^{\mathrm{T}}$$

利用 K 最邻近法（空间 K 最邻近方法），对 C10 中的 1001～1050 个点进行补齐，对比实际数据，如图 3-3 所示。

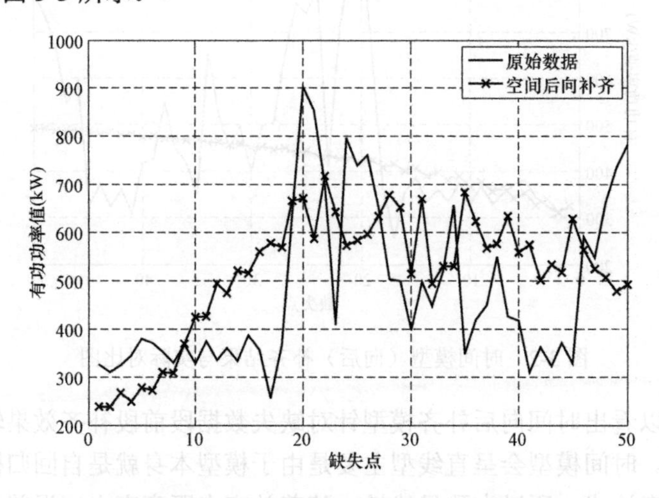

图 3-3　空间模型（向后）补齐结果与实际对比图

从图 3-3 可以看出，空间向后补齐模型针对全部缺失数据段的补齐效果没有明显的优劣性。

3.1.2　风电功率时空性双向变权重的复合补齐

3.1.2.1　双向补齐

如果缺失的数据在数据样本两端，采取删除个案的方法，直接删去或是不分析缺失时段的数据。否则缺失的数据拥有缺失时段前后的两段数据。针对单一的空间和时间回归模型补齐方法，可建立的补齐模型就有两个，分别是时间或空间向后补齐模型，即利用缺失时段前面的数据建立回归模型，其中图 3-2 和图 3-3 所示为空间向前补齐模型，即利用缺失时段后面的数据建立模型，补齐效果如图 3-4 和图 3-5 所示。

对比图 3-2～图 3-5 可以看出时间模型补齐针对缺失数据段两端的补齐效果较好，中间部分效果一般；向后补齐针对缺失前端效果较好，向前补齐针对缺失后端效果较好。向后、向前空间模型针对缺失数据整体补齐效果没明显差别。

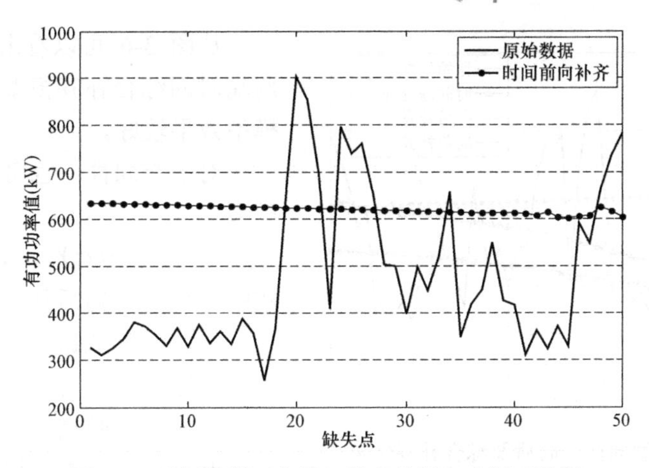

图 3-4 时间模型（向前）补齐结果与实际对比图

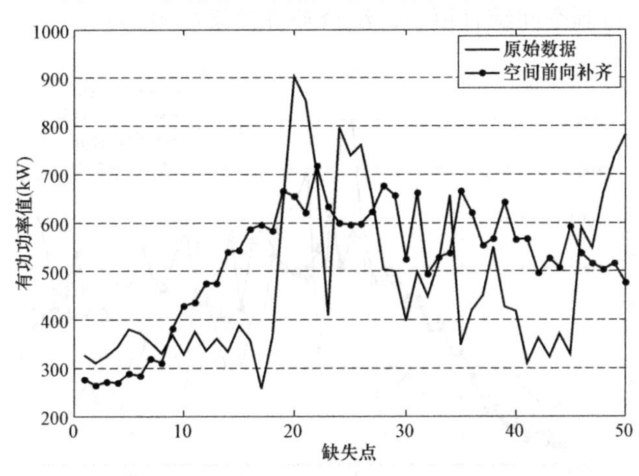

图 3-5 空间模型（向前）补齐结果与实际对比图

3.1.2.2 变权重补齐

对于时间或空间性分析得到的两个单一模型进行综合。时间补齐模型的建立是根据 t 时刻之前的数据与 t 时刻数据的相关性，建立的自回归模型。也就是说，针对集中大段缺失的数据会出现补齐误差累加的不利影响，对于较短时段的补齐效果一般要优于长时段的。可以通过对向后、向前两种时间补齐方法建立一种变权重时间综合模型减小这种影响，尤其是对缺失数据两端的影响。在某个缺失数据段内，某个单一模型的补齐精度高，在综合模型中所占权重大，公式如下

$$Y_t = \alpha_1 Y_{tf} + \alpha_2 Y_{tb} \tag{3-4}$$
$$\alpha_1 = (N - i)/N$$
$$\alpha_2 = 1 - \alpha_1$$

式中 Y_{tf}——向后补齐模型得到的数据；

Y_{tb}——向前补齐模型得到的数据；

N——缺失数据长度；

i——此时补齐的数据在缺失数据中的位置。

通过式（3-4）得到时间综合模型，综合补齐效果如图 3-6 所示。

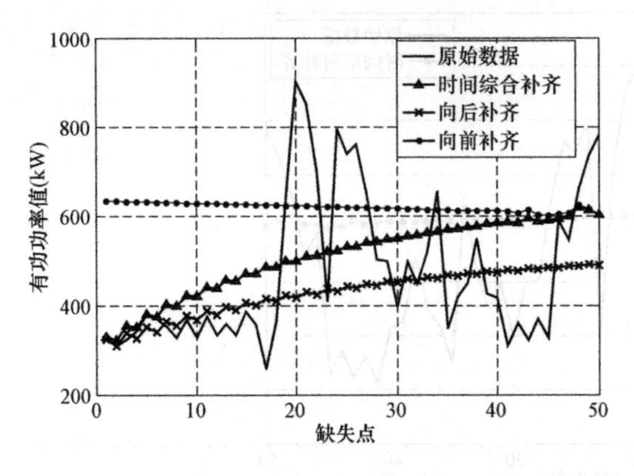

图 3-6　时间模型向前、向后及综合补齐结果

从图 3-6 可以看出，在缺失数据段两端时间综合补齐模型比单一时间补齐模型效果较好。

对于空间性，也可以建立空间综合模型

$$Y_s = \alpha_1 Y_{sf} + \alpha_2 Y_{sb} \tag{3-5}$$

式中　Y_{sf}——向后补齐空间模型得到的数据；

Y_{sb}——向前补齐空间模型得到的数据；

α_1和α_2——与时间综合处理的一致。

通过式（3-5）得到空间综合模型，综合补齐效果如图 3-7 所示。

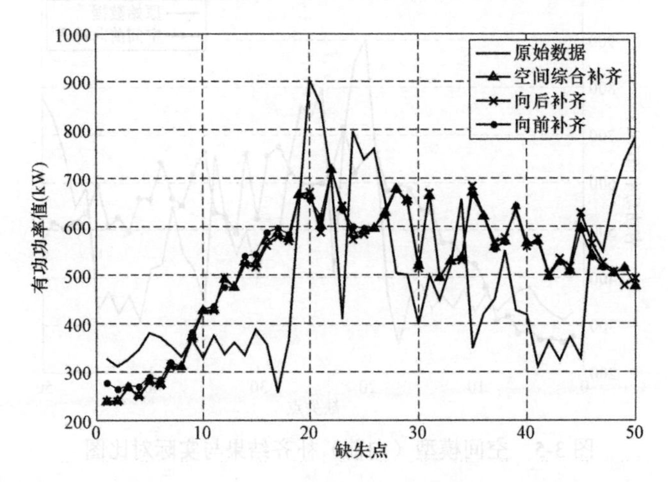

图 3-7　空间模型向前、向后及综合补齐结果与实际对比图

由图 3-7 可以看出，综合空间补齐模型与单一空间补齐模型补齐效果差异不是很大，说明了向前、向后补齐模型一致，空间相关性一致。由于缺失数据段无法计算相关性，只能通过缺失前后两端的相关情况估计或者是代替缺失部分进行补齐。若缺失前后的相关性相差较多，就不会出现双向补齐的相似性，双向空间补齐可以提高估计相关性的精度。针对风电功率缺失情况分别建立了综合时间模型和空间模型，两者各有优缺点。例如时间综合模型，对于缺失数据段两端的缺失数据补齐效果较好，但是对于中间的仍是很差，尤其对于集中大量数据缺失的情况，只根据时间模型补齐效果非常差。空间综合模型必须依靠其他邻近风电机组的数据进行建模，但是如果其他风点机组的数据也存在缺失，就无法完成空间补齐模型。所以将综合时间模型与综合空间模型相结合，见式（3-6）

$$Y_L = \beta_1 Y_t + \beta_2 Y_s \tag{3-6}$$

式中　Y_t——综合时间模型补齐；

Y_s——综合空间模型补齐。

根据图 3-2～图 3-7 的分析可以得到权重（线性组合系数）的规律，即缺失两端时间、

空间模型比重相近；缺失中间的部分，时间模型权重较小，空间模型权重较大。选取方式为，若 Y_s 不存在，β_1 近似于 1；若 Y_s 存在，则在数据两端时 β_1 近似于 0.5，其余的近似于 0，$\beta_2 = 1 - \beta_1$。通过式（3-6）得到综合时空补齐模型，综合补齐效果如图 3-8 所示。

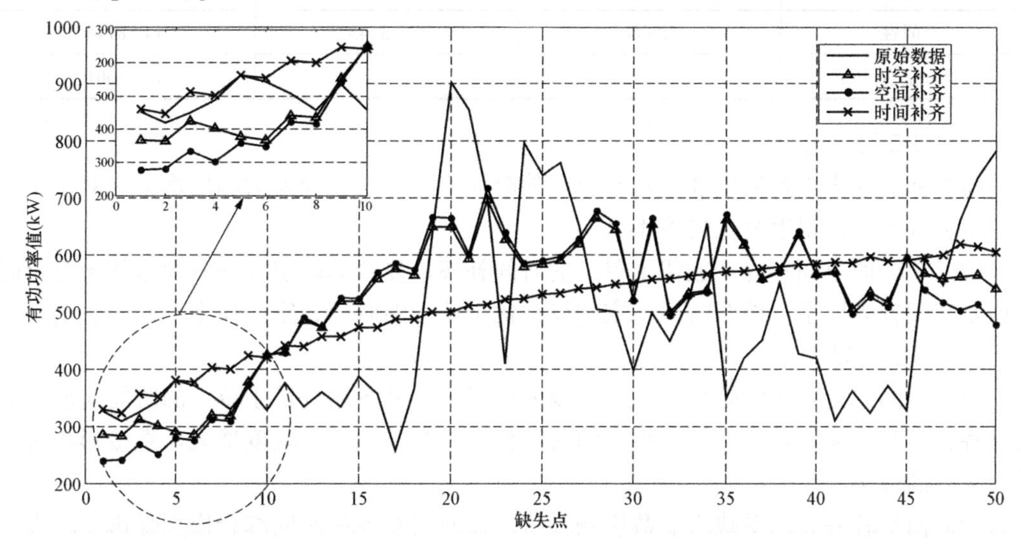

图 3-8　比较综合时间、空间及时空模型补齐效果

对比图 3-6～图 3-8 可以看出时空综合模型比综合时间、空间模型的补齐效果好。但是对于某些点较差的情况，由于建立的时间、空间和时空模型，各自变量与待求变量之间的相关性均不是 1，变量间的相关性只是强相关而不是必然。如此会造成某些点的较大差异，也就可能造成较大的补齐误差。

3.1.3　数据分析

基于单一时间、单一空间及综合时空补齐模型，分别对同一组数据进行不同缺失点数情况的补齐研究，对补齐数据与原始数据的均方根误差进行分析，得到表 3-2。均方根误差定义式如下

$$RMS = \sqrt{\frac{1}{N}\sum_{i=1}^{N}(x_i - \overline{x_i})^2} \tag{3-7}$$

式中　RMS——均方根误差；

N——缺失数据点数；

x_i——实际的风电功率数据；

$\overline{x_i}$——模型补齐的风电功率数据。

表 3-2　　缺失点 50 和 600 的各种方法补齐的均方根误差分析

50 个点	向后补齐	向前补齐	综合补齐
时间性	162.2708	222.9344	157.6426
空间性	166.5947	163.3561	163.9851
时空性			156.8109

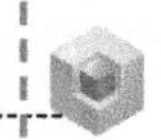

续表

600 点	向后补齐	向前补齐	综合补齐
时间性	174.0174	390.7206	231.7137
空间性	148.4083	147.3543	146.8144
时空性			138.5601

由表 3-2 可以看出：

（1）随着缺失点数的增加，对于单一的时间补齐方法，误差大幅度增大；对于单一的空间补齐方法，误差变化幅度不大。

（2）单一的空间补齐一般优于单一的时间补齐，复合的时空性补齐模型优于综合时间或是空间补齐模型，综合时间、空间模型优于单一的时间、空间模型。

由表 3-3 可以看出：

（1）时间综合补齐的效果在缺失点少的情况下，补齐精度优于单一的时间向前、向后补齐。但是随缺失点数增加，单一的时间模型补齐的误差大幅度增大，直接影响时间综合补齐的效果。

（2）向后补齐方法受缺失点数影响小些，而向前补齐和时间综合模型受影响较大。

（3）时间前向、后向和综合补齐的效果随着缺失点数增多，误差大幅度增大，原因是误差的累积。

表 3-3　　不同缺失点情况的向前、向后及复合时间模型补齐均方根误差分析

点\时间	向后补齐	向前补齐	综合补齐
50 点	162.2708	222.9344	157.6426
150 点	150.9060	181.1170	141.6692
200 点	146.5096	230.3188	145.4520
300 点	157.0908	239.0912	126.1146
400 点	167.4168	294.7200	200.2144
500 点	163.7548	318.6583	211.1163
600 点	174.0174	290.7206	231.7137

由表 3-4 可以看出：

（1）对于空间模型，后向补齐、前向补齐和综合补齐的误差相差不大，但是综合补齐的效果还是优于单一的补齐。

（2）空间前向、后向和综合补齐的效果随着缺失点数的增加补齐的误差并没有较大的变化。证明对于集中大量缺失的数据，空间模型补齐效果较好。

表 3-4　　不同缺失点情况的向前、向后及复合空间模型补齐均方根误差分析

点\空间	向后补齐	向前补齐	综合补齐
50 点	166.5947	163.3561	163.9851
150 点	156.2815	155.0865	155.0013

续表

点\空间	向后补齐	向前补齐	综合补齐
200 点	144.2891	144.4080	144.2033
300 点	129.1299	128.2827	128.1146
400 点	129.2763	127.9965	124.9867
500 点	139.9992	138.2377	138.2930
600 点	148.4083	147.3543	146.8144

由图 3-9 和表 3-5 可以看出：

（1）时空综合补齐方法的均方根误差小于时间、空间综合补齐的均方根误差，补齐效果优于时间、空间综合补齐效果。

（2）随着缺失点数的增加，综合时间补齐的误差快速增大，空间性和时空复合性的误差变化不大，所以可以根据不同的缺失情况建立不同的模型和选取不同的权重补齐缺失的数据。

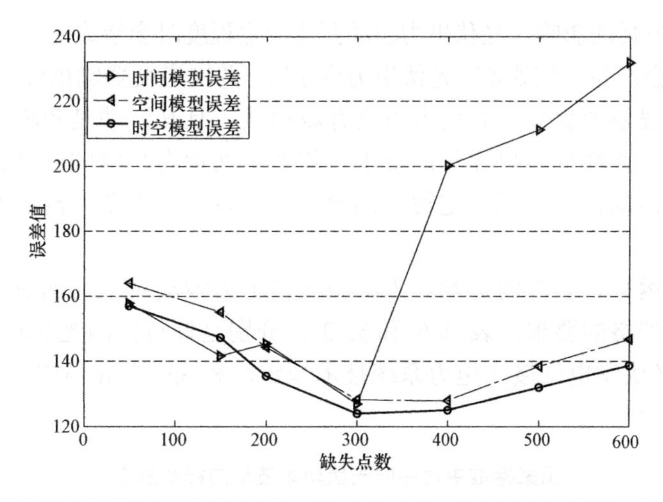

图 3-9 时间、空间及时空模型补齐均方根误差变化曲线

表 3-5 不同缺失点情况下的时空、时间和空间模型补齐均方根误差

点	综合时间	综合空间	综合时空
50 点	157.6426	163.9851	156.8109
150 点	141.6692	155.0013	147.1582
200 点	145.4520	144.2033	135.3962
300 点	126.8613	128.1146	123.9799
400 点	200.2144	127.9471	124.9867
500 点	211.1163	138.2930	132.0382
600 点	231.7137	146.8144	138.5601

风电功率值在某时段内缺失是很常见的情况，尤其是长时段的数据缺失对风电场或

风电机组的分析与研究造成了很大的影响。本节针对长时间尺度的数据缺失情况进行了分析。

（1）证明风电功率具有一定的时间和空间分布特性，可以根据这两个性质建立时间、空间和时空模型进行数据补齐。

（2）针对集中性的大规模缺失情况，空间补齐效果明显优于时间补齐效果。

（3）针对不同数据缺失情况，变权重的时空综合模型补齐效果优于时间综合模型、空间综合模型单一时间模型及单一空间模型。

3.2 光伏系统出力特性

3.2.1 光伏出力波动性

波动性是光伏的典型特点之一，并网光伏发电出力波动对电网的影响主要体现在以下几个方面：

（1）对电能质量的影响。光伏出力波动到达一定程度时会造成明显的电网电压波动，对电网的频率也会产生一定影响，光伏出力变小时，并网逆变器输出轻载电流谐波增大。

（2）对电网规划的影响。光伏出力具有波动性。且其波动是随机的，无法满足电网对供电稳定性、连续性和可靠性的要求，需要电网留有足够的旋转备用进行调节，同时光伏出力的波动性会造成一定程度的输配电设备容量浪费，给电网的合理规划带来了挑战。

（3）对电网运行、调度的影响。为减少光伏出力波动对电网的影响，要对并网光伏功率波动设定严格的要求。表 3-6 和表 3-7 分别是针对并网光伏功率波动的 GB/T 19964—2012《光伏发电站接入电力系统技术规定》和 Q/GDW 617—2011《光伏电站接入电网技术规定》。

表 3-6　　国家标准中对并网光伏功率波动的技术规定

光伏发电站装机容量（MW）	10min 有功功率变化最大限值（MW）	1min 有功功率变化最大限值（MW）
＜30	10	3
30～150	装机容量/3	装机容量/10
＞150	50	15

表 3-7　　国家电网公司企业标准对并网光伏功率波动的技术规定

电站类型	10min 有功功率变化最大限值（MW）	1min 有功功率变化最大限值（MW）
小型	装机容量	0.2
中型	装机容量	装机容量/5
大型	装机容量/3	装机容量/10

在表 3-7 中，电站类型根据光伏电站接入电网的电压等级进行划分，小、中、大型

光伏电站分别为通过 380V、10～35kV、66kV 及以上电压等级接入电网的光伏电站。从表 3-6 和表 3-7 可以看出，GB/T 19964—2012《光伏发电站接入电力系统技术规定》相对 Q/GDW 617—2011《光伏电站接入电网技术规定》对光伏功率波动的技术规定更加严苛。

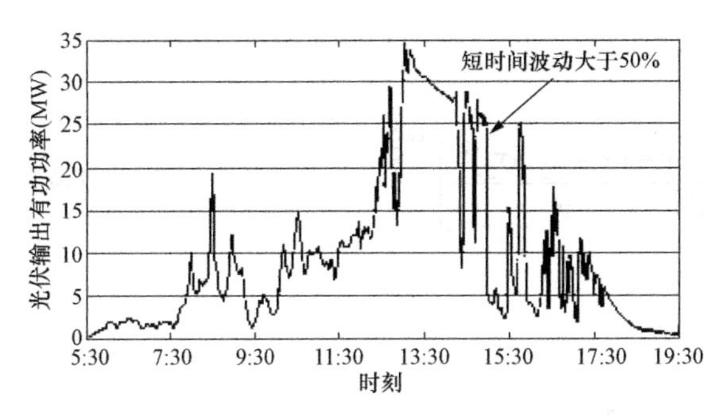

图 3-10　光伏电站某日的出力曲线

选用某 40MWp 光伏电站全年输出有功功率数据作样本进行分析，由于光伏只在昼间出力，夜间不出力，所以需要对光伏的出力数据进行截取，截取每日 5:30～19:30 有光照时段的光伏出力数据进行分析。

图 3-10 所示为光伏电站某日的出力曲线，从图 3-10 中可以看出，光伏出力具有明显的波动性，在短时间内波动量可超过装机容量的 50%。

图 3-11 所示为晴天、多云、阴天、雨雪 4 种不同天气类型下光伏电站的单日出力曲线。由图 3-11 可以看出，天气对光伏出力的波动水平有显著的影响，晴天时光伏出力平稳，多云和阴天时，受云层遮挡影响，光伏出力波动较大，短时间内波动量可超过装机容量的 50%。雨雪天气时，光伏整体出力水平很低，出力波动较多云和阴天天气时小。

表 3-8 统计了 1、10、60min 3 个时间尺度下光伏出力的最大波动量。由此可见，随着时间尺度的增大，光伏出力的最大波动量也随之增大。1min 和 10min 时间尺度的光伏出力波动最大值严重超出 GB/T 19964—2012《光伏发电站接入电力系统技术规定》对并网光伏输出有功功率变化的规定范围。

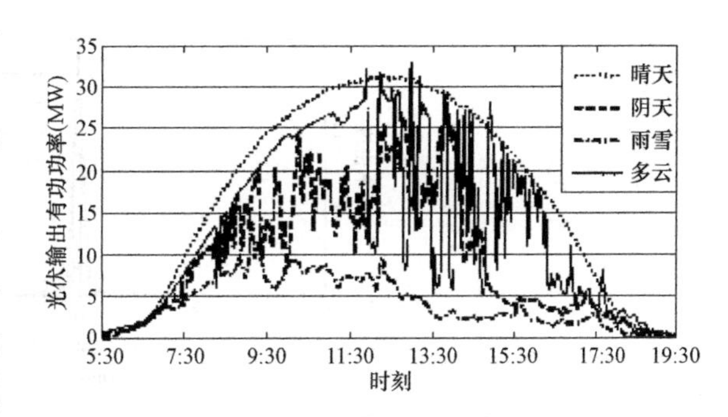

图 3-11　不同天气类型下光伏出力曲线

表 3-8　不同时间尺度下光伏出力的最大波动量

时间尺度（min）	最大波动量（MW）
1	16.10
10	29.74
60	34.54

光伏出力的波动情况可以用光伏输出有功功率的 1 阶差分量来表征，1 阶差分量即相邻采样点的输出功率差值。采用概率密度函数来描述光伏出力波动的随机性，对不同时间尺度的光伏出力波动数据进行 3 种分布函数的概率密度拟合，并比较分析。式（3-8）～式（3-10）分别给出了正态分布、t location-scale 分布和 logistic 分布的概率密度表达式

$$f(x)=\frac{1}{\sigma_1\sqrt{2\pi}}\mathrm{e}^{\frac{-(x-u_1)^2}{2\sigma_1^2}} \tag{3-8}$$

式中 u_1——均值；

σ_1——方差。

$$f(x)\frac{\Gamma(v+1/2)}{\sigma_2\sqrt{v\pi}\Gamma(v/2)}\left[\frac{v+(x-u_2/\sigma_2)^2}{v}\right]^{-v+\frac{1}{2}} \tag{3-9}$$

式中 u_2——位置参数；

σ_2——尺度参数；

v——形状参数。

$$f(x)=\frac{\mathrm{e}^{\frac{x-u_3}{\sigma_3}}}{\sigma_3\left(1+\mathrm{e}^{\frac{x-u_3}{\sigma_3}}\right)^2} \tag{3-10}$$

式中 u_3——位置参数；

σ_3——尺度参数。

图 3-12 分别为对 1、10、60min 时间尺度的光伏出力波动数据用正态分布、t location-scale 分布和 logistic 分布拟合的光伏出力波动的概率密度曲线。

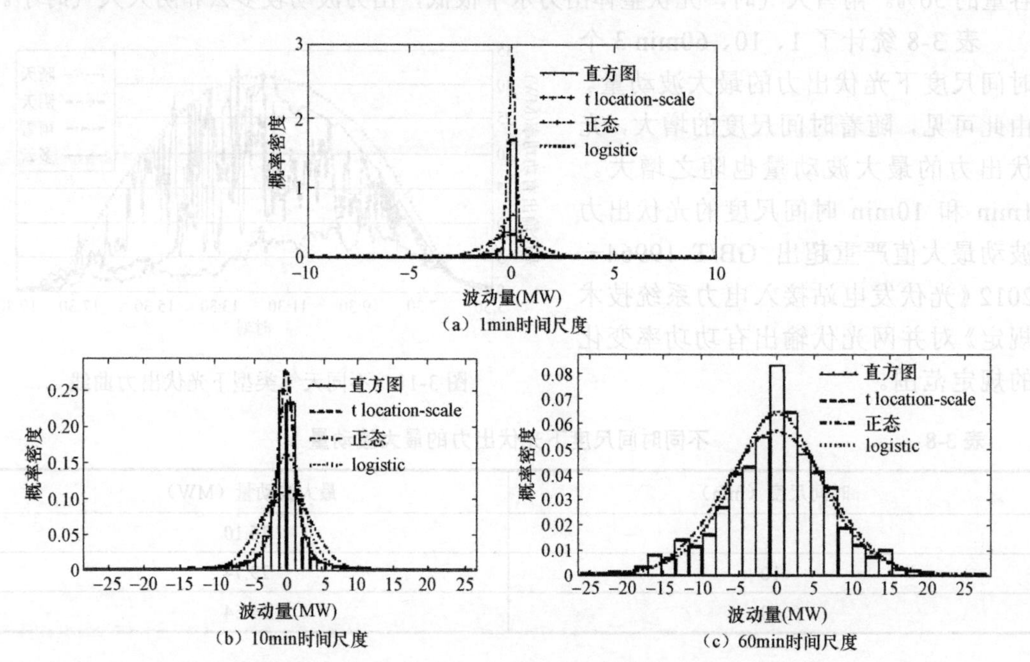

图 3-12 不同时间尺度下波动量的概率密度曲线

为了衡量概率密度的拟合效果，定义了合理的评价指标，其表达式为

$$I=d^2\sum_{i=1}^{n}(y_i-m_i)^2 \tag{3-11}$$

式中 d——频率分布直方图的组距；

i=1，2，…，n，n——直方图的分组数；

y_i——第 i 个直方柱中心位置的拟合概率密度值；

m_i——数据频率分布直方图第 i 个直方柱的高度。

指标 I 越小，表示效果越好。

表 3-9、图 3-13 统计了在不同的时间尺度下正态分布、t location-scale 分布和 logistic 分布对光伏出力波动的概率密度拟合的拟合指标对比。

表 3-9　不同时间尺度下光伏出力波动在不同概率密度函数下的拟合指标对比

时间尺度（min）	t location-scale	正态	logistic
1	0.1197	0.1601	0.0711
2	0.0372	0.1030	0.0437
5	0.0130	0.0976	0.0392
10	0.0035	0.0246	0.0120
20	0.0027	0.0149	0.0052
30	0.0021	0.0104	0.0050
40	0.0025	0.0046	0.0028
50	0.0019	0.0037	0.0021
60	0.0032	0.0034	0.0015
90	0.0037	0.0039	0.0019

从图 3-11、图 3-12 及表 3-9 中可以看出，在数据时间尺度为最小的 1min 时，3 种分布函数对光伏出力波动的概率密度拟合效果均较差，logistic 分布拟合效果相对较好，在 2～60min 时间尺度内，随着数据时间尺度的增大，3 种分布函数的拟合效果均变好并趋于稳定，其中 t location-scale 分布的拟合效果最好，在时间尺度不小于 60min 时，logistic 分布的拟合效果略好于其他两种分布函数，正态分布的拟合效果在各时间尺度下均比另外两种拟合的效果差。但是随时间尺度的增大，其拟合效果逐渐变好，即随时间尺度的增大，光伏出力波动的概率分布是趋近正态分布的。

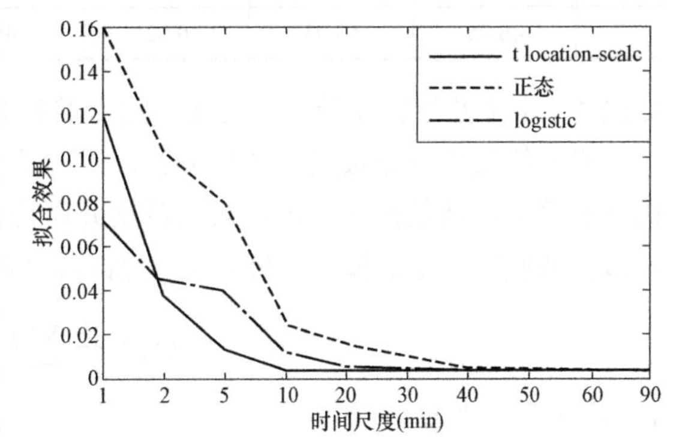

图 3-13　不同时间尺度下光伏出力波动在不同概率密度函数下的拟合指标对比

3.2.2 光伏出力随机分布模型

3.2.2.1 气象条件对光伏出力的影响

选用某 40MW 光伏电站具有明显季节差异的冬夏两季共 4 个月的光伏输出有功数据，冬季选用 12 月份及次年 1 月份数据；夏季选择 6～7 月份数据，数据的采样周期为

1min。因为冬夏季节的日照时数和日照起止时间差异很大，所以对冬季 2 个月份截取每日 8:00～17:00 的数据；对夏季 2 个月份截取每日 6:00～19:00 的数据。图 3-14 所示为随机选取的晴天、多云、阴天、雨雪 4 种气象条件下光伏电站单日的出力曲线。

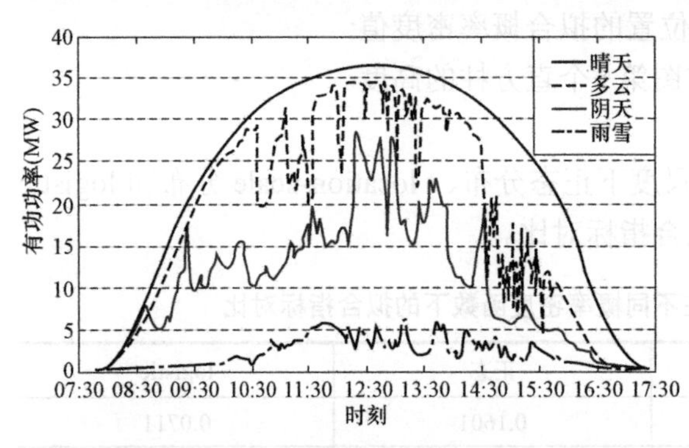

图 3-14　不同气象条件下光伏出力曲线

光伏发电的高、中、低出力水平分别定义为光伏出力高于装机容量的 80%、在装机容量的 20%～80%、低于装机容量的 20%。表 3-10 统计了 4 个月份的光伏出力水平分布情况、光伏电站发电量以及 4 种不同气象条件的天数。从表 3-10 中可以看出，季节差异对光伏发电量有一定影响，但对光伏出力水平分布影响较小，而气象条件对光伏的出力水平分布和发电量都有较大影响，且在天气状况差别比较大时，气象条件差异比季节差异影响更为显著，因此按气象条件分类建立光伏出力的随机分布模型。

表 3-10　　　4 个月的光伏出力水平、发电量及气象条件统计

月份	低出力（%）	中出力（%）	高出力（%）	发电量（万 kWh）	晴天（d）	多云（d）	阴天（d）	雨雪（d）
12	41.14	54.94	3.92	413	3	10	10	8
1	23.39	62.22	14.39	528	9	11	9	2
6	43.54	55.24	1.22	492	4	14	8	4
7	46.05	53.93	0.02	453	2	11	11	7

3.2.2.2　非参数核密度估计法在光伏出力随机分布模型中的应用

将光伏发电数据按气象条件分类，采用非参数核密度估计法建立光伏出力水平的随机分布模型，从数据样本出发研究数据分布特征。假设 x_1，x_2，…，x_n 为随机变量 x 的样本，随机变量 x 的概率密度函数为 $\hat{f}(x)$，则 $\hat{f}(x)$ 的核估计为

$$\hat{f}(x)=\frac{1}{nh}\sum_{i=1}^{n}K\left(\frac{x-x_i}{h}\right) \tag{3-12}$$

式中　h——带宽；

n——样本数；

$K(\cdot)$——核函数。

如在每个数据点处都进行核密度估计计算，计算量将随样本数 n 的增大而迅速增加。实际上只需将 x 轴进行等间距划分，在等间距处进行核密度计算，然后对其线性内插。常用核函数有 Parzen 窗、三角、高斯和 Epanechikov 等。不同核函数表达了根据距离分配各样本点对密度贡献的不同情况。图 3-15 所示为在相同带宽下，用不同核函数的非参数核密度估计法对 7 月 7 日光伏出力概率分布的拟合。由图 3-15 可知，除以 Parzen 窗为核函数的拟合效果较差以外，其他 3 种核函数下的拟合效果基本一致。

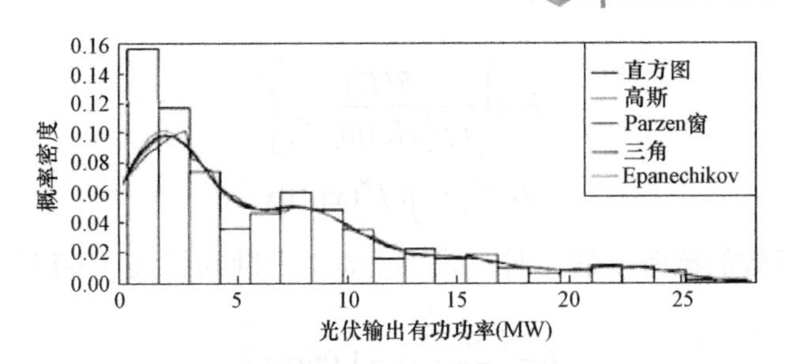

图 3-15 相同带宽下不同核函数的非参数核密度拟合对比

相对于核函数，带宽的选择对非参数核密度估计的拟合效果影响更大。图 3-16 所示为不同带宽下光伏出力随机分布的拟合情况。若带宽选择过大，可能会掩盖拟合对象的某些结构特征，如多峰性；而带宽选择太小，会导致拟合的概率密度曲线欠平滑，出现过拟合的情况。因此带宽应根据数据和密度估计的情况进行调整。

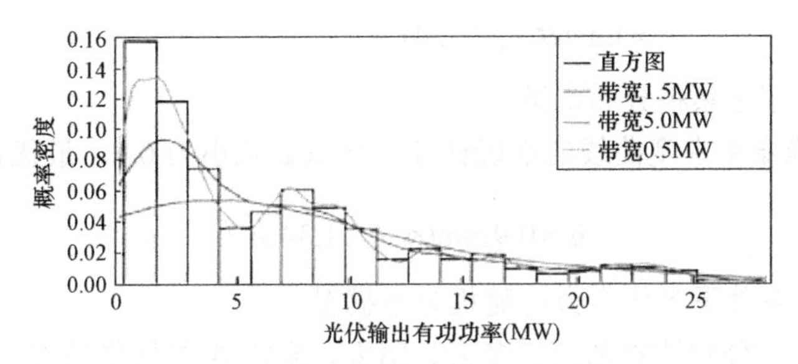

图 3-16 不同带宽的非参数核密度拟合对比

当样本数 $n\to+\infty$、带宽 $h\to 0$、$nh\to+\infty$时，核估计偏差 B_{ias} 和方差 V_{ar} 分别为

$$B_{\text{ias}}\left\{\hat{f}_{\text{h}}(x)\right\}=\frac{h^2}{2}\mu_2(K)f''(x)+o(h^2)$$

$$V_{\text{ar}}\left\{\hat{f}_{\text{h}}(x)\right\}=\frac{1}{nh}R(K)f(x)+o\left(\frac{1}{nh}\right)$$

其中

$$\begin{aligned}\mu_2(K)&=\int u^2K(u)\text{d}u\\R(K)&=\int K^2(u)\text{d}u\end{aligned}\tag{3-13}$$

由式（3-13）可以看出，带宽 h 越小，核估计的偏差 B_{ias} 越小，但核估计的方差越大；反之，带宽 h 增大，则核估计的方差 V_{ar} 变小，但核估计的偏差增大。即带宽的变化不可能使核估计的偏差和方差同时减小，带宽的选择需要在核估计的偏差和方差之间做一个权衡。

由于核函数的选择对拟合效果的影响较小，常用的是高斯核函数和 Epanechikov 核函数，以高斯核函数为例，其表达式为

$$K(u)=\frac{1}{\sqrt{2\pi}}\exp\left(-\frac{1}{2}u^2\right)\tag{3-14}$$

关于带宽的选择，选用经验法计算最优带宽，使估计的渐进积分均方误差（asymptoticmean integrated squared error，AMISE）最小，可以综合地权衡核密度估计的偏差和方差，AMISE 最小时得到带宽表达式为

$$h=\left[\frac{R(K)}{n\mu_2^2(K)R(f'')}\right]^{\frac{1}{5}} \tag{3-15}$$

$$R(f'')=\int (f''(x))^2\,\mathrm{d}x$$

选择高斯核函数的核密度估计时，采用正态参考准则将式（3-15）简化为

$$h=\left(\frac{4}{3n}\right)^{\frac{1}{5}}\sigma\approx 1.06\sigma n^{-\frac{1}{5}} \tag{3-16}$$

式中 σ——样本变量的标准差。

通常推荐考虑更加稳健的散度度量半极差（Interquartile range，Iqr），用式（3-17）代替式（3-16）中的σ，得

$$\begin{aligned}\sigma &= \min\{\sigma, I_{\mathrm{qr}}/[\Phi^{-1}(0.75)-\Phi^{-1}(0.25)]\}\\ &\approx \min(\sigma, I_{\mathrm{qr}}/1.34)\end{aligned} \tag{3-17}$$

式中 Φ——标准正态累积分布函数。

为实现对多峰概率密度曲线的准确估计，将系数减小为0.9，最优带宽为

$$h=0.9\min(\sigma, I_{\mathrm{qr}}/1.34)n^{-\frac{1}{5}} \tag{3-18}$$

3.2.2.3 不同气象条件下光伏出力的随机分布模型

利用式（3-18）分别计算晴天、多云、阴天、雨雪4种气象条件下非参数核密度估计的最优带宽，然后在Matlab软件的dfittool工具箱中对4种气象条件的整体数据进行非参数核密度估计拟合，并与相应气象条件下光伏单日出力的概率分布进行对比（如图3-17～图3-20所示）。各图中的（a）所示为非参数核密度估计法对整体数据概率分布的拟合，（b）所示为用整体数据拟合得到的随机分布模型与单日数据实际概率分布的对比。

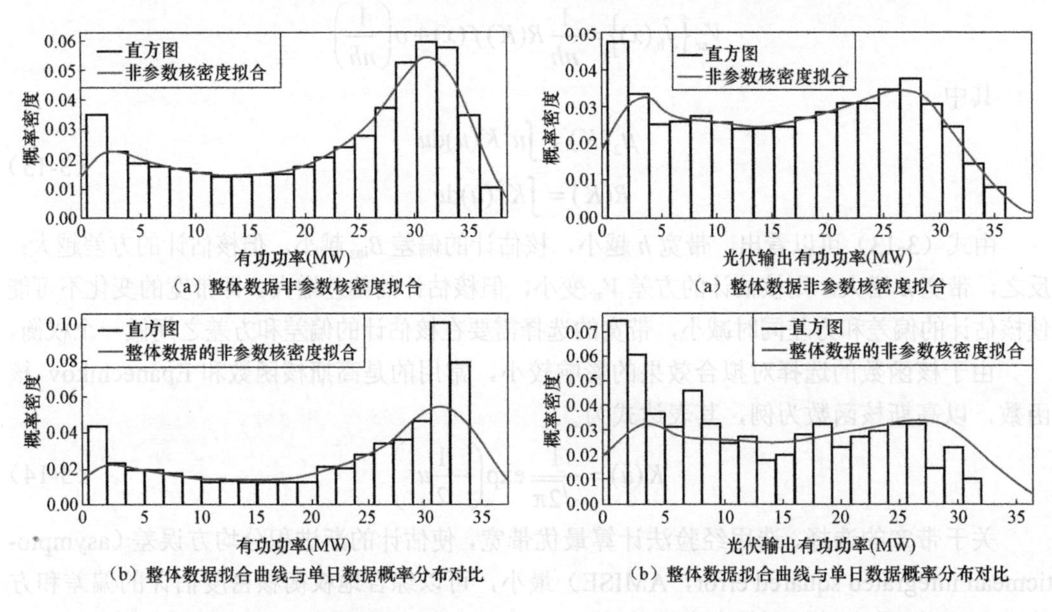

图3-17 晴天时光伏出力随机分布模型

图3-18 多云时光伏出力随机分布模型

为衡量非参数核密度估计法对整体数据随机分布拟合的效果以及拟合得到的光伏出力随机分布模型对光伏单日出力随机分布的估计效果，使用式（3-11）定义的评价指标。指标 I 越小，效果越好。表 3-11 为按式（3-11）统计的各种气象条件下，整体数据非参数核密度拟合指标及拟合得到的光伏出力随机分布模型对单日出力分布的估计指标。

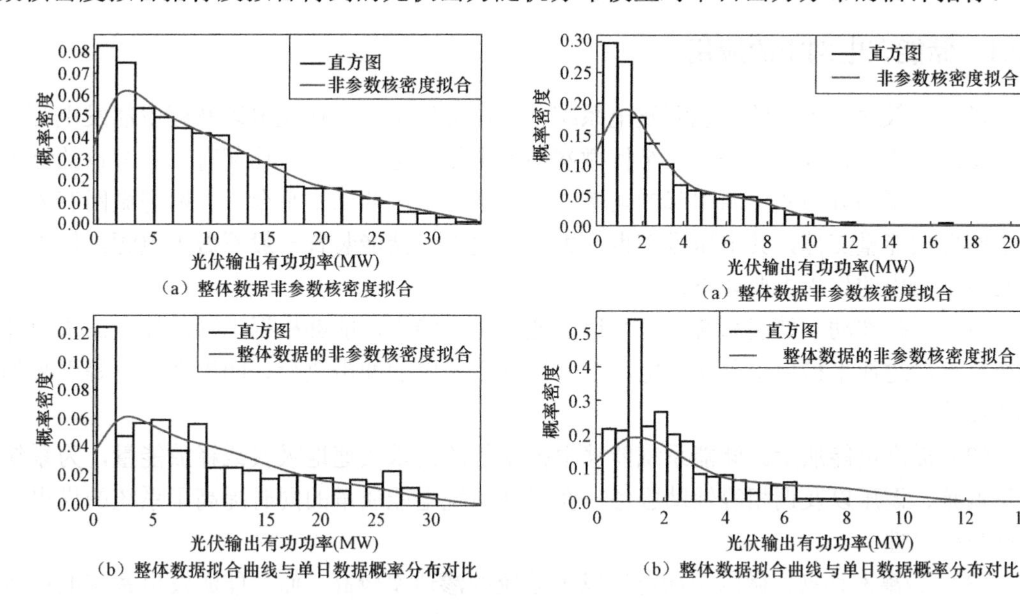

（a）整体数据非参数核密度拟合

（b）整体数据拟合曲线与单日数据概率分布对比

图 3-19 阴天时光伏出力随机分布模型

（a）整体数据非参数核密度拟合

（b）整体数据拟合曲线与单日数据概率分布对比

图 3-20 雨雪时光伏出力随机分布模型

表 3-11 不同气象条件下的拟合指标和估计指标

指标类型	晴天	多云	阴天	雨雪
整体数据拟合指标	0.0014	0.0019	0.0037	0.0167
模型对单日数据估计指标	0.0141	0.0166	0.0179	0.0524

从图 3-17～图 3-20 及表 3-11 可看出，在不同气象条件下，用非参数核密度估计法对光伏出力整体数据的随机分布进行拟合，得到的光伏出力随机分布模型可以较好地估计晴天、多云和阴天气象条件下单日光伏出力数据的随机分布情况；而在雨雪气象条件下，因为光伏出力分布过度集中在低出力水平，所以对其整体数据的拟合效果以及随机模型对单日出力随机分布的估计效果均稍差，但仍可以较好地表征雨雪气象条件下单日光伏出力随机分布的整体趋势。

为探究光伏出力的随机分布特性，从气象条件影响光伏出力分布的角度出发，在不同气象条件下，建立了基于非参数核密度估计法的光伏出力随机分布模型，并提出了适当的评价标准，且考虑了气象条件对光伏出力的影响，具有重要的实际意义和工程应用价值。

综上所述，模型和实际数据有较好的一致性，气象条件对光伏出力的随机分布有显著影响，上述分析将气象条件简单分为晴天、多云、阴天、雨雪 4 种类型，但实际中的气象条件会更加复杂，随着气象科学和检测技术的发展，在将来的研究中，细化气象条

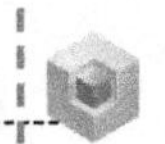

件，并做出更为精细的光伏出力随机分布模型。

3.3 储能在联网电网中的配置技术

3.3.1 储能在电网中的应用

微网一般含有大量的新能源发电系统，如风力发电、光伏发电以及潮汐能发电等，使得微网的安全稳定性较差。为维持微网的安全稳定运行，一般均配有一定容量的储能系统，用于平抑分布式电源引起的功率波动，维持系统的功率平衡。并网型微网有外部大电网提供能量支撑，其电压频率也由大电网建立，储能装置一般不做主电源。储能在并网型微网中的作用主要如下：

（1）平抑波动。储能系统具有快速的能量响应能力，能够根据电网的能量需求快速地充放电，进而平抑由于分布式电源接入以及系统中的冲击负荷、间歇性负荷等引起的功率波动。

（2）提高电能质量。储能系统能够根据系统的需求快速地吸收或释放能量，为系统提供调频、调压以及调相等辅助服务，在提高系统电能质量的同时提高了系统的供电可靠性与稳定性。

（3）并/离网切换。微网中新能源发电系统的渗透率较高，而新能源发电系统的可控性相对较弱，因此当大电网发生故障时，要求微网应与大电网断开连接，转为离网运行。储能系统的响应速度较快，可达到毫秒级，因此可以在并/离网切换瞬间为微网系统提供能量支撑，建立系统电压频率，保证微网并/离网的平滑切换。

3.3.2 储能选址定容数学模型

储能系统的选址定容受诸多因素的影响，是一个多目标优化问题。下文介绍了综合考虑储能利益与成本的储能选址定容优化的目标函数，并分析了优化过程中的各种约束条件。

3.3.2.1 目标函数

分布式电源大量接入配网后，将使得其电能质量恶化，其中电压波动问题越加突出，并加剧系统负荷波动，而储能系统能够在一定程度上改善这些不利影响。同时由于储能系统的成本相对较高，在配置时其容量也是一个不得不考虑的问题。因此，在综合考虑储能系统带来的效益以及储能系统成本的基础上，选取以下 3 个指标作为目标函数。

（1）节点电压波动。节点电压是表征系统稳定性以及电能质量的重要指标之一。系统中各节点电压均应保持在一定水平，同时其波动也应维持在较低水平。接入分布式电源后，节点电压水平有了一定程度的提升，但其波动却加剧了。因此，选取节点电压波动的总和作为储能系统选址定容的目标函数，其数学计算式为

$$f_1 = \sum_{i=1}^{N_{\text{bus}}} \sum_{j=1}^{T} |V_{ij} - \bar{V}_i| \tag{3-19}$$

式中 N_{bus}——系统节点个数；

T——考察时刻数；

V_{ij}——i 节点 j 时刻的电压值；

$\overline{V}_i$——i 节点在考察时间内的电压平均值。

（2）负荷波动。配网中接入分布式电源后，由于其出力的不确定性将使得系统负荷波动加剧，对发电企业以及用户造成不利影响。储能系统具有快速能量吞吐能力，能够对系统负荷波动进行平抑。负荷波动的计算公式见式（3-20）

$$f_2 = \sum_{i=1}^{T}\left[P_s(i) - \overline{P}\right]^2 \tag{3-20}$$

式中 P_s（i）——i 时刻电网输入功率；

$\overline{P}$ ——考察时间内电网输入功率的平均值。

（3）储能系统容量。在考虑储能装置效益的同时也应考虑其成本，选取储能单元的总容量作为目标函数。以考察时间内储能系统的最大充/放电能量 E'_{store} 和累积充放电能量 E''_{store} 的较大值作为其额定容量。

将储能装置的出力曲线按充电和放电划分为 n 段，每段内没有充放电状态的改变，第 i 段内储能系统的充/放电能量为 C'_{storei}，则该储能装置的最大充/放电能量 E'_{store} 计算如下

$$E'_{store} = \max\{C'_{store1}, C'_{store2}, \cdots, C'_{storei}, \cdots, C'_{storen}\} \tag{3-21}$$

$$C'_{storei} = \sum_{t=t_i}^{t_{ie}} |P_{store}(t)| \cdot \Delta t \tag{3-22}$$

式中 t_i——第 i 段的初始时刻；

t_{ie}——第 i 段的结束时刻；

P_{store}（t）——储能系统 t 时刻的充/放电功率；

Δt ——两时刻之间的时间间隔。

累积充放电能量 E''_{store} 的计算方法如下所示

$$E''_{store} = \max\{C''_{store1}, C''_{store2}, \cdots, C''_{storej}, \cdots, C''_{storeT}\} \tag{3-23}$$

$$C''_{storej} = \left|\sum_{t=1}^{j} P_{store}(t) \cdot \Delta t\right| \tag{3-24}$$

式中 C''_{storej}——j 时段内储能系统的累积充放电能量。

则储能系统的额定容量

$$E_{store} = \max\{E'_{store}, E''_{store}\} \tag{3-25}$$

储能系统的总容量为

$$f_3 = \sum_{k=1}^{N_{store}} E_{storek} \tag{3-26}$$

式中 N_{store}——储能系统的个数；

E_{storek}——第 k 个储能系统的额定容量。

综合考虑系统节点电压波动、负荷波动和储能系统容量，储能选址定容多目标优化函数如下

$$\min F = [f_1, f_2, f_3] \tag{3-27}$$

3.3.2.2 约束条件

在进行储能系统的选址定容时，不仅需要考虑系统的运行约束，同时也要考虑储能系统充放电能量平衡等。

（1）功率平衡约束。

$$P_s = \sum_{i=1}^{N_{bus}} P_{loadi} - \sum_{j=1}^{N_{DG}} P_{DGj} - \sum_{k=1}^{N_{store}} P_{storek} \tag{3-28}$$

式中 P_s——电网输入功率；

P_{loadi}——某一时刻 i 节点的负荷功率；

P_{DGj}——某一时刻第 j 个分布式电源的出力；

P_{storek}——某一时刻第 k 个储能系统的出力，储能放电时为正；

N_{DG}——分布式电源的个数。

（2）节点电压约束。

$$V_{min} \leqslant V_{ij} \leqslant V_{max} \tag{3-29}$$

式中 V_{min}、V_{max}——系统节点电压下限和上限。

（3）储能功率约束。

$$P_{store\_min} \leqslant P_{store} \leqslant P_{store\_max} \tag{3-30}$$

式中 P_{store_min}、P_{store_max}——储能系统功率的下限和上限。

（4）储能能量平衡约束。

$$\sum_{i=1}^{T} P_{store}(i) \cdot \Delta t = 0 \tag{3-31}$$

3.3.3 改进多目标粒子群优化算法

储能系统的选址定容是一个多目标优化问题。目前常用的多目标优化算法有强度帕累托进化算法、多目标微分进化算法、多目标遗传算法等。但上述几种算法在求解过程中，计算效率较低、收敛速度较慢。粒子群算法采用高效的群集并行地对非劣解进行搜索，并且每次迭代过程中可以产生多个非劣解；同时粒子群算法具有记忆功能，粒子通过跟踪自身历史最优解和种群全局最优解来进行搜索，这就使得粒子群算法在寻优过程中具有很好的收敛性以及全局搜索能力。因此采用粒子群算法来进行储能选址定容问题的求解。

3.3.3.1 粒子群算法

粒子群算法是一种随机优化算法，其初始化为一群随机粒子，粒子在解空间中根据自身和群体信息共同决定其运动的速度和方向，通过迭代来搜寻最优解。

假设在 D 维空间中进行问题的求解，群体包含 m 个粒子，k 时刻第 i 个粒子在解空间中的位置向量为

$$x_i^{(k)} = (x_{i1}^{(k)},\ x_{i2}^{(k)}, \cdots,\ x_{id}^{(k)}, \cdots,\ x_{iD}^{(k)}),\ i=1,\ 2,\ \cdots,\ m$$

对应的速度向量为

$$v_i^{(k)} = (v_{i1}^{(k)},\ v_{i2}^{(k)}, \cdots,\ v_{id}^{(k)}, \cdots,\ v_{iD}^{(k)})$$

迭代求解时每个粒子通过跟踪两个“最优解”来更新自己的速度和位置，更新方式如下

$$v_{id}^{(k+1)} = wv_{id}^{(k)} + c_1 r_1 (p_{id}^{(k)} - x_{id}^{(k)}) + c_2 r_2 (g_d^{(k)} - x_{id}^{(k)}) \tag{3-32}$$

$$x_{id}^{(k+1)} = x_{id}^{(k)} + v_{id}^{(k+1)} \tag{3-33}$$

式中 w——惯性权重；

c_1、c_2——加速因子；

r_1、r_2——（0，1）之间的随机数；

$p_{id}^{(k)}$——第 i 个粒子在 k 时刻最优位置向量中的第 d 维分量；

$g_d^{(k)}$——k 时刻种群最优位置向量中的第 d 维分量。

3.3.3.2 改进多目标粒子群算法

粒子群算法在求解多目标问题时，常规的方法是将 Pareto 排序机制和基本粒子群算法相结合，通过粒子之间的支配关系来确定粒子的历史最优解并更新非劣解集。常规多目标粒子群算法在求解过程中存在以下问题：

（1）惯性权重取值缺乏指导。

（2）种群多样性损失过快，易陷入局部解。

（3）非劣解集更新维护策略不当使得 Pareto 解集的多样性、分布性较差。

（4）种群全局最优解的选取缺乏指导。

因此，在常规多目标粒子群算法的基础上做了如下改进：

（1）自适应惯性权重。在 PSO 算法中，惯性权重 w 的取值对其收敛性能有很大影响。常用的 w 取值方法大多是随着迭代次数的递增而线性或非线性的递减，这种方法没有考虑迭代过程中粒子的特性，w 的取值缺乏指导。

粒子位置向量与种群全局最优解的差值可以体现该粒子与种群最优粒子的差距程度。当其值较大时表示当前粒子与种群最优粒子差距较大，此时 w 的取值也应较大，使得该粒子具有较好的全局搜索能力；而当其值较小时则表示其与种群最优粒子差距较小，此时应使其具有较好的局部搜索能力，w 的取值也应较小。本文以粒子与种群最优粒子的差距程度作为指导来进行 w 的取值，随着差距程度的不同非线性地调整 w 的大小，其取值曲线如图 3-21 所示。第 i 个粒子在 k 时刻与种群全局最优解的差值 $X_i^{(k)}$ 可通过式（3-34）和式（3-35）计算

$$X_i^{(k)} = \frac{1}{x_{\max} - x_{\min}} \frac{1}{D} \sum_{d=1}^{D} | g_d^{(k)} - x_{id}^{(k)} | \tag{3-34}$$

$$w_i^{(k)} = w_{\text{start}} - (w_{\text{start}} - w_{\text{end}})(X_i^{(k)} - 1)^2 \tag{3-35}$$

式中 D——解空间维数；

$w_i^{(k)}$——第 i 个粒子在 k 时刻的惯性权重；

w_{start}、w_{end}——w 的初始值和结束值；

$x_{\max}$、$x_{\min}$——粒子位置变量的最大、最小值。

（2）交叉变异。PSO 算法在迭代寻优时存在早熟收敛问题，容易陷入局部解。本文将交叉变异操作引入粒子群算法，对粒子的位置向量进行交叉变异，用以提高种群的多

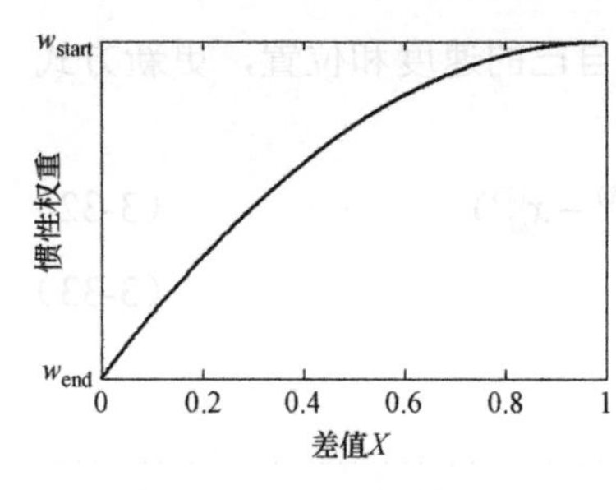

图 3-21　惯性权重曲线

样性。以粒子位置向量与种群全局最优解的差值 X 作为交叉变异的依据，具体步骤如下：

1）确定差值 X 的阀值 X_{min}、交叉率 p_c 和变异率 p_m。

2）判断 i 粒子 X_i 的大小，若 $X_i<X_{min}$，则对 i 粒子进行交叉变异，否则转至步骤 5）。

3）为 i 粒子的每维位置分量选取［0，1］的随机数 r_{id}，若 $r_{id}<p_m$，则对 i 粒子的第 d 维位置分量进行初始化操作，操作方法如下：

$$x_{id}=x_{min}+(x_{max}-x_{min})\bullet r$$

式中　x_{min}——粒子位置变量的最小值；

r——［0，1］的随机数。

$$x_i=[x_1,x_2,\cdots,x_d\cdots,x_D]$$
$$\uparrow rand(1,1)<p_c$$
$$g=[g_1,g_2,\cdots,g_d\cdots,g_D]$$

4）变异后的粒子，再对其位置向量进行交叉操作，若 $r_{id}<p_c$，则对其位置向量的第 d 维进行交叉，交叉对象为种群全局最优解。

5）交叉变异结束。

（3）基于动态密集距离的非劣解集更新。在进行多目标求解时，每次迭代后都要对非劣解集进行更新，为保持 Pareto 解集的规模以及解分布的均匀性，需要对 Pareto 解“择优”选取。

密集距离用以表征粒子与其周围粒子之间的密集程度，可以用来描述解的均匀性。如图 3-22 所示，对于某优化问题，若其含有 3 个目标函数，分别为 f_1、f_2 和 f_3，则粒子 x_i 的密集距离 I（x_i）为

$$I(x_i)=\frac{|[f_1(x_j)-f_1(x_k)]|}{f_{1\max}}+\frac{|[f_2(x_j)-f_2(x_k)]|}{f_{2\max}}+\frac{|[f_3(x_j)-f_3(x_k)]|}{f_{3\max}} \tag{3-36}$$

式中　x_j、x_k——距离 x_i 最近的两个粒子；

f_m（x_j）——粒子 x_j 第 m 个目标函数的值；

$f_{m\max}$——所有粒子第 m 个目标函数的最大值。

若目标数为 n，则粒子 x_i 的密集距离为

$$I(x_i)=\frac{\sum_{m=1}^{n}\left|[f_m(x_j)-f_m(x_k)]\right|}{f_{m\max}} \tag{3-37}$$

求解各 Pareto 解的密集距离之后，按密集距离从大到小进行排序，然后进行筛选。常用的方法是按排序依次选取密集距离较大的 N 个解。这种方法虽然计算速度较快，每次迭代过程仅需计算一次 Pareto 解的密集距离，但极易造成所选 Pareto 解的多样性和均匀性较差。本文采用逐一去除法进行非劣解的更新，即按密集距离排序后，去除密集距离最小的解，再计算剩余 Pareto 解的密集

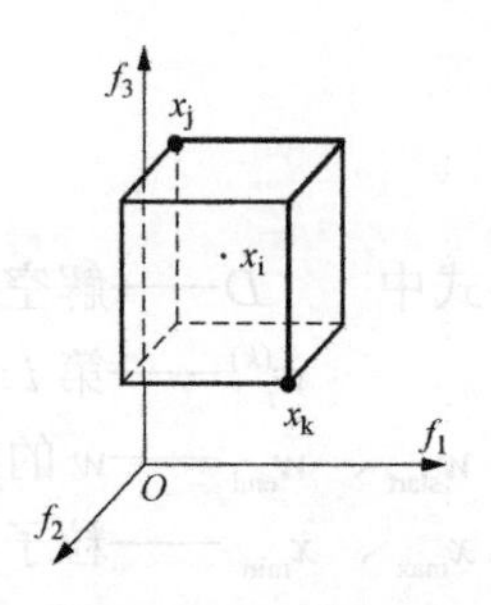

图 3-22　粒子密集距离

距离，按密集距离排序后再去除密集距离最小的解，循环计算，直至剩余 Pareto 解的个数为 N。

（4）种群全局最优解的选取。粒子群算法在进行种群更新时，需要跟踪粒子的历史最优解和种群全局最优解。单目标粒子群算法中，种群全局最优解可以通过比较粒子适应度函数的大小直接得到，而在多目标粒子群算法中，其每次迭代结果均为一组互不支配的 Pareto 解。因此，如何从 Pareto 解集中选取种群全局最优解也是一个需要考虑的问题。为保证 Pareto 解集中解的多样性和均匀性，在密集距离排序的基础上，从密集距离较大的前 20%个 Pareto 解中随机选出种群全局最优解，用于指导种群的更新。

3.3.3.3　基于 TOPSIS 法的多属性决策

IMOPSO 算法的最终优化结果是一组 Pareto 解，决策者需要根据偏好信息从中选出最优解，其实质上是一个多属性决策问题。本文采用基于信息熵的 TOPSIS 法来进行最优解的选取。

序数偏好法的实质是通过比较备选方案和理想方案、负理想方案之间的距离来进行决策。使得所选方案与理想方案的距离最小，与负理想方案的距离最大。

由 Pareto 解集中的非劣解构成 N 个备选方案 x_1，x_2，…，x_N，方案的属性数为 n，即目标函数个数，则方案 x_i 的第 m 个属性值为 f_m（x_i）。由于各属性之间存在量纲差异，因此首先应对其进行规范化处理，将不同类型的属性转换为无量纲属性。处理后方案 x_i 的各属性值为$[f_1'(x_i),\ f_2'(x_i),\ \cdots,\ f_n'(x_i)]$。

$$f_m'(x_i)=\frac{f_m(x_i)}{\sqrt{\sum_{i=1}^{N}f_m^2(x_i)}}\quad (m=1,2,\cdots,n) \tag{3-38}$$

在实际计算中往往不存在与理想方案距离最小、与负理想方案距离最大的方案，因此一般选取相对距离来进行最优方案的确定。方案 x_i 的相对距离 $d(x_i)$可通过式(3-39)～式（3-41）来计算

$$d(x_i)=\frac{d_+(x_i)}{d_+(x_i)+d_-(x_i)} \tag{3-39}$$

$$d_+(x_i)=\sqrt{\sum_{m=1}^{n}[\lambda_m f_m'(x_i)-\lambda_m f_{m+}']^2} \tag{3-40}$$

$$d_-(x_i)=\sqrt{\sum_{m=1}^{n}[\lambda_m f_m'(x_i)-\lambda_m f_{m-}']^2} \tag{3-41}$$

式中　$d_+(x_i)$、$d_-(x_i)$——方案 x_i 到理想方案、负理想方案的距离；

λ_m ——属性 f_m 对应的权重，$0<\lambda_m<1$，且 $\sum_{m=1}^{n}\lambda_m=1$；

f_{m+}'、f_{m-}' ——所有方案中属性 f_m 规范化后的最优值和最差值。

TOPSIS 法在计算过程中需要给各目标值赋权重，而权重的选取对决策者的经验知识等有较高要求，为避免决策者自身对最终决策的影响，采用信息熵法来确定各目标值的权重。信息熵法是通过判断 Pareto 解集中各目标值的差异性来确定各自的权重。若解

集中各 Pareto 解的第 m 个目标值差异性较小，则说明该目标值对最终决策的影响较小，相应的其权重也应较小。

3.3.4 多目标优化问题求解

3.3.4.1 编码

在进行配网储能选址定容时，需要对储能系统的位置和功率进行优化，因此在优化时对储能系统的位置和功率进行编码，编码形式如下

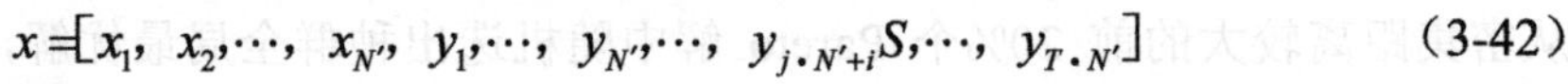

$$x=[x_1, x_2,\cdots, x_{N'}, y_1,\cdots, y_{N'},\cdots, y_{j\cdot N'+i}S,\cdots, y_{T\cdot N'}] \tag{3-42}$$

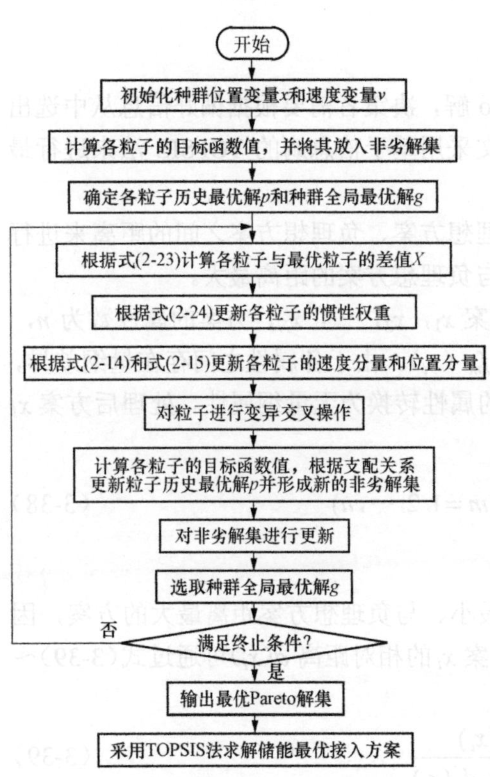

图 3-23 配网储能系统多目标选址定容问题的流程图

式中 x_i——第 i 个储能系统的接入位置，应为整数，因此在进行粒子位置更新时应对其进行取整操作；

N'——储能系统的个数；

$y_{j\cdot N'+i}$——$(j+1)$ 时刻第 i 个储能系统的功率，为实数；

T——总的时刻数。

为保证储能系统的能量平衡，T 时刻第 i 个储能系统的功率应修正为

$$y_{(T-1)\cdot N'+i}=-\sum_{j=1}^{T-1} y_{(j-1)\cdot N'+i} \tag{3-43}$$

3.3.4.2 求解流程

采用改进多目标粒子群算法求解配网储能系统多目标选址定容问题的流程如图 3-23 所示。

3.3.5 实例仿真

本文采用 IEEE-33 节点配网系统来进行仿真分析，其结构如图 3-24 所示。网络总负荷为 3715kW+j2300kVar，典型日曲线如图 3-25 所示。系统额定电压为 12.66kV，节点电压允许范围为 0.9p.u.～1.05p.u.。

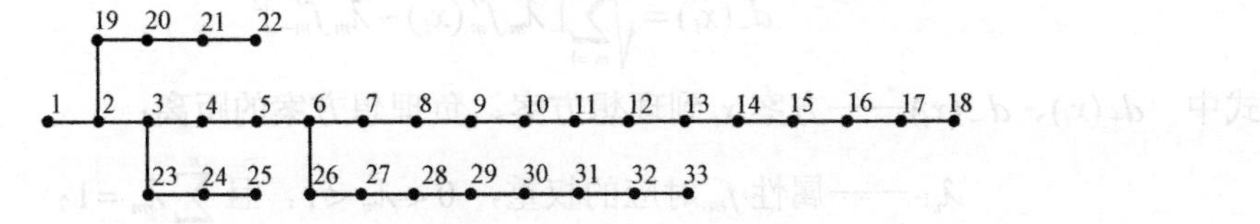

图 3-24 IEEE-33 节点配网系统

仿真过程中，在节点 7、8 接入 200kW 光伏，节点 25、32 接入 200kW 风电，二者的典型日出力曲线如图 3-26 所示。储能系统允许接入节点为 2～33，最大接入个数为 2，最大安装功率为 400kW。

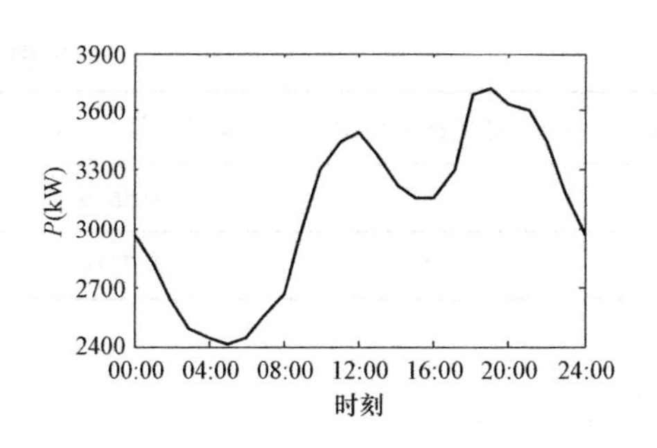

图 3-25 负荷典型日特性曲线

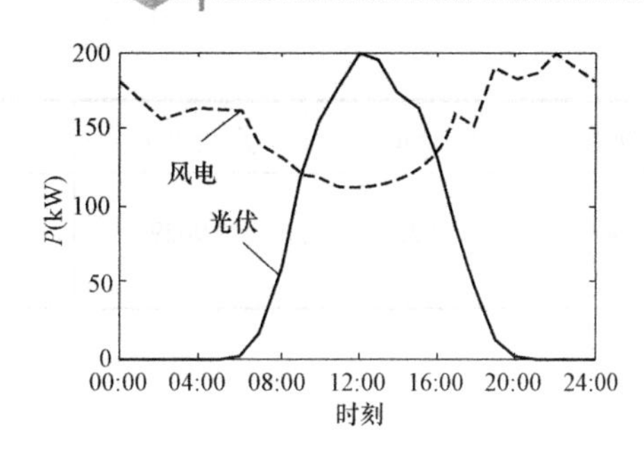

图 3-26 光伏、风电典型日出力曲线

为验证所提方法的有效性，本文选取以下 4 个场景进行比较：

场景 1：不接入分布式电源。

场景 2：接入分布式电源，不加储能。

场景 3：接入分布式电源，加储能，采用常规多目标粒子群算法。

场景 4：接入分布式电源，加储能，采用本文所提改进多目标粒子群算法。

计算过程中的参数设置见表 3-12。

表 3-12　仿 真 参 数 设 置

参数类型	取值	参数类型	取值
迭代次数	200	差值 X 的阀值	0.1
种群个数	100	变异率	0.05
惯性权重初始值	0.9	交叉率	0.1
惯性权重结束值	0.4	Pareto 解集规模	100

针对以上 4 个场景进行仿真分析，不同场景下各目标值的大小以及储能的接入位置、容量见表 3-13，各场景对应的节点电压曲线和负荷曲线如图 3-27 和图 3-28 所示。通过比较场景 1 和场景 2 可以发现，接入分布式电源后系统的节点电压水平有了明显提升，但电压波动和负荷波动均出现了不同程度的增加，这是因为分布式发电系统的功率具有间歇性与波动性造成的。通过比较场景 2 与场景 4 可以看出，加入储能系统后系统的电压波动以及负荷波动均出现了较大幅度的降低，降低幅度分别达到了 58.12%和 71.88%，说明储能系统对系统节点电压波动以及负荷波动具有很好的抑制作用。

表 3-13　不同场景下的优化结果

场景	f_1（p.u.）	f_2（p.u.）	f_3（MWh）	储能接入位置	储能容量（MWh）
1	2.1642	2.9266	—	—	—
2	2.4419	3.4242	—	—	—
3	1.2147	0.9355	1.2842	8	0.6943
				11	0.5899

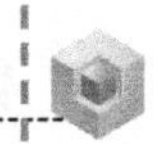

续表

场景	f_1（p.u.）	f_2（p.u.）	f_3（MWh）	储能接入位置	储能容量（MWh）
4	1.0227	0.9629	1.2933	10	0.5619
				14	0.7314

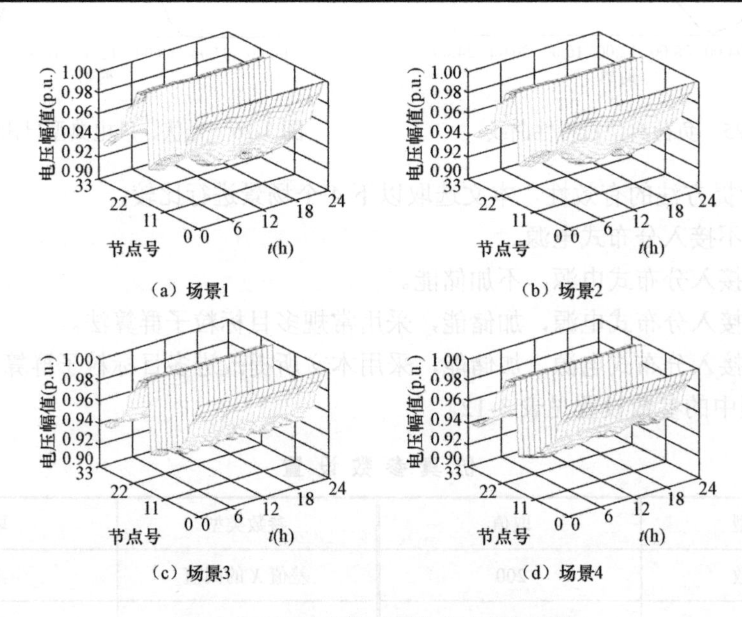

图 3-27 不同场景下系统节点电压曲线

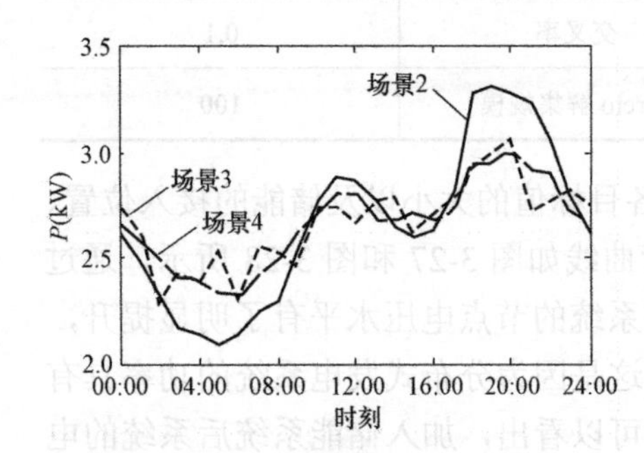

图 3-28 不同场景下负荷曲线

场景 3、4 对应的最优 Pareto 解集如图 2-10 所示，通过比较表 3-13 中场景 3、4 以及图 3-29 可以看出，IMOPSO 算法具有更好的搜索精度，其 Pareto 解集的多样性也更好，解的分布也更均匀。

以下就 MOPSO 算法和 IMOPSO 算法的性能进行具体比较，选用外部解以及间距 S 来进行评价。外部解指每次迭代过程中 Pareto 解集中某一目标分量最优时的解，通过比较迭代过程中某一目标分量外部解的变化过程以及最终代的大小，可以看出算法的收敛性与鲁棒性。S 指标用以衡量 Pareto 解集中解分布的均匀性，选用粒子密集距离的均方差来表征

$$S=\sqrt{\frac{1}{N}\sum_{i=1}^{N}\left[I(x_i)-\overline{I}\right]^2} \tag{3-44}$$

式中 $\overline{I}$——Pareto 解集中所有粒子 I（x_i）的平均值。

两种算法各自独立运行 20 次，每种算法每次迭代都将产生与目标 f_i 对应的 20 个外部解 $x_i^{(k)}$，统计这些外部解对应的目标值 $f_i(x_i^{(k)})$，并求其平均值。以节点电压波动 f_1 和负荷波动 f_2 为对象进行分析，其最终代外部解对应的目标值见表 3-14，收敛曲线如图

3-30 所示。20 次运行过程中最终代 S 指标的平均值见表 3-14。

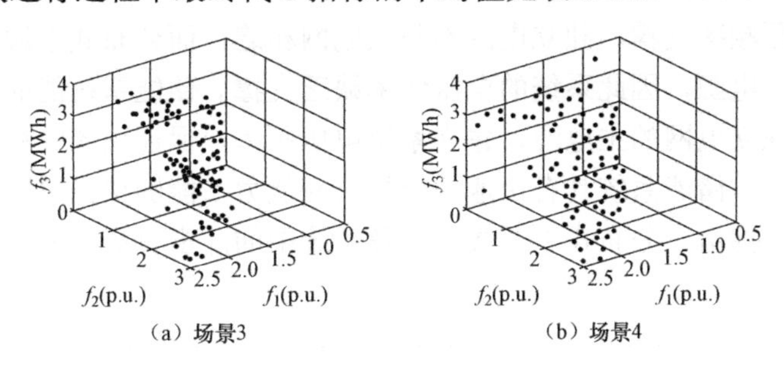

图 3-29 Pareto 解的分布情况

表 3-14 不同算法的性能比较

算法	外部解		S 指标
	f_1（p.u.）	f_2（p.u.）	
MOPSO	0.9171	0.2350	0.0517
IMOPSO	0.7584	0.1335	0.0326

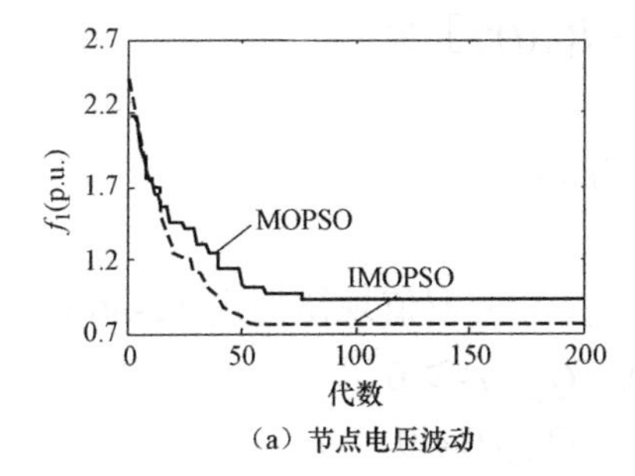

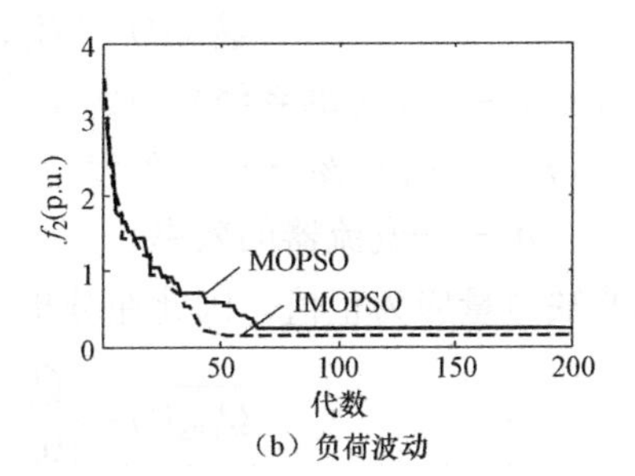

图 3-30 不同目标外部解的收敛曲线

从图 3-29、图 3-30 以及表 3-14 外部解的比较中可以看出，由于采用了自适应惯性权重、交叉变异等操作，IMOPSO 算法具有更好的收敛特性，其搜索精度也更高。同时，由于对 Pareto 解集的更新策略进行了改进，使得其多样性以及分布特性更好，表 3-14 中的 S 指标以及图 3-29 验证了这一结论。

3.4 储能在独立电网中的配置技术

3.4.1 储能在独立电网中的应用

独立电网不与大电网相连，这就使得电网内部的能量平衡、电压和频率等缺少支撑，系统的稳定性相对较弱。因此，储能系统在独立电网中的作用主要体现在：

（1）保持内部的能量平衡。电网内的分布式发电具有随机性和不可预测性，同时负荷也处于随时变化中，若没有大电网的能量支撑，则很难保证系统发电与负荷的实时平衡。储能系统可以在能量剩余时将多余的电能进行存储，而在能量出现缺额时则向电网

释放能量，保证系统内部的能量实时平衡。

（2）提供电压频率支撑。独立电网不与大电网相连，而分布式电源由于其出力的波动性也无法作为主电源，因此系统的电压频率缺乏支撑。储能系统能够保证稳定的能量输出，可以作为独立电网的主电源，建立系统电压频率，保证系统的稳定运行。

（3）平抑波动。储能系统具有快速的能量响应能力，能够根据电网的能量需求快速地充放电，进而平抑由于分布式电源接入以及系统中的冲击负荷、间歇性负荷等引起的功率波动。

3.4.2 技术指标

独立电网因其不与大电网相连，更多地应考虑其内部的能量平衡，因此选取负荷缺电率、能量溢出比作为其技术指标进行储能容量的配置。

3.4.2.1 负荷缺电率

负荷缺电率表示一定时间内系统发电功率不能满足负荷需求的概率。在评价周期 T 内，负荷缺电率可表示为该时段内的负荷缺电量与负荷总需求的比率。独立电网中，时间 Δt 内负荷的缺电量可表示为

$$Q_{\text{LPS}}(t)=[P_{\text{load}}(t)-P_{\text{PV}}(t)\eta_1]\ \Delta t \tag{3-45}$$

式中 P_{load}（t）——t 时刻系统负荷需求；

P_{PV}（t）——t 时刻光伏组件发出的平均功率；

η_1——变流器的效率。

负荷的缺电量应为正值，因此在分析时 Q_{LPS}（t）取值规律见式（3-46）

$$\overline{Q_{\text{LPS}}}(t)=\begin{cases}Q_{\text{LPS}}(t), & Q_{\text{LPS}}(t)\geqslant 0\\0, & Q_{\text{LPS}}(t)<0\end{cases} \tag{3-46}$$

则负荷缺电率 δ_{LPSP} 可以表示为

$$\delta_{\text{LPSP}}=\frac{\sum\limits_{t=t_0}^{t_0+n\Delta t}\overline{Q_{\text{LPS}}}(t)}{\sum\limits_{t=t_0}^{t_0+n\Delta t}[P_{\text{load}}(t)\Delta t]} \tag{3-47}$$

式中 t_0——初始时刻；

n——考核时间序列。

δ_{LPSP} 的取值范围为［0，1］，取 0 表示在考核周期 T 内光伏发电始终满足负荷需求，取 1 则表示在 T 时段内负荷的需求从未被满足。

3.4.2.2 能量溢出比

能量溢出比指在时间 T 内系统溢出的能量与可再生能源发出总能量的比值，常用作衡量可再生能源发电系统规模，一般取 5%～30%。独立电网中，时间 Δt 内的溢出能量可表示为

$$Q_{\text{EX}}(t)=[P_{\text{PV}}(t)-P_{\text{load}}(t)/\eta_1]\ \Delta t \tag{3-48}$$

能量溢出也应为正值，因此在计算过程中溢出能量的取值见式（3-49）

$$\overline{Q_{EX}}(t)=\begin{cases}Q_{EX}(t), & Q_{EX}(t)\geqslant 0\\ 0, & Q_{EX}(t)<0\end{cases} \tag{3-49}$$

则能量溢出比 δ_{EXC} 可用式（3-50）进行计算

$$\delta_{EXC}=\frac{\sum_{t=t_0}^{t_0+n\Delta t}\overline{Q_{EX}}(t)}{\sum_{t=t_0}^{t_0+n\Delta t}[P_{PV}(t)\Delta t]} \tag{3-50}$$

3.4.3 配置方法

在独立电网中，储能系统的容量配置目标为：保证一定负荷条件下系统内部的能量平衡，并且使可再生电源的能量利用率较高，具体体现在系统负荷缺电率和能量溢出比保持在较低水平。在配置过程中，储能的功率配置和能量配置是解耦的，以下分别说明储能的功率配置和容量配置方法。

3.4.3.1 电池储能功率需求

在计算周期 T 内，设某一时刻 t 时系统的不平衡功率为 ΔP，则

$$\Delta P(t)=\frac{P_{load}(t)}{\eta_1-P_{PV}(t)} \tag{3-51}$$

$\Delta P(t)$ 的正负和大小具有随机性，与电网内可再生电源的出力特性和负荷的需求特性密切相关。当 $\Delta P(t)>0$ 时，表示系统内能量出现缺额，需要储能单元放电；当 $\Delta P(t)<0$ 时，表示系统内能量过剩，需要储能单元充电。

在进行储能功率配置时，要求储能单元能够补充或吸收时段 T 内可能出现的最大功率缺额 P_1（需要储能放电）或最大过剩功率 P_2（需要储能充电），则储能单元的额定功率为

$$P_{rate}=\max\{P_1/\eta_2,P_2\eta_2\} \tag{3-52}$$

$$P_1=\left|\max_{t\in[t_0,t_0+T]}[\Delta P(t)]\right| \tag{3-53}$$

$$P_2=\left|\min_{t\in[t_0,t_0+T]}[\Delta P(t)]\right| \tag{3-54}$$

式中　η_2——储能变流器的效率。

3.4.3.2 电池储能容量需求

系统中储能单元应保持系统内部的能量平衡，当光伏组件输出功率 P_{PV}（t）小于本地负荷功率 P_{load}（t）时，系统处于缺电状态，储能系统需要通过 DC/AC 变换器向电网释放能量以平衡负荷能量需求。$t\sim t+\Delta t$ 时间内储能单元释放的能量为

$$\Delta E_{store}=\Delta t[P_{load}(t)/\eta_1-P_{PV}(t)]/(\eta_2\eta_d) \tag{3-55}$$

式中　η_d——储能装置的放电效率。

当可再生电源输出功率 $P_{PV}(t)$ 大于负荷需求功率 $P_{load}(t)$ 时，储能单元通过 DC/DC 变换器吸收能量，对储能电池进行充电，$t\sim t+\Delta t$ 时间内储能单元存储的能量为

$$\Delta E_{store}=[P_{PV}(t)-P_{load}(t)/\eta_1]\ \eta_2\eta_c\Delta t \tag{3-56}$$

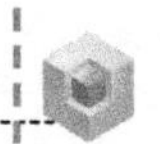

式中　η_c——储能系统充电效率。

为了监测储能系统的充放电过程，引入储能单元的荷电状态（state of charge，*SOC*），*SOC* 能够反映电池剩余能量的大小。某一时刻 t 的荷电状态值 $SOC(t)$ 可通过式（3-57）计算

$$SOC(t)=\frac{[E_{store}(t-\Delta t)+\Delta E_{store}]}{E_{rate}} \tag{3-57}$$

式中　$E_{store}(t-\Delta t)$——$t-\Delta t$ 时刻电池单元的能量；

ΔE_{store}——Δt 时段内储能单元放出或吸收的能量；

E_{rate}——储能单元的额定容量。

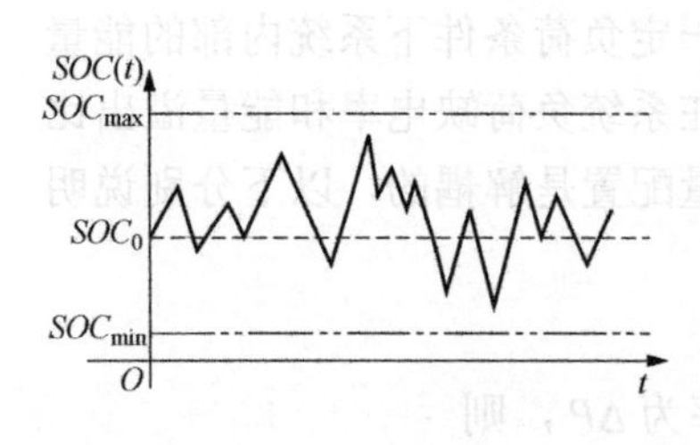

图 3-31　储能装置荷电状态示意图

电池储能单元运行过程中 $SOC(t)$ 的取值应满足 $SOC_{min}\leqslant SOC(t)\leqslant SOC_{max}$，其中 SOC_{max} 和 SOC_{min} 分别为储能系统的允许荷电状态上限和下限，*SOC* 的初值记为 SOC_0。储能系统工作过程中，各时刻的荷电状态均应处于允许范围内，如图 3-31 所示。

实际计算中，SOC_{min}、SOC_{max} 和 SOC_0 的取值应根据选用的储能单元的技术特性、储能装置的应用模式来决定。引入初值 SOC_0 后，式（3-57）可改写为

$$SOC(t)=\frac{SOC_0+\sum_{t=t_0}^{t_0+n\Delta t}P_{store}(t)\Delta t}{E_{rate}} \tag{3-58}$$

储能系统充放电过程中，若按理论出力后 $t+\Delta t$ 时刻 $SOC(t+\Delta t)<SOC_{min}$，则 t～$t+\Delta t$ 时间内储能单元的放电电量为

$$\Delta E_{store}=E_{rate}[SOC(t)-SOC_{min}]\ \eta_d \tag{3-59}$$

若按理论出力后 $t+\Delta t$ 时刻 $SOC(t+\Delta t)>SOC_{max}$，则 t～$t+\Delta t$ 时间内储能单元的充电电量为

$$\Delta E_{store}=\frac{E_{rate}[SOC_{max}-SOC(t)]}{\eta_c} \tag{3-60}$$

计及储能单元后，式（3-47）和式（3-48）改写为

$$\delta_{LPSP}=\frac{\sum_{t=t_0}^{t_0+n\Delta t}\{P_{load}(t)-[P_{PV}(t)+P_{store}(t)\eta_2\eta_d]\ \eta_1\}\Delta t}{\sum_{t=t_0}^{t_0+n\Delta t}P_{load}(t)\Delta t} \tag{3-61}$$

$$\delta_{EXC}=\frac{\sum_{t=t_0}^{t_0+n\Delta t}\left\{P_{PV}(t)-\left[\frac{P_{load}(t)}{\eta_1}+\frac{P_{store}(t)}{\eta_2\eta_c}\right]\right\}\Delta t}{\sum_{t=t_0}^{t_0+n\Delta t}P_{PV}(t)\Delta t} \tag{3-62}$$

以 δ_{LPSP}、δ_{EXC} 作为考核指标来配置储能装置的容量，配置时考虑以下两种模式：

（1）储能单独配置。已知负荷水平和光伏组件规模，进行储能系统容量配置。

（2）可再生电源/储能协同配置。已知负荷水平，寻求满足指标要求下可再生电源和储能单元之间的容量关系。两种条件下的具体配置流程如图 3-32 和图 3-33 所示。

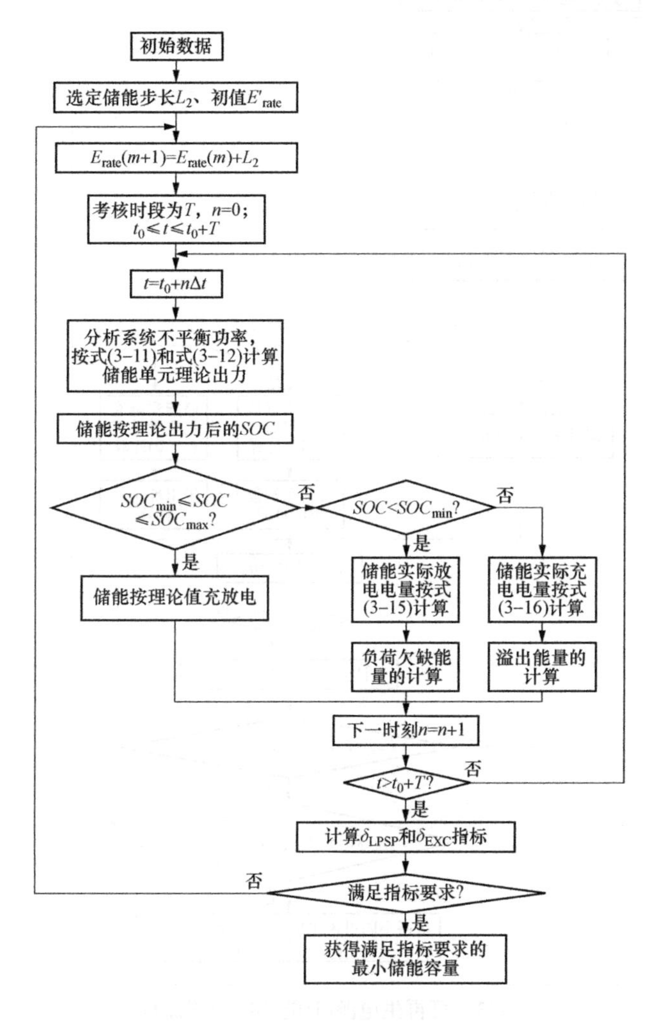

图 3-32 储能单独配置流程图

在图 3-32 中，E''_{rate} 为储能容量上限值；E_{rate}（m）为第 m 次循环时储能单元的额定容量。已知负荷水平和可再生电源容量，在给定储能容量下，根据不同时刻的可再生电源、负荷功率，计算出系统的 δ_{LPSP} 和 δ_{EXC}，以固定步长 L_2 逐渐增加储能的容量，通过若干次迭代得到满足 δ_{LPSP}、δ_{EXC} 指标要求的最小储能容量。

在图 3-33 中，P''_{Vrate} 为可再生电源额定功率上限值；P_{Vrate}（k）为第 k 次循环时可再生电源的额定功率。已知负荷水平，在给定可再生电源和储能容量下，根据不同时刻的可再生电源、负荷功率，计算出 δ_{LPSP} 和 δ_{EXC}，以固定步长 L_2 逐渐增加储能的容量，计算出不同储能容量下系统的 δ_{LPSP}、δ_{EXC}，再以固定步长 L_1 增加可再生电源功率，求得不同可再生电源、储能配置下系统的 δ_{LPSP}、δ_{EXC} 指标。

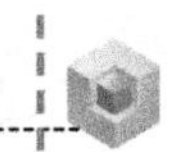

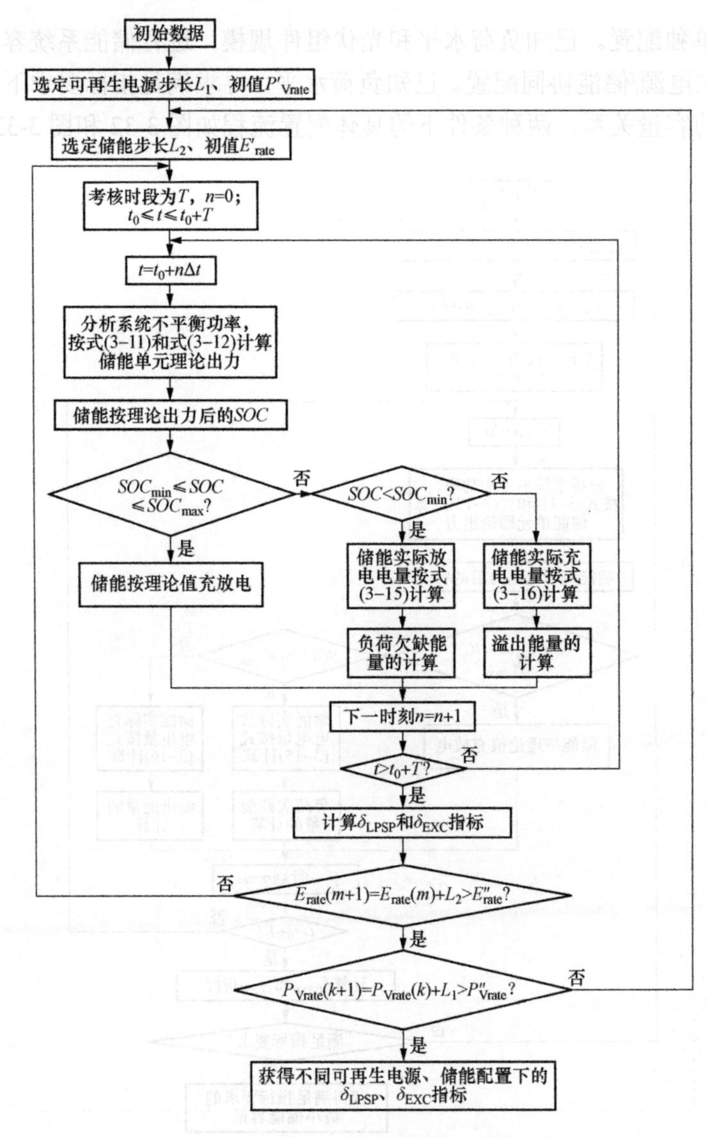

图 3-33　可再生电源/储能协同配置流程图

3.4.4　实例仿真

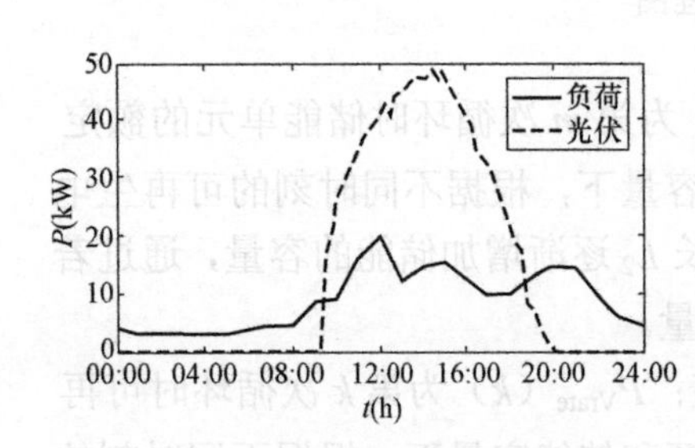

图 3-34　负荷、光伏典型日出力曲线

可再生电源以光伏为例，采用某一典型光储独立电网进行仿真分析，系统包括光伏发电单元、储能单元和负荷。

仿真过程以一年 8760h 为计算时段，数据时间间隔为 15min。计算时段内，系统的典型日负荷曲线和光伏发电的典型日出力曲线如图 3-34 所示，其中负荷峰值约为 20kW，光伏组件的额定功率为 50kW。

仿真时考虑了 3 种电池储能系统，即阀控铅酸电池、锂离子电池和全钒液流电池。

各类电池储能系统的特性参数见表3-15。其中，C_{PCS}为储能装置能量转换系统单位功率成本；C_P为储能单元单位功率成本，对于全钒液流电池指电堆成本；C_E为储能单元单位容量成本，对于全钒液流电池指电解液成本。

表 3-15　　不同类型储能电池的特性参数

参数类型	阀控铅酸电池	锂离子电池	全钒液流电池
SOC 范围	0.3～0.7	0.2～0.8	0.1～0.9
充放电效率 η（%）	80	90	75
C_{PCS}（元/kW）	2000	2000	2000
C_P（元/kW）	0	0	3000
C_E（元/kWh）	600	3000	1000

阀控铅酸电池、锂离子电池和全钒液流电池在工作特性上存在很大差别。在容量配置时，3种电池储能系统的差别主要表现在*SOC*范围和充放电效率上。

3.4.4.1　储能单独配置

当该微网不配置储能装置时，系统的负荷缺电率δ_{LPSP}、能量溢出比δ_{EXC}见表3-16。

表 3-16　　不配置储能装置时系统的δ_{LPSP}、δ_{EXC}指标值

指标	值
负荷缺电率	0.47
能量溢出比	0.53

从表3-16中可以看出，光储独立电网运行时若不配置一定容量的储能装置，系统的负荷缺电率δ_{LPSP}和能量溢出比δ_{EXC}值均处于较高水平。其中，δ_{LPSP}=0.47，即在考核时段内有近一半的负荷处于缺电状态，严重不满足指标要求，系统供电质量差；δ_{EXC}=0.53，即在考核时段内有一半以上的电能溢出，光伏发电没有被有效地利用，系统的经济性和稳定性也较差。因此，在光储独立电网运行时，应配置一定容量的储能单元，用于保证负荷的正常供电以及光伏系统能量的高效利用。

在光储独立电网中，要求储能装置能够补充或吸收考核时段内可能出现的最大功率缺额P_1（需要储能放电）或最大过剩功率P_2（需要储能充电）。在给定算例条件下，储能单独配置时，其功率值见表3-17。

表 3-17　　储能单独配置的功率值

功率	值（kW）
最大功率缺额 P_1	15
最大过剩功率 P_2	32

因此，储能装置的额定功率取值为$P_{rate}=P_2=32\text{kW}$。

在进行储能容量配置时，取L_2=5kWh、δ_{LPSP}=0.02、δ_{EXC}=0.2。储能装置分别为阀控铅酸电池、锂离子电池和全钒液流电池时，其额定容量见表3-18。

表 3-18　　不同类型储能装置的额定容量

储能类型	额定容量（kWh）
阀控铅酸电池	305
锂离子电池	205
全钒液流电池	155

从表 3-18 中可以看出，在相同指标条件下，由于储能装置类型的不同需要配置的储能容量也不同，甚至存在很大差异，主要是由于不同储能单元的充放电效率及其 *SOC* 上下限约束不同造成的。同一指标条件下，系统所需全钒液流电池容量最小，锂离子电池次之，所需阀控铅酸电池容量最大。

3.4.4.2　光储协同配置

光储协同配置时，取 L_1=1kWh、L_2=5kWh。针对阀控铅酸电池、锂离子电池和全钒液流电池进行对比分析，所得结果如图 3-35～图 3-37 所示。

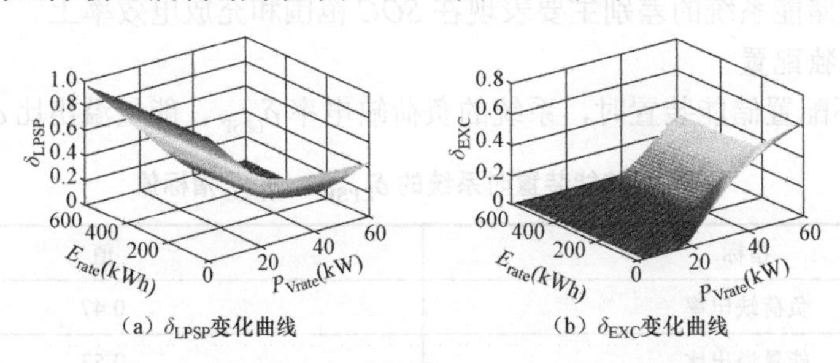

（a）δ_{LPSP}变化曲线　　（b）δ_{EXC}变化曲线

图 3-35　储能单元为阀控铅酸电池时光伏系统容量配置

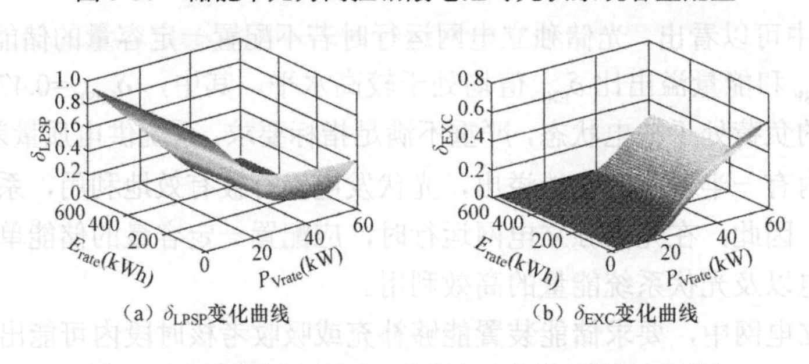

（a）δ_{LPSP}变化曲线　　（b）δ_{EXC}变化曲线

图 3-36　储能单元为锂离子电池时光伏系统容量配置

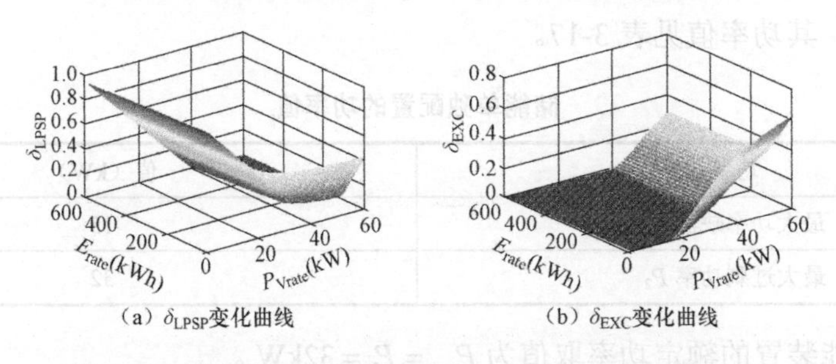

（a）δ_{LPSP}变化曲线　　（b）δ_{EXC}变化曲线

图 3-37　储能单元为全钒液流电池时光伏系统容量配置

图 3-35 所示为储能单元为阀控铅酸电池时光伏发电系统容量配置曲线，其中图

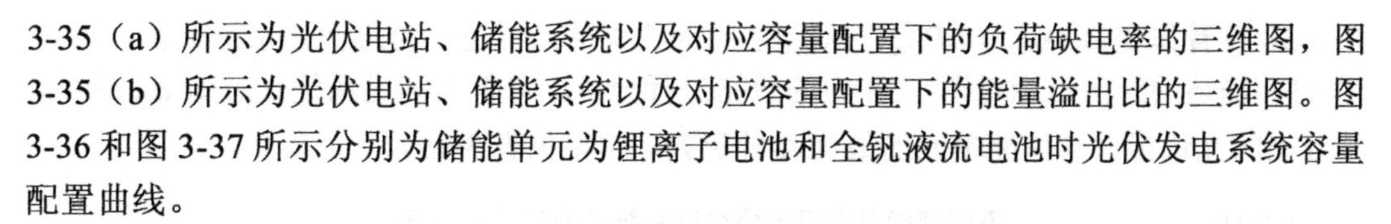

3-35（a）所示为光伏电站、储能系统以及对应容量配置下的负荷缺电率的三维图，图3-35（b）所示为光伏电站、储能系统以及对应容量配置下的能量溢出比的三维图。图3-36和图3-37所示分别为储能单元为锂离子电池和全钒液流电池时光伏发电系统容量配置曲线。

由图3-35～图3-37的（a）可以看出：

（1）光伏规模增长初期，随着光伏容量的增加，系统δ_{LPSP}减小幅度较大，增长到一定容量后（约40kW），随着光伏容量的增加，δ_{LPSP}变化不大。

（2）不同光伏规模下，储能容量的增长对系统δ_{LPSP}的减小效果不同。光伏规模较小时，随着储能容量的增长，系统δ_{LPSP}变化不大，增长到一定值（约40kW）后，储能一定范围内（小于160kWh）的增长对系统δ_{LPSP}的降低作用明显。

由图3-35～图3-37的（b）可以看出，在光伏规模增长的初期，系统δ_{EXC}值均为零，没有能量溢出，增长到一定容量后（约20kW），随着光伏容量的增加，同一δ_{EXC}值对应的储能容量也将增加，且储能容量一定范围内（小于160kWh）的增加对δ_{EXC}的降低作用明显。

因此，光伏与储能容量的变化对系统δ_{LPSP}、δ_{EXC}的影响有一定的耦合关系，只有合理配置光伏与储能单元的容量，才能使系统保持较高的供电可靠性和较好的经济性。

取δ_{LPSP}=0.02、δ_{EXC}=0.2，则满足δ_{LPSP}、δ_{EXC}指标的光伏与储能单元功率配置关系如图3-38（a）所示，容量配置关系如图3-38（b）所示。

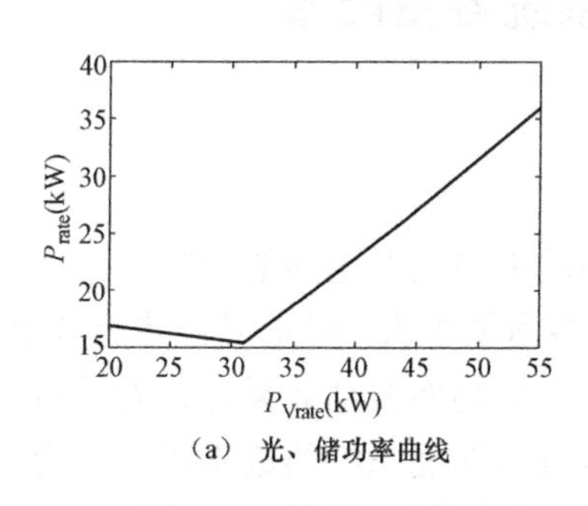

（a） 光、储功率曲线

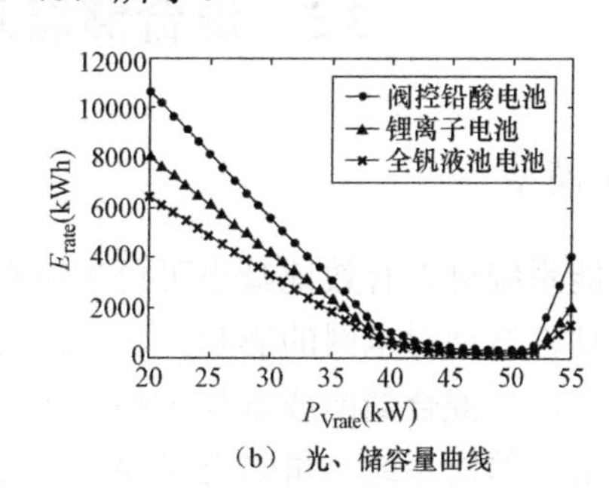

（b） 光、储容量曲线

图3-38 满足负荷缺电率、能量溢出比指标的光储配置关系

从图3-38（a）可以看出，满足指标要求时，随着光伏规模的增大，储能系统功率先减小后增大。从图3-38（b）可以看出，在相同光伏规模下，满足负荷缺电率、能量溢出比指标要求时所需全钒液流电池容量最小，且随着光伏电站容量的增大，储能容量先减小后增大。当光伏电站容量达到一定值（约51kW）时，继续增加其规模会使系统溢出能量增多，为使能量溢出比满足指标，储能容量也将增加。

以初始投资最低为目标，寻找光伏和储能的优化组合。定义光伏发电系统经济目标函数如下

$$\min C_{sys} = C_E E_{rate} + C_P P_{rate} + C_{PCS} P_{rate} + C_{PV} P_{Vrate} \quad (3\text{-}63)$$

式中 C_{sys}——系统总初始投资；

C_{PV}——光伏单元单位成本。

此处取光伏单位成本C_{PV}=8000元/kW，各类型电池储能单元的单位成本见表3-15。

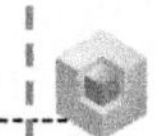

图 3-38 可看作变量 P_{Vrate} 与 P_{rate}、E_{Vrate} 之间的约束关系描述。为最优化系统配置，以式（3-63）描述的经济目标对图 3-38 中的数据进行分析，可得出满足系统 δ_{LPSP}、δ_{EXC} 指标基础上的光伏组件与储能单元的最优容量配置，结果见表 3-19。

表 3-19　　不同储能装置下光储微网系统的最优配置情况

容　量　配　置	阀控铅酸电池	锂离子电池	全钒液流电池
光伏规模（kW）	49	51	46
储能容量（kWh）	315	200	190
储能功率（kW）	31	33	28
负荷缺电率	0.020	0.018	0.020
能量溢出比	0.17	0.20	0.11
总初始投资（万元）	64.2	107.4	69.8

从表 3-19 可以看出，采用阀控铅酸电池时，系统总的初始投资最小，采用全钒液流电池次之，采用锂离子电池所需成本最高。最优配置时，系统负荷缺电率、能量溢出比值见表 3-19。采用阀控铅酸电池、全钒液流电池时，负荷缺电率指标达到限制，采用锂离子电池时，能量溢出比指标达到限制。

3.5　混合储能系统容量配置

3.5.1　优化模型

混合储能系统可以有效地减小可再生电源功率波动对电网的影响，为了更好地消除可再生电源功率波动对电网的影响，混合储能容量要很大，但是混合储能系统容量增大，将导致成本升高。混合储能成本与平抑可再生电源功率波动效果存在着矛盾，因此经济合理地配置混合储能系统容量是有必要的。以混合储能系统的成本最小作为目标函数，见式（3-64）

$$\min f = a_{\text{b}}P_{\text{b}} + b_{\text{b}} + Q_{\text{b}} + a_{\text{c}}P_{\text{c}} + b_{\text{c}}Q_{\text{c}} \tag{3-64}$$

其中电池及超级电容器的功率和容量单价（元/MW、元/MWh）分别是 a_{b}、b_{b}、a_{c}、b_{c}；f 为混合储能成本。

以混合储能系统的平抑目标及平抑要求作为约束条件。首先，4 个变量 P_{b}、Q_{b}、P_{c}、Q_{c} 不能是无限大的值，应该根据可再生电源的装机容量和混合储能额定功率下充放电时间设置，见式（3-65）

$$\begin{cases} P_{\text{b}} \in [x_1^b, x_2^b], Q_{\text{b}} \in [y_1^b, y_2^b] \\ P_{\text{c}} \in [x_1^c, x_2^c], Q_{\text{c}} \in [y_1^c, y_2^c] \end{cases} \tag{3-65}$$

然而，若完全消除波动分量需要的混合储能容量较大。在电池及超级电容器额定功率和额定容量分别是 P_{b}、Q_{b}、P_{c}、Q_{c} 的情况下，平抑后的波动分量绝对值均值和方差可以很好地衡量平抑效果。若平抑后的绝对值均值为零说明波动分量全部被混合储能系统平抑。所以根据不同的要求配置混合储能系统容量，使平抑后的波动分量的绝对值均值和方差在一定的范围之内即可，见式（3-66）

$$\begin{cases}\text{mean}\left(\left|F_1(P_b,Q_b,P_c,Q_c)\right|\right)\leqslant\alpha_1\\ \text{std}\left(\left|F_1(P_b,Q_b,P_c,Q_c)\right|\right)\leqslant\alpha_2\end{cases}\tag{3-66}$$

式中 F_1——在电池及超级电容器额定功率和额定容量分别是 P_b、Q_b、P_c、Q_c 的情况下，进行上述的协调控制方式得到的平抑后波动分量；

mean——均值；

std——方差；

α_1——平抑后与平抑前的波动分量绝对值均值的比值；

α_2——平抑后与平抑前的波动分量绝对值标准差的比值。

受篇幅影响，在其他约束条件一定的情况下，α_1 和 α_2 的选择对容量配置影响结果如下：

（1）α_1 或 α_2 为零，说明波动量已经全部由混合储能系统平抑，所以寻优的混合储能成本不变。

（2）当绝对值标准差百分比 α_2 较小时，随着 α_2 变化，混合储能容量成本不变，说明绝对值标准差百分即参数 α_2 限制更大，不受均值参数 α_1 影响。

（3）当绝对值标准差百分比 α_1 较小时，情况类似。

（4）当 α_1 和 α_2 参数较大时，其结果共同影响混合储能成本。

（5）当 α_1 和 α_2 参数为 100%时，混合储能成本不为零，因为受其他约束条件限制，需要有混合储能。

总之，α_1 和 α_2 参数较小时混合储能成本大，且所有的约束条件综合影响配置结果。

考虑到电池和超级电容器的充放电时间限制，设定电池和超级电容器在额定功率下充放电时间的限制，见式（3-67）

$$\begin{cases}\dfrac{Q_b}{P_b}<\beta_1\\ \dfrac{Q_c}{P_c}<\beta_2\end{cases}\tag{3-67}$$

式中 β_1、β_2——电池和超级电容器额定功率下的最大充放电时间。

考虑到电池的循环寿命不长，应该减少电池充放电次数。减少电池充放电次数就肯定会增加超级电容器的容量，导致成本过高的问题。可以根据实际情况，设置电池的充放电次数，让其不超过某个数值以达到保护电池的目的，见式（3-68）

$$G_1(P_b,Q_b,P_c,Q_c)\leqslant N_0\tag{3-68}$$

式中 G_1（P_b，Q_b，P_c，Q_c）——在 P_b，Q_b，P_c，Q_c 方案下使用协调控制，控制电池的充放电改变次数；

N_0——电池充放电次数。

当 N_0 设置较大时，电池将频繁改变充放电状态，造成电池使用年限的降低；若设置较小时，极大地保护了电池，但超级电容器的容量将增加，成本变高。

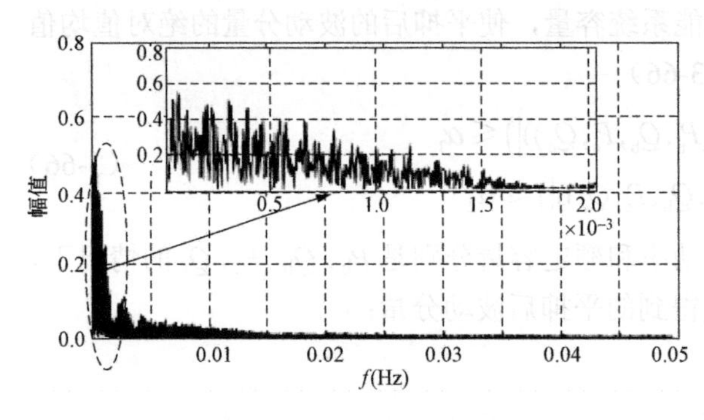

图 3-39 储能分量频谱图

3.5.2 优化算法

3.5.2.1 小波分解算法

仅使用单一电池储能平抑风电功率波动量造成电池的寿命降低。故使用功率型储能（超级电容器）和电池的混合储能系统提高平抑效果和经济性。从图 3-39 同时可以看出，储能分量是一个随机且具有较大突变的信号。与 Fourier 分解比较，小波变换衍生出的小波分析理论，具有良好的时频局部化特性，非常适用于对信号的时频域分析。对于突变信号的分解，显示出很好的效果。

设函数 $g(t)$，并假设其二次方可积，即 $g(t)\in L^2(R)$。若其傅里叶变换 $g(\omega)$ 满足可容许性条件

$$\int_{\mathrm{R}}|g(\omega)|^2/\omega \mathrm{d}\omega<\infty$$

则 $g(t)$ 为一个基本小波或称母小波，一个母小波可以根据两个参数 α 和 β 分解成为一族子小波 $m_{\alpha,\beta}(t)$

$$m_{\alpha,\beta}(t)=\frac{1}{\sqrt{|\alpha|}}g\left(\frac{t-\beta}{\alpha}\right)\quad(\alpha\neq 0,\beta\neq 0) \tag{3-69}$$

式中 α——尺度因子；

β——移动因子。

尺度因子决定小波基的频率，而移动因子决定该频率下小波基的时域性质，β 与 α 的选取有关。类似于傅里叶变换的思想，任何一个满足可容性条件的函数，均可以使用式（3-69）这样的一组小波基表示。

针对某风电信号 $f(t)$，选择一种母小波，如式（3-69）构建一组小波基，本节选择 sym7 为母小波。那么该风电信号可以被小波基分解得到基坐标，见式（3-70）

$$w_f(\beta,\alpha)=\int_{-\infty}^{+\infty}f(t)m_{\alpha,\beta}(t)\mathrm{d}t \tag{3-70}$$

经小波 n 层分解后得到每一层的概貌信号和细节信号，每一层的信号长度与尺度因子及所在层数有关，分解后导致信号长度变短，所以，采用重构算法对小波分解后的信号进行单支重构如式（3-71）恢复每层信号的长度，整体重构算法如式（3-72）

$$f_\alpha(t)=\frac{1}{\alpha^2}\int_{-\infty}^{\infty}w_f(\beta,\alpha)m_{\alpha,\beta}(t)\mathrm{d}\beta \tag{3-71}$$

$$f(t)=\int_0^{\infty}\int_{-\infty}^{\infty}\frac{1}{\alpha^2}w_f(\beta,\alpha)m_{\alpha,\beta}(t)\mathrm{d}\beta\mathrm{d}\alpha \tag{3-72}$$

在 Matlab 中使用小波分析工具箱对混合储能分量信号进行分解并重构得到符合电池和超级电容器特性的功率信号。

对混合储能分量进行频谱分析，如图 3-39 所示。可以看出 1.0×10^{-3}Hz 以上的部分幅值很小，并根据电池和超级电容器的性能选定 1.0×10^{-3}Hz 为电池和超级电容器的分界

频率。

根据小波分解的方法选择尺度因子 $\alpha=2$，故 log2（$0.05/10^{-3}$）=5.64，选择 6 层分解混合储能信号，将分解后概貌信号也就是小波分解的第一层分给电池，细节信号分给超级电容器，如图 3-40 所示，采用 sym7 小波基的 6 层分解效果图。

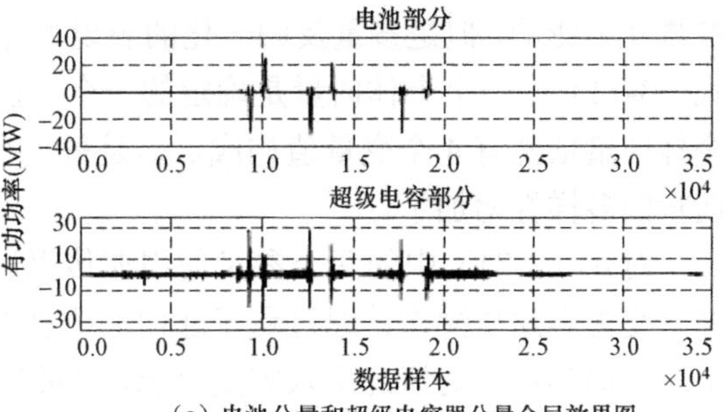

（a）电池分量和超级电容器分量全局效果图

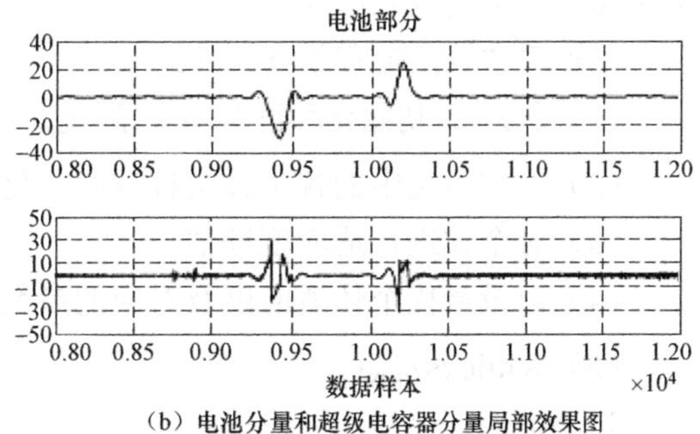

（b）电池分量和超级电容器分量局部效果图

图 3-40　电池分量和超级电容器分量

从图 3-40 中可以看出电池分量以较低功率长时间持续充放电，而超级电容器部分以较高功率短时快速充放电，分解效果符合电池和超级电容器参数特性，说明小波分解可以较好地分解混合储能系统的高低频部分。

3.5.2.2　改进的量子遗传优化算法

目前优化算法有很多种，如单纯法、遗传算法、粒子群算法等。传统的优化算法大多是根据梯度信息寻优，针对无梯度信息的问题很难处理。遗传算法是一种概率型的智能算法，可以很好地解决这类问题。但是传统的遗传算法采用二进制或是格雷编码造成基因状态单一，并可能出现早熟、陷入局部最优等问题。采用改进的量子遗传算法，寻求满足上述约束条件下，使混合储能系统的成本最小的混合储能系统配置方案。

首先，建立一个种群即混合储能系统功率、容量的可能性解，种群大小设为 M。种群中每一个可能性的解为一个个体，即一个个体是有 4 个变量组成即电池功率、容量及超级电容功率、容量。个体向量空间如式（3-73）所示

$$\overrightarrow{X}_i=[P_b,Q_b,P_c,Q_c]\;;\;(i=1,2,\cdots,M)\quad(3\text{-}73)$$

将每一个个体中的变量按照其可能的取值范围归一化处理。然后，可将个体中地每一个变量的取值映射到一个 Bloch 球的球面上，并用球坐标表示这个变量，如图 3-41 所示。

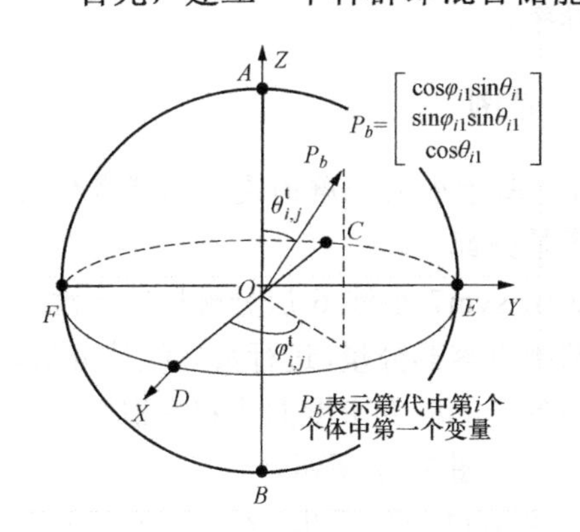

图 3-41　在 Bloch 球面上一个变量的描述

根据图 3-41，可以将式（3-73）中 4 个变量构成的个体向量空间改写成式（3-74）

$$\overrightarrow{X}_i\left[\begin{array}{c|c|c|c}\cos\varphi_{i1}\sin\theta_{i1} & \cos\varphi_{i2}\sin\theta_{i2} & \cos\varphi_{i3}\sin\theta_{i3} & \cos\varphi_{i4}\sin\theta_{i4}\\ \sin\varphi_{i1}\sin\theta_{i1} & \sin\varphi_{i2}\sin\theta_{i2} & \sin\varphi_{i3}\sin\theta_{i3} & \sin\varphi_{i4}\sin\theta_{i4}\\ \cos\theta_{i1} & \cos\theta_{i2} & \cos\theta_{i3} & \cos\theta_{i4}\end{array}\right]\quad(3\text{-}74)$$

从式（3-74）中可以看出，每一个变量都由两个参量 θ_{ij}，φ_{ij} 表示，通过改变参量值改变变量在单位球上的点，经过反归一化处理对应了变量的值。每一个变量间的这两个

参量互不影响，但是参量反归一化的表现型即变量值，通过协调控制算法是相互影响的。式（3-73）中一个个体向量是确定的一个，由 4 个变量值构成，而式（3-74）中每一个个体向量依然有 4 个变量值构成，但是每一个变量值均可由 3 个值对应，所以一个个体向量的多样性增加了。

对式（3-74）中的两个参量使用遗传算法优化，通过引入量子旋转门完成种群的选择、交叉等遗传操作，通过量子非门完成种群的变异操作，实现遗传的思想。针对可能出现的局部最优的情况引入灾变思想，当最优个体长期不动的时候，增加量子非门操作，跳出局部最优点。

量子遗传算法流程如下所述：

（1）令 t=1，初始化种群 T（t），随机产生个体的参数 θ_{ij}^{t}，φ_{ij}^{t}，并设最大迭代代数 $t_{\max}$。

（2）对初始化中的各个体实行反归一化处理，得到各变量值及个体。

（3）对个体进行适应度评估。

（4）记录最优个体适应度及对应的参数 $\theta_{i,j}^{t}$，$\varphi_{i,j}^{t}$。

（5）While $t<t_{\max}$：

1）$t=t+1$；

2）对种群 T（t）各个体实行反归一化处理，得到各变量值及个体；

3）对各体进行适应度评估；

4）利用量子旋转门 G（t）和量子非门对种群进行选择、交叉及变异处理，完成个体更新，得到子代种群 T（t）；

5）记录最优个体适应度及对应的参数 $\theta_{i,j}^{t}$，$\varphi_{i,j}^{t}$；

6）判断当代的最优个体与之前的几代得到的最有个体是否一致。若不一致，则继续（5）；若一致，则进行灾变处理，增加种群的变异率。

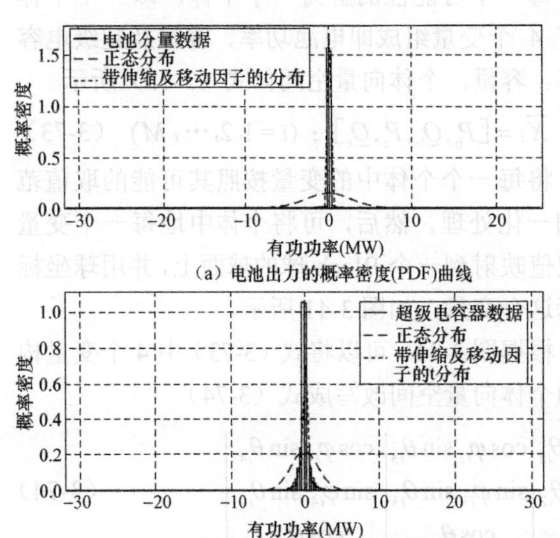

（a）电池出力的概率密度(PDF)曲线

（b）超级电容器出力的概率密度(PDF)曲线

图 3-42　电池和超级电容器分量 PDF 曲线

3.5.3　算例

3.5.3.1　基于小波分解的混合储能系统功率和容量分配

对由 sym7 小波 6 层分解后的电池分量和超级电容器分量，进行数理统计分析，并拟合各自的概率密度曲线和累积概率分布曲线，如图 3-42 所示。

从图 3-42 可以看出，对比正态分布和 t location-scale 分布，t location-scale 分布能更好地描述电池和超级电容器充放电功率的分布情况。以（σ，v，μ）为参数的 t location-scale 分布，tinv 为分位数函数，置信水平为 $1-\alpha$ 下的置信区间［$-\sigma$tinv（$1-\alpha/2$，v）$+\mu$，σtinv（$1-\alpha/2$，v）$+\mu$］，

选择置信区间的上下限绝对值的最大值定义为电池和超级电容的额定功率，见表 3-20。

表 3-20　　不同置信水平下的电池、超级电容器功率　　MW

置信水平	85%	90%	95%	98%	99%
电池功率	0.07	0.165	0.67	4.24	17.14
超级电容器功率	0.98	1.794	5.06	19.97	56.23

表 3-20 可以看出，电池、超级电容器功率随着置信水平的增加，开始变化缓慢，在置信水平高于 90%后快速增加。说明波动量小于某个功率值的概率非常大，而大于这个功率值的概率却很小。以这个功率点为额定功率，可以满足大部分的平抑要求。由于电池分量大部分时间保持不动作状态，所以应该选择较大的置信水平，才能满足要求。首先忽略储能容量限制，不同的置信区间下电池、超级电容器功率平抑波动需要的储能容量算法如下

$$SOC = SOC_0 + \int_a^b P(t)\mathrm{d}t \tag{3-75}$$

$$P(t) = \begin{cases} \min[P_{\text{rate}}(t), P'(t)], P'(t) > 0 \\ \max[P_{\text{rate}}(t), P'(t)], P'(t) < 0 \end{cases} \tag{3-76}$$

式中　SOC——荷电状态；

$P(t)$——时段［a，b］内的电池实际充放电功率；

P_{rate}——电池额定功率；

$P'(t)$——t 时刻对储能功率的实际需求；

SOC_0——荷电的起始状态。

根据式（3-76）得到电池出力情况后，对电池出力情况做数值积分得到电池 SOC 状态。假设电池初始状态在 0.5SOC，并且电池不能过充过放。根据电池性能指标可知，电池的 SOC 范围是上限为 0.8SOC，下限为 0.2SOC。所以电池容量计算式为

$$Q = \frac{\max[|\max(SOC)|, |\min(SOC)|]}{[(0.8-0.2)/2]} \tag{3-77}$$

超级电容器容量计算类似上式，根据其性能指标可以知道超级电容器 SOE 范围在 0.05～0.95 倍容量以内。根据以上公式，计算不同置信区间下的电池、超级电容器的容量，见表 3-21。

表 3-21　　不同置信水平下电池、超级电容器的最大容量　　MWh

置信水平	85%	90%	95%	98%	99%
电池容量	0.07	0.18	0.70	5.07	24.5
超级电容器容量	0.47	1.11	1.48	2.42	2.66

表 3-21 可以看出随着置信区间（功率）增大，电池、超级电容器容量也增大，在某个点之后会快速增大。主要是因为某个置信水平后的功率快速增大，电池、超级电容器分量中少量的大功率波动点也将被储能吸收，直接导致储能容量的骤增。

实际中，储能单元的容量没有办法满足假设条件。在选定置信区间、确定电池和超

级电容器的功率后，根据实际情况，找出适合的容量，完成容量配置。基于波动范围、波动量绝对值的均值、方差及波动点数比对平滑效果进行评价。波动范围反映储能分量对电网的影响，波动量绝对值的均值和方差分别反映波动量的总体情况和程度，波动点数比反映对电网冲击时间占整体时间的比重，具体公式如下。

波动范围为

$$P_{\text{scope}} = \max\left[P_{\text{ess}}(t)\right] - \min\left[P_{\text{ess}}(t)\right] \tag{3-78}$$

波动量绝对值的均值和方差为

$$\begin{cases} Aver = \dfrac{\sum\limits_{t=1}^{N}\left|P_{\text{ess}}(t)\right|}{N} \\ Var = \dfrac{\sum\limits_{t=1}^{N}\left(\left|P_{\text{ess}}(t)\right| - Aver\right)^2}{N} \end{cases} \tag{3-79}$$

波动点数比

$$\lambda = \sum_{t=1}^{N} \text{sgn}\left(\left|P_{\text{ess}}(t)\right|\right) \tag{3-80}$$

式中 $P_{\text{ess}}(t)$——波动量在 t 时刻的值；

P_{scope}——波动范围；

$Aver$、Var——波动量绝对值的均值和方差；

N——样本容量；

λ——波动点数。

根据以上指标比较不同功率和容量的储能系统的平抑波动量的效果，如图 3-43、图 3-44 所示。

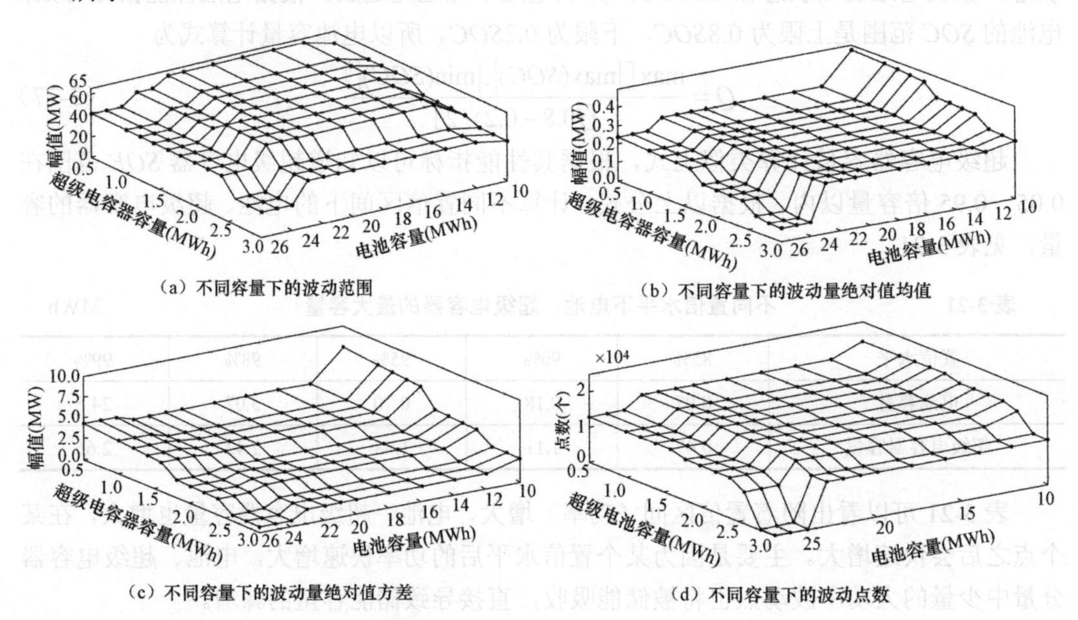

图 3-43 电池、超级电容器均置信水平为 99%、98%，不同容量下平抑波动情况

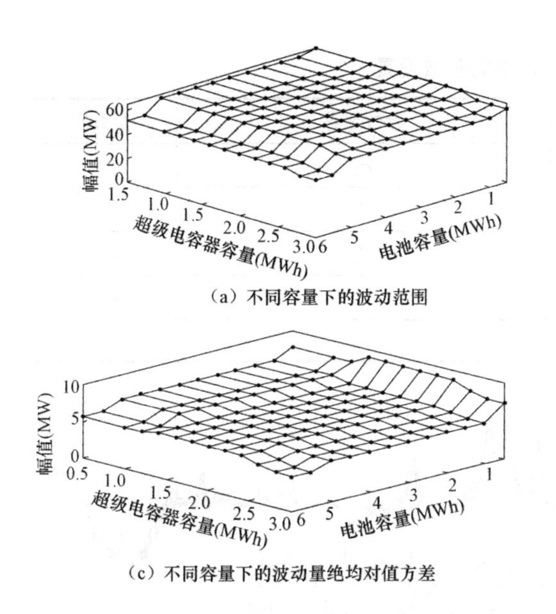

（a）不同容量下的波动范围

（c）不同容量下的波动量绝均对值方差

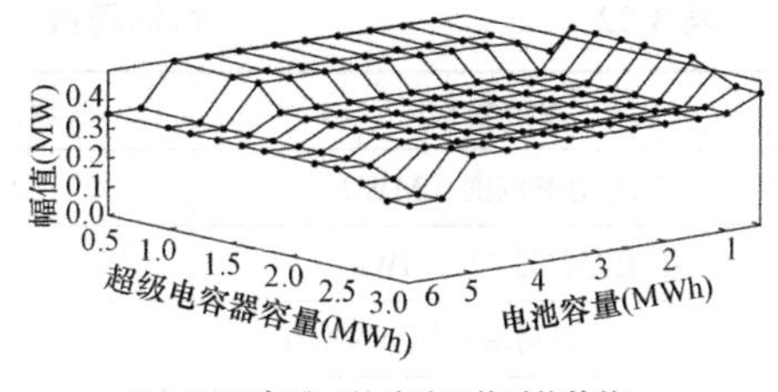

（b）不同容量下的波动量绝对值均值

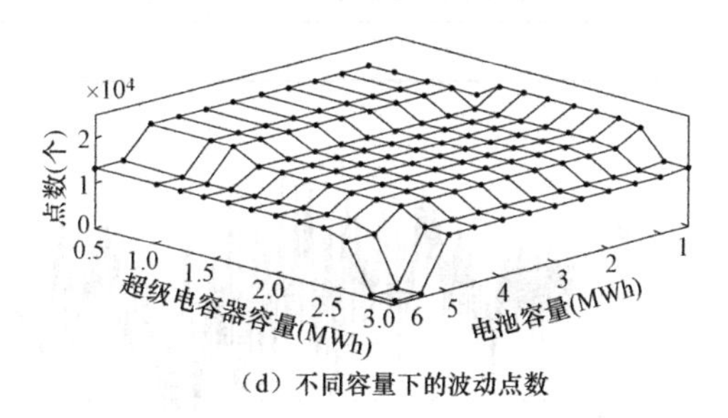

（d）不同容量下的波动点数

图 3-44　表示电池、超级电容器均置信水平为 98%、99%，不同容量下平抑波动情况

通过图 3-43 可以看出，电池、超级电容器在一定置信水平下：

（1）随着超级电容器和电池容量增加波动范围、绝对值均值、方差及波动点数均有降低，但均是变化缓慢至某一对容量值后快速降低，而后保持不变。

（2）超级电容器和电池容量共同决定指标大小，各自的影响强弱没有明显的分别。

（3）超级电容器和电池的容量并非越大越好，到达某个配比后，由超级电容器和电池的功率影响指标大小，容量的影响基本为零。

由于篇幅所限，不能列出所有置信水平下不同量的指标情况，但通过图 3-43、图 3-44 及表 3-20、表 3-21 可以看出：

（1）置信水平和容量共同影响平抑波动的效果，为达到某种平抑效果可以通过组合不同的功率和容量实现。

（2）最大波动范围受电池部分置信水平和容量影响较大，波动点数受超级电容器置信水平和容量的影响较大，绝对值均值、方差受电池和超级电容器功率容量的共同影响。

（3）在电池置信水平较低的情况下，电池容量的不同对最大波动范围、整体的绝对值均值及方差影响不大，主要是置信水平下对功率的影响，而在较高的置信水平下，上述指标主要受电池容量限制。

（4）某种指标下，不同的组合的功率、容量差别较大，需要从经济性角度评价储能系统容量配置的效果。

3.5.3.2　基于改进的量子遗传优化算法的混合储能系统功率和容量分配

以磷酸铁锂电池和超级电容器为例其成本单价为 a_b=1500 元/kW、b_b=3500 元/kWh、a_c=1500 元/kW、b_c=27000 元/kWh。

设置式（3-66）～式（3-69）中的参数见表 3-22，比较单一电池储能系统和混合储能系统中电池充放电曲线如图 3-45 所示。

表 3-22　　目标函数、约束条件中的参数设置

参数名称	参数值	参数名称	参数值
电池功率范围（MW）	［0，22］	α_2	1%
电池容量范围（MWh）	［0，132］	β_1	6（h）
超级电容器功率范围（MW）	［0，22］	β_2	10（s）
超级电容器容量范围（MWh）	［0，0.061］	N_0	90 次
α_1	1%		

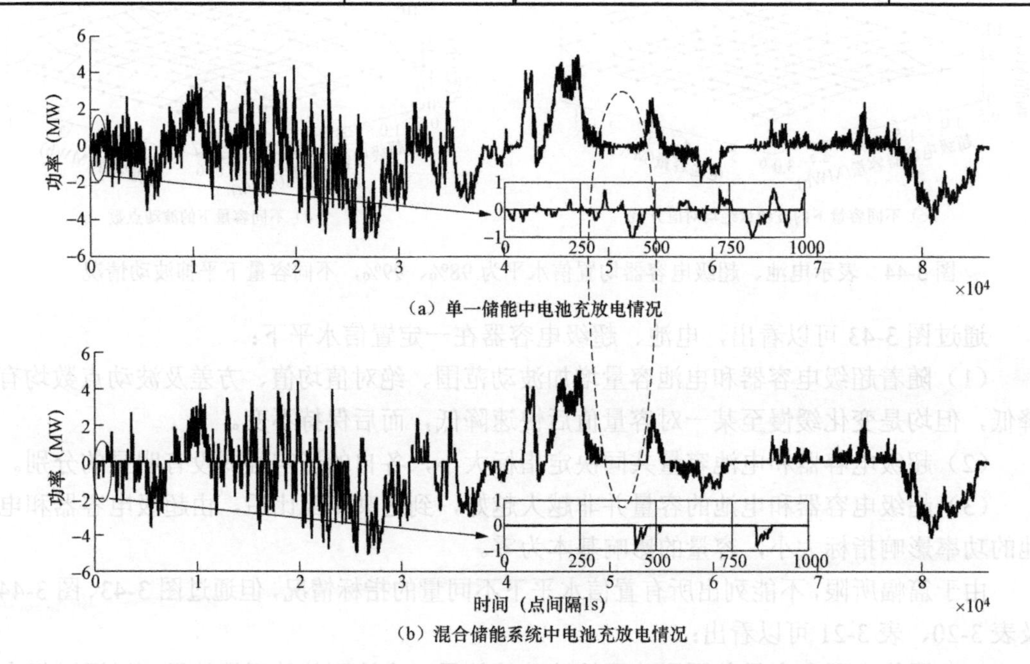

图 3-45　单一电池储能和混合储能中电池部分的充放电功率图

从图 3-45 可以看出，混合储能系统有效减小了电池充放电次数，延长了电池使用年限。经计算可得，使用单一储能系统时电池充放电次数为 370 次。

使用以上建立的目标函数、约束条件、球面量子遗传算法及表 3-22 中的参数设置计算混合储能系统的最优配置，与传统的经典遗传算法比较，如图 3-46 及表 3-23 所示。

表 3-23　　Block 球面量子遗传及传统遗传寻优结果

项目	传统遗传算法	Bloch 球面量子遗传算法
电池功率（kW）	6111.8	5012.4
电池容量（kWh）	22691.5	22354.9
超级电容器功率（kW）	4100.7	3632.2
超级电容器容量（kWh）	10.9	9.8
成本（百万元）	95.0	91.8

从表 3-23 和图 3-46 中可以看出，虽然传统遗传算法量子编码算法和改进的量子遗

传算法均可以寻找出目标函数在约束下的最优值，但是就寻优精度上可看，改进 Bloch 球面映射的量子遗传算法优于遗传算法，可以得到更好的混合容量配置方案。

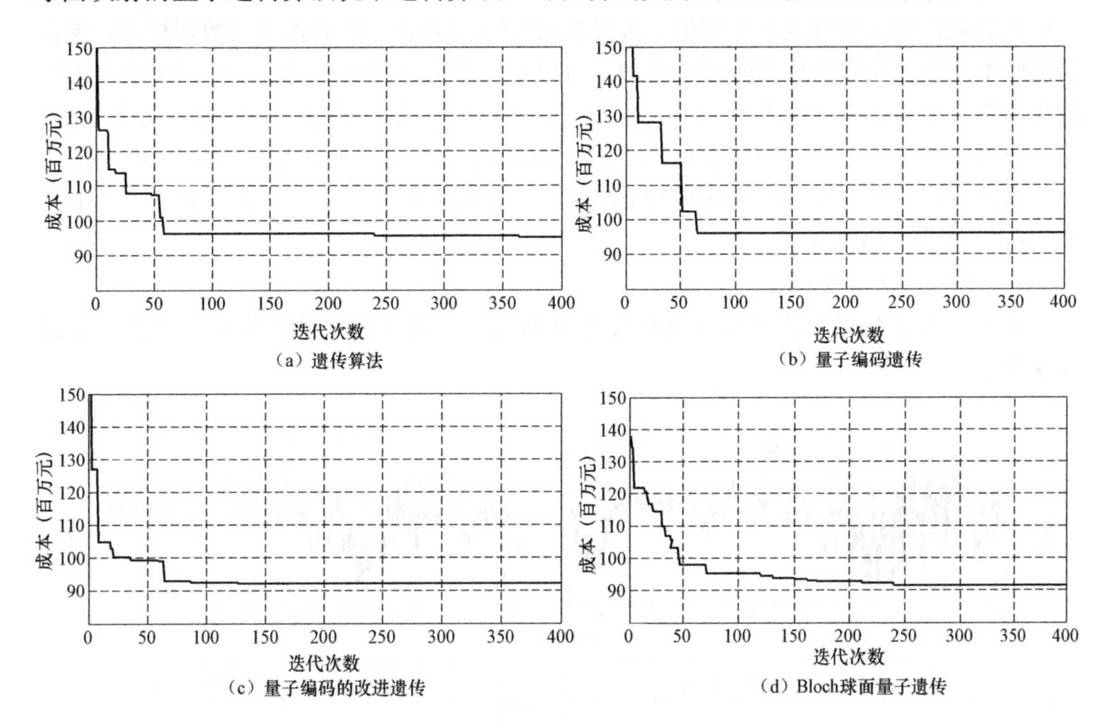

图 3-46 经典遗传（GA）、量子编码算法（QGA）、改进的量子遗传算法（IQGA）及改进 Bloch 球面遗传算法的寻优效果对比图

上述算例说明了改进 Bloch 球面映射的量子算法可以更有效地配置混合储能系统的功率/容量方案。根据混合储能成本的单价分析，超级电容器的容量单价成本是其功率及电池功率单价成本的 18 倍，是电池容量单价成本的 8 倍左右。从经济性考虑应该大幅度降低超级电容器的容量，但是降低电池的充放电次数必须增加超级电容器的容量。所以，电池动作次数和混合储能成本之间存在矛盾，其关系如图 3-47 所示。

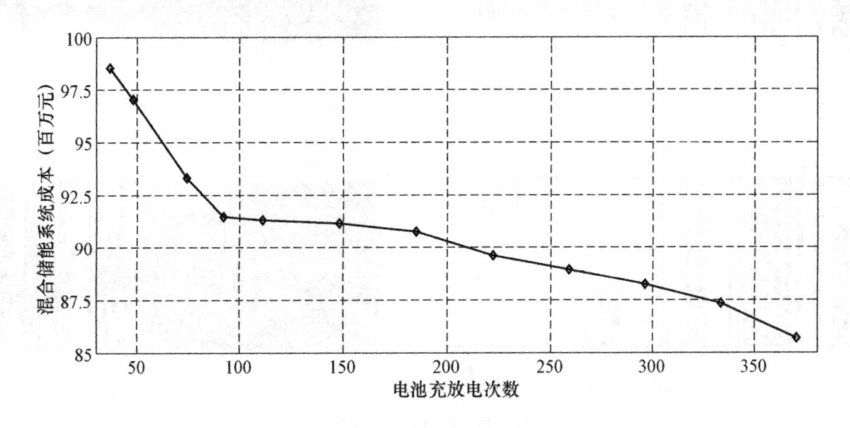

图 3-47 电池充放电次数和混合储能成本关系图

在图 3-47 中，横轴表示电池充放电次数占无超级电容器时电池充放电次数（前文所述单一电池储能的充放电次数为 370 次），纵轴表示在相应的电池充放电次数下寻优 30 次得到的混合储能系统成本平均值。从图 3-47 中可以看出，针对本节的数据样本，混合储能成本随电池动作次数的降低而增加，可根据电池的具体要求或是根据图中成本增加最快的点，如电池充放电改变 90 次左右的点，确定混合储能系统的最终配置方案。

根据以上分析，选择电池充放电次数为 90 次的点作为经济最优点，此时混合储能组合为电池功率/容量为 5012.4kW/22354.9kWh 及超级电容器功率/容量为 3632.2kW/9.8kWh，成本 9.15 千万元。

3.5.3.3 两种算法效果比较

将上述两种分配方法对电池及超级电容器的荷电状态及平抑效果对比分析，如图 3-48 所示。

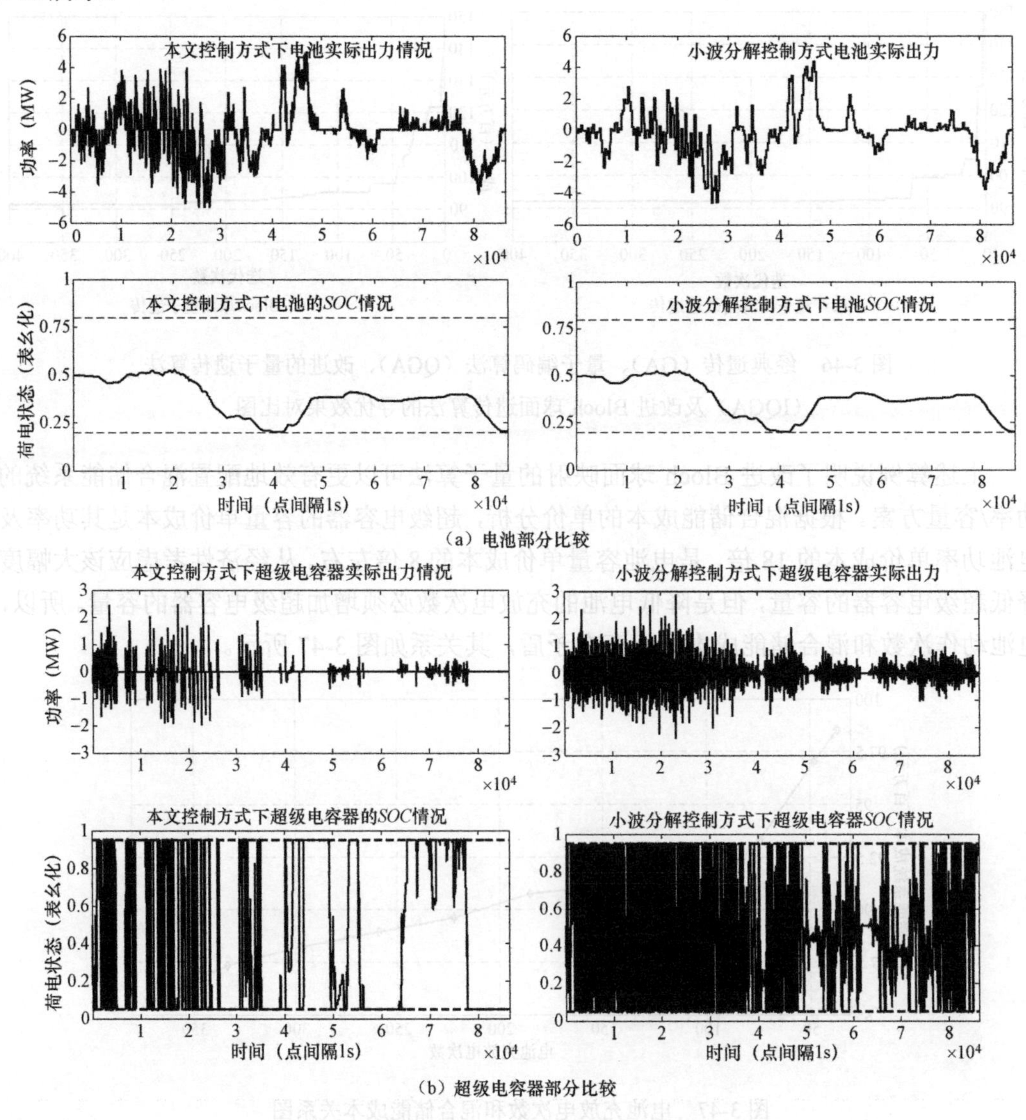

图 3-48 一定容量配置下，两种控制方式的对比图（一）

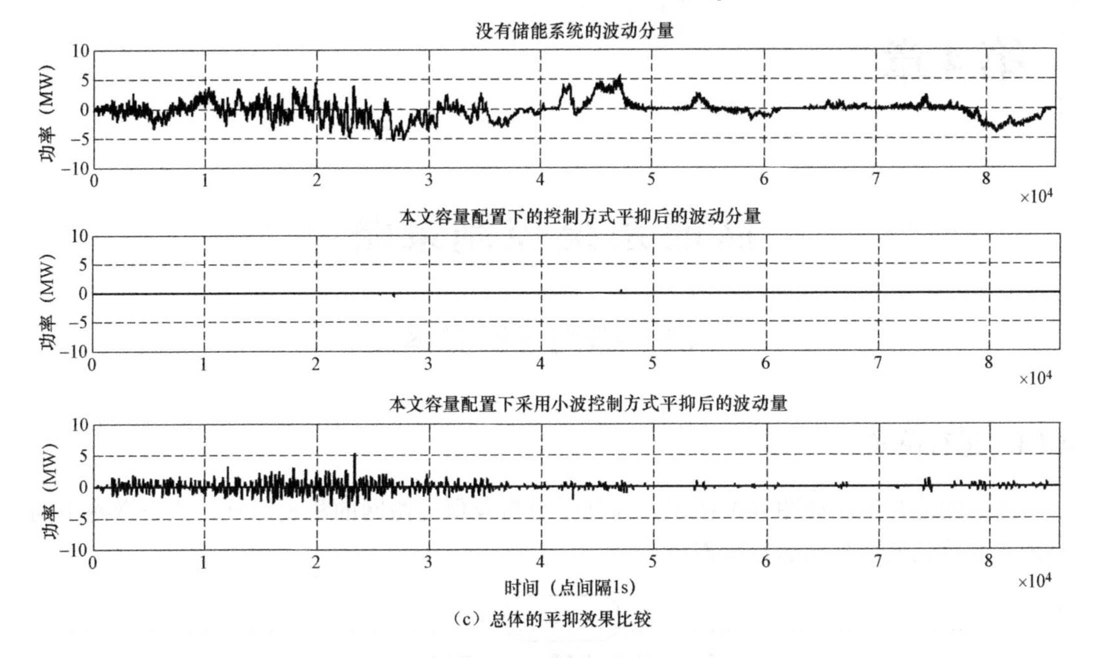

（c）总体的平抑效果比较

图 3-48　一定容量配置下，两种控制方式的对比图（二）

考虑电池充放电次数影响，小波分解控制方式使用小波基为 db1 的 8 层分解。从图 3-48（a）可以看出两种控制方式的电池部分动作情况相差不多，*SOC* 均没有越线的情况；从图 3-48（b）可以看出采用本文荷电状态的控制方式超级电容器的动作较少，两种方式的 *SOC* 也没有越线情况；但是从图 3-48（c）可以看出两种控制方式的平抑效果即波动量的残余情况，可以看出虽然两种控制方式均有效，但是小波分解的残余波动量大了很多，主要是分解时超级电容器承担的部分过多，但是容量不够，导致剩余过多。与小波分解方式相比较，使用相同的混合储能容量配置可以达到很好的平抑效果。若使用小波分解控制方式，必须提高超级电容器的容量，势必增加了混合储能成本。

储能系统控制策略

4.1 微网运行方案

4.1.1 运行模式

微网的运行工况如图 4-1 所示。为便于分析及保证微网的稳定运行，假设微网中的储能发电单元处于理想运行状态。

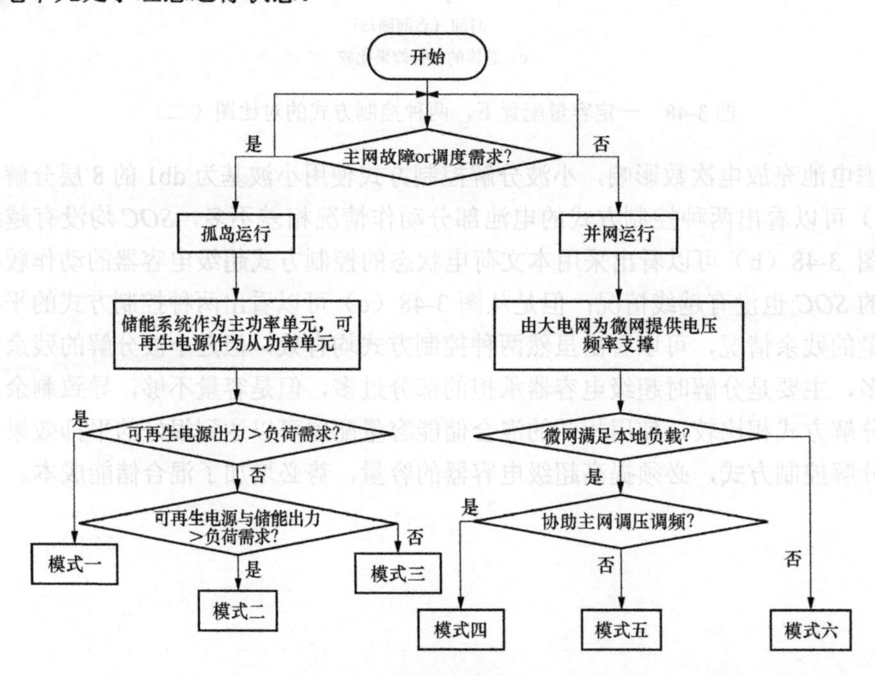

图 4-1 微网的运行工况图

模式一：当大电网出现故障或有调度需求时，断开微网与大电网的并网点开关，使微网处于孤岛运行状态，由储能系统作为主功率单元，为微网运行提供电压及频率支撑，可再生电源工作在最大出力跟踪点。此时若可再生电源出力可以满足负载需求，则将可再生电源的多余出力存储于储能系统中，实现可再生能源的经济合理利用。

模式二：当大电网出现故障或有调度需求时，断开微网与大电网的并网点开关，使微网处于孤岛运行状态，由储能系统作为主功率单元，为微网运行提供电压及频率支撑，可再生电源作为从功率单元工作在最大出力跟踪点。此时若可再生电源出力无法满足负载需求，但储能系统协同可再生电源出力可满足负载运行，则二者协同出力。

模式三：当大电网出现故障或有调度需求时，断开微网与大电网的并网点开关，使微网处于孤岛运行状态，由储能系统作为主功率单元，为微网运行提供电压及频率支撑，可再生电源工作在最大出力跟踪点。此时若可再生电源出力无法满足负载需求，储能系统协同可再生电源出力也无法满足负载运行，则采取切负荷运行状态，切除微网中的可切除负荷，保证敏感型负载的稳定运行。

模式四：当大电网无故障允许微网并网时，闭合微网与大电网的并网点开关，使微网处于并网运行状态，此时若微网中分布式电源出力可以满足本地负载，同时大电网需要微网辅助进行调压调频，微网中本地负荷由微网自身供电，通过协同控制微网中的可再生电源和储能系统参与大电网的调压调频工作。

模式五：当大电网无故障允许微网并网时，闭合微网与大电网的并网点开关，使微网处于并网运行状态，此时若微网中可再生电源出力可以满足本地负载供电，且大电网不需要微网进行调压调频，微网中本地负荷由微网自身供电，通过控制储能系统实现源侧与负载侧的功率平衡。

模式六：当大电网无故障允许微网并网时，闭合微网与大电网的并网点开关，使微网处于并网运行状态，此时若微网中可再生电源出力无法满足本地负载供电，通过大电网与微网中可再生电源协同出力为负载供电。

稳态情况下，微网并网运行，此时储能系统配合可再生电源为配电网和负载提供高电能质量的电能；当检测到配电网或PCC点的频率和电压越限时，断开并网开关，将控制模式切换为孤岛运行模式，其控制流程如图4-2所示。

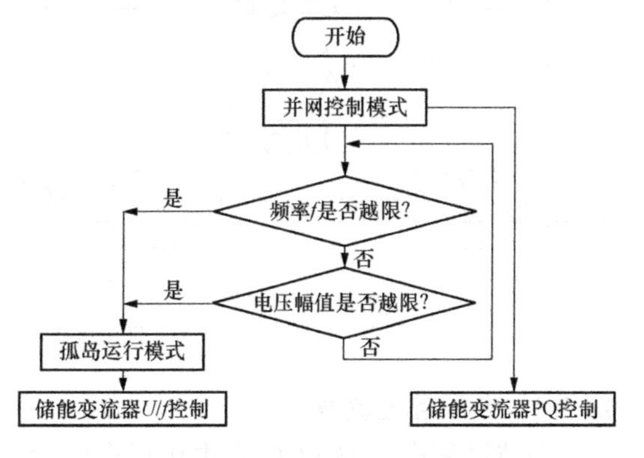

图4-2 微电网运行模式切换流程图

4.1.2 并网/离网运行

4.1.2.1 并网运行

针对图4-3所示的拓扑结构，U_2为微网PCC连接点电压，经过一段传输线路后与配电网前级电压 U_1 相连。其中可再生电源（P_S、Q_S）向电网送入功率，负载（P_L、Q_L）从电网吸收功率，而储能系统（P_B、Q_B）既可以向电网输送功率，在一定条件下也可以从电网吸收功率。根据传输线路电压损耗公式，可以得到PCC连接点电压U_2的表达式

$$U_2=U_1-\left[R(-P_S+P_L\pm P_b)+\frac{X(-Q_S+Q_L\pm Q_b)}{U_2}\right] \tag{4-1}$$

由式（4-1）可知，电压U_2与注入PCC点的有功功率和无功功率有关。微网的应用环境通常为中、低压系统，其传输线路的阻抗特性不再与传统高压线路一样为感性，而是呈现出阻性，因此可以忽略与电抗X相关的无功功率部分。当可再生电源输出功率发生波动或负载切入切出时都会影响系统PCC点母线电压的稳定，当其波动范围超过±10%，就会对负载造成损坏。此时可以对储能系统进行PQ控制，来维持微网向PCC点注入有功功率的恒定，从而维持U_2的恒定。

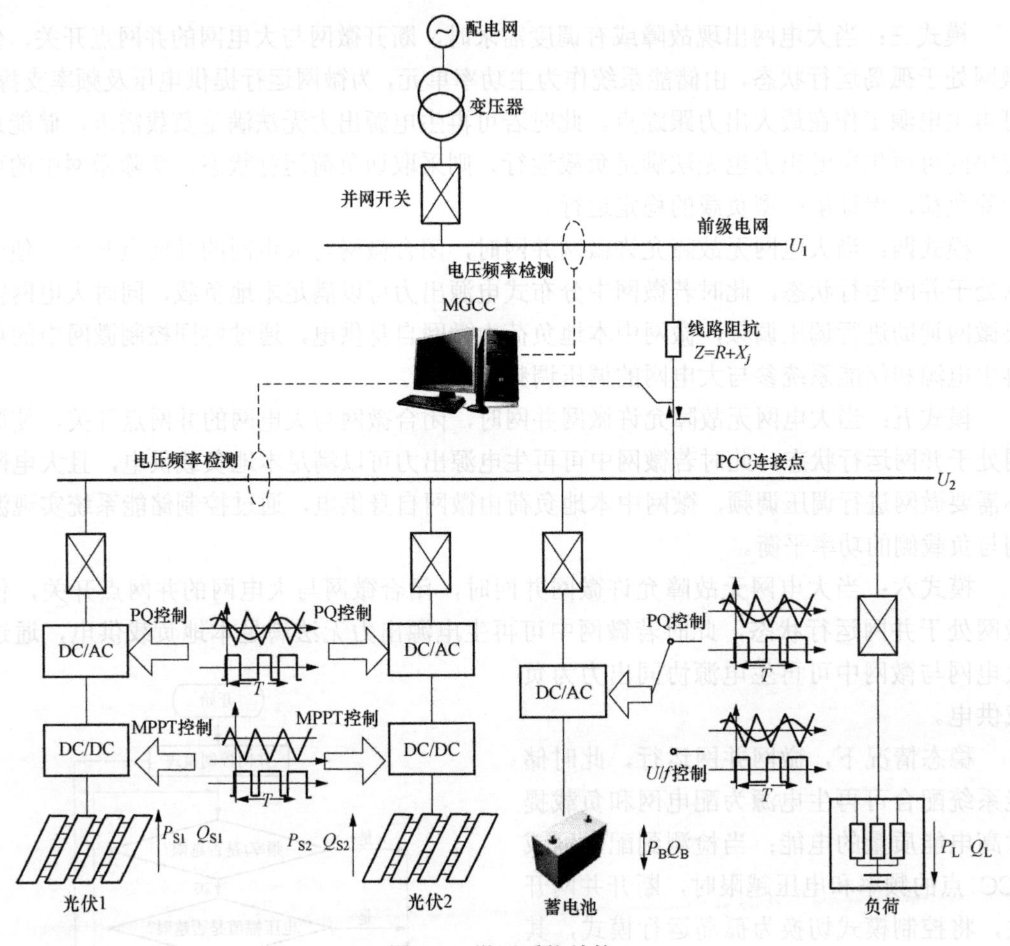

图 4-3　微网系统结构

4.1.2.2　电压管理流程

调节过程中，将 PCC 点电压标幺值设置成不同的等级，分别为 U_a、U_b、U_c、U_0、U_d、U_e、U_f。令 U_0=1，即满足负载需求时所对应的母线电压；令 U_c、U_d 分别为 U_0 的±5%，即 U_c=0.95，U_d=1.05；令 U_b、U_e 分别为 U_0 的±10%，即 U_b=0.9，U_e=1.1；令 U_a、U_f 分别为 U_0 的±20%，即 U_a=0.8，U_f=1.2。储能最大的输出功率为 P_{omax}，$P_{imax}-P_{omax}$，$P_1=P_0=0$。其调节流程如下所述。

（1）当 U_2 处于下降状态时。

1）$U_2\leqslant0.8$ 时，PCC 点电压达到了下限值，需要储能系统以最大输出功率向 PCC 点注入功率，因此其功率给定值为

$$P=P_{omax} \tag{4-2}$$

2）$0.8<U_2\leqslant0.95$ 时，此区间仍需要储能系统向 PCC 点注入有功功率，此时储能系统的有功功率给定值为

$$P=P_0+(U_b-U_2)\times\frac{P_{imax}-P_0}{u_f-u_d} \tag{4-3}$$

3）$0.9<U_2\leqslant1.05$ 时，此区间的电压等级满足负载的需求，不需要储能系统进行功

率调节，因此其有功功率给定值为

$$P = P_0 \tag{4-4}$$

4）$1.05<U_2 \leqslant 1.2$ 时，此区间需要储能系统吸收有功功率，其功率给定值为

$$P = P_0 + (U_2 - U_d) \times \frac{P_{omax} - P_1}{u_a - u_c} \tag{4-5}$$

5）$U_2>1.2$ 时，PCC 点电压达到了上限值，应该以最大功率给储能系统充电，因此其功率给定值为

$$P = P_{imax} \tag{4-6}$$

（2）当 U_2 处于上升状态时。

1）$U_2 \leqslant 0.8$ 时，与 U_2 处于下降状态时一样，功率给定值应该为其最大输出功率

$$P = P_{omax} \tag{4-7}$$

2）$0.8<U_2 \leqslant 0.95$ 时，储能系统的功率给定值为

$$P = P_1 + (U_c - U_2) \times \frac{P_{imax} - P_0}{u_f - u_d} \tag{4-8}$$

3）$0.95<U_2 \leqslant 1.1$ 时，此区间的电压等级满足负载的需求，不需要进行功率调节，因此储能系统功率给定值为

$$P = P_1 \tag{4-9}$$

4）$1.05<U_2 \leqslant 1.2$ 时，此区间需要储能系统吸收有功功率，其功率给定值为

$$P = P_1 + (U_2 - U_e) \times \frac{P_{omax} - P_1}{u_a - u_c} \tag{4-10}$$

5）$U_2>1.2$ 时，与 U_2 处于上升状态时一样，储能系统的功率给定值为

$$P = P_{imax} \tag{4-11}$$

综上所述，电压管理流程如图 4-4 所示。

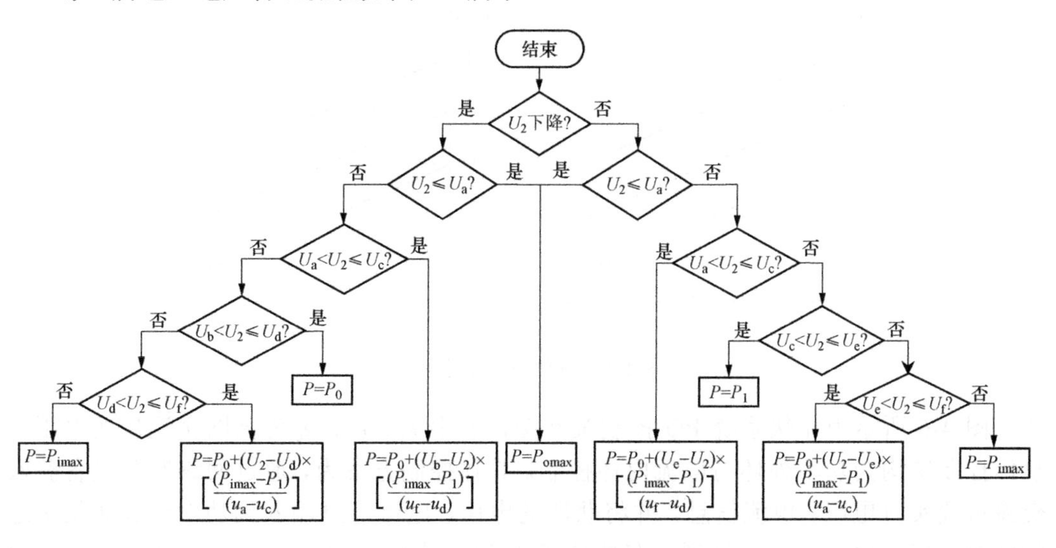

图 4-4 电压管理流程图

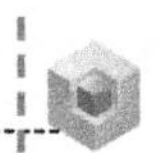

4.1.2.3　离网运行

当储能系统超出其调节范围，可再生电源波动造成 PCC 点电压波动大于±10%，或配电网发生短路故障时，断开并网开关，使微网运行于离网模式。此时，需要微网中至少一个可再生电源采取 U/f 控制，为微网提供频率和电压支撑，这个可再生电源被称为主控单元，而其他可再生电源则依旧采用功率控制方式。由于风电、光伏等可再生电源容易受自然气候影响，其输出功率具有波动性、随机性和间歇性，显然不能作为主控单元。因此需要对储能系统进行 U/f 控制。

孤岛运行模式下，当可再生电源出力大于负载时，可再生电源给储能系统充电；当可再生电源出力小于负载时，可再生电源和储能系统联合为负载供电。

4.2　光伏系统控制策略

4.2.1　光伏发电系统控制策略

根据微网的运行模式可知，光伏发电单元作为从功率单元工作，不需要负责维持微网中电压和频率的任务。因此选择恒功率控制（PQ 控制）作为光伏发电单元的控制策略，保证光伏发电单元工作在最大出力跟踪点，实现可再生能源的充分利用，提高能源利用率。PQ 控制方法主要是针对间歇性分布式电源提出的，因为该类分布式电源在发电过程中的间歇性和波动性较大，需要配备大容量的储能设备才能满足负荷需求，因此，对于像光伏发电等间歇性发电单元，控制的目标不是满足负荷需求，而是保证分布式发电单元可以将可再生能源的利用率提升至最高，故而采用 PQ 控制策略。PQ 控制的控制原理如图 4-5 所示。由图 4-5 可以看出，PQ 控制仅根据给定功率参考值实现恒功率输出，采用 PQ 控制的分布式单元并不参加微网电压和频率的调节。

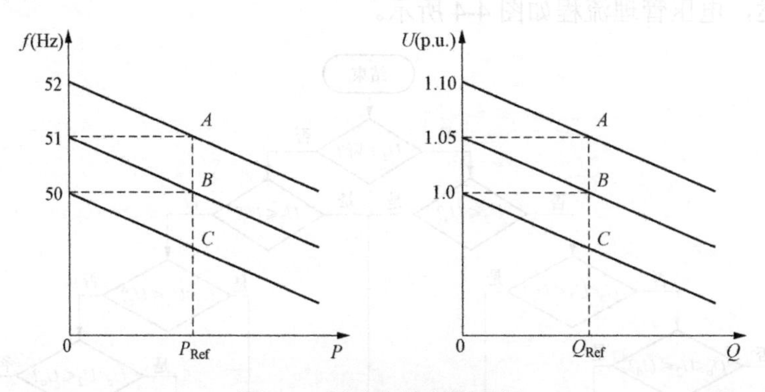

图 4-5　恒功率控制原理图

图 4-6 所示为光伏系统 PQ 控制策略图，其中 e_a、e_b、e_c 为微网交流母线电压。整体控制结构为功率外环与电流内环控制。具体控制方案为，通过网络监测设备获取交流母线实时电压、电流信息，并将获取的电压、电流信息输入到功率计算模块中进行实时功率计算，再将计算到的有功功率 P 和无功功率 Q 分别与期望的光伏单元出

力给定值 P_{ref} 和 Q_{ref} 做差，所得差值经 PI 控制环节控制后获得内环电流给定值 I_{dref} 和 I_{qref}。交流母线电流经坐标变换将 a、b、c 三相电流转化为 dq 轴中的两相电流 i_d、i_q，同样分别与参考电流 I_{dref} 和 I_{qref} 做差，经 PI 控制环节和前馈解耦环节得到电压参考值 U_d^*、U_q^*，将 U_d^*、U_q^* 经反坐标变换从 dq 轴反变换回 a、b、c 三相得到 e^*_a、e^*_b、e^*_c，再经过 PWM 调制得到 PCS 的开通关断信号，此时 PCS 的输出功率即为期望出力值。

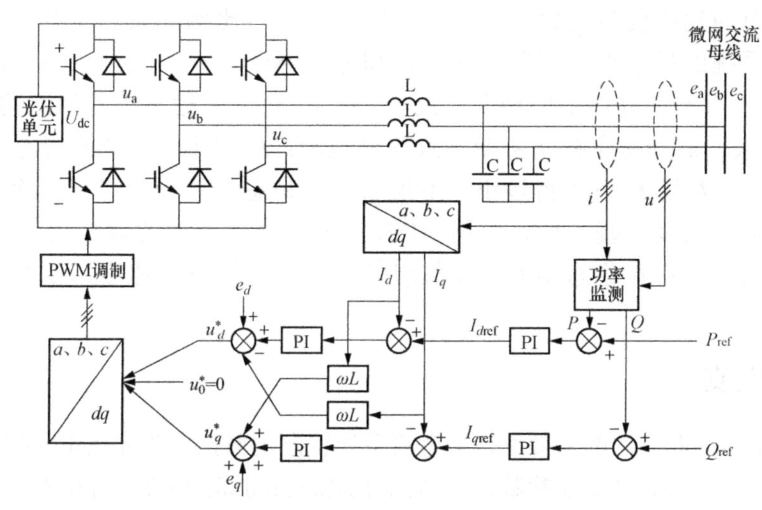

图 4-6 光伏系统 PQ 控制策略

控制策略中三相电压与三相电流根据式（4-12）和式（4-13）转换为 dq 坐标中的两相 d、q 坐标变量。dq 坐标轴中的两相电压根据式（4-14）转化为三相坐标电压。功率监测系统测得的三相电压电流根据式（4-15）计算得出负载实时功率。

$$\begin{bmatrix} i_d \\ i_q \\ i_0 \end{bmatrix} = \frac{2}{3}\begin{bmatrix} \sin\theta & \sin(\theta-120°) & \sin(\theta+120°) \\ \cos\theta & \cos(\theta-120°) & \cos(\theta+120°) \\ 1/2 & 1/2 & 1/2 \end{bmatrix}\begin{bmatrix} i_a \\ i_b \\ i_c \end{bmatrix} \tag{4-12}$$

$$\begin{bmatrix} u_d \\ u_q \\ u_0 \end{bmatrix} = \frac{2}{3}\begin{bmatrix} \sin\theta & \sin(\theta-120°) & \sin(\theta+120°) \\ \cos\theta & \cos(\theta-120°) & \cos(\theta+120°) \\ 1/2 & 1/2 & 1/2 \end{bmatrix}\begin{bmatrix} u_a \\ u_b \\ u_c \end{bmatrix} \tag{4-13}$$

$$\begin{bmatrix} u_a \\ u_b \\ u_c \end{bmatrix} = \begin{bmatrix} \sin\theta & \cos\theta & 1/2 \\ \sin(\theta-120°) & \cos(\theta-120°) & 1/2 \\ \sin(\theta+120°) & \cos(\theta+120°) & 1/2 \end{bmatrix}\begin{bmatrix} u_d \\ u_q \\ u_0 \end{bmatrix} \tag{4-14}$$

$$\begin{cases} P = u_a i_a \cos\alpha + u_b i_b \cos\beta + u_c i_c \cos\gamma \\ Q = u_a i_a \sin\alpha + u_b i_b \sin\beta + u_c i_c \sin\gamma \end{cases} \tag{4-15}$$

式中 α、β、γ——u_a、u_b、u_c 和 i_a、i_b、i_c 相角差值。

$$G(s) = K_p + \frac{K_t}{s} \tag{4-16}$$

控制策略中的 PI 控制器为自动控制中常用的控制环节，式（4-16）为其频域表达式。应用比例环节可以加快系统的响应速度，提高系统调节的精确度。比例环节中的比例系数 K_p 越大，系统的响应速度越快，从而系统的调节精度也随之上升，但 K_p 过大，系统会产生超调；同理，K_p 过小，系统的响应慢，在延长了调节时间的同时还降低了系统的调节精度。并且，如果单独应用比例环节控制，系统的输出将会存在稳态误差。因此，需在比例环节的基础上增加积分环节，构成比例积分控制。积分控制环节的输出信号与输入误差信号的积分具有比例关系。随着时间增加，积分控制器对系统的稳态误差不断的积分，积分项不断增大，直至稳态误差消失。积分系数 K_i 主要影响积分环节的调节时间，K_i 越大，系统的稳态出差消除的也就越快，但如果 K_i 过大，则容易在控制初期导致积分饱和；K_i 越小，系统的稳态误差小树时间越长，并且，若果 K_i 设置得过小，不仅系统的稳态误差不能得以消除，同时还会影响系统的调节精度。基于此，应用 PI 控制器，通过合理的调整 K_p、K_i，可以在保证控制系统在不存在稳态误差的前体现又具有较高的响应速度，使控制性能达到最优。

4.2.2 实例仿真

为验证上述控制方法的有效性，参考典型光伏发电数据作为光伏单元控制的期望出力值进行控制，选取典型控制参数，在 MATLAB/Simulink 仿真软件中对光伏单元控制系统进行建模仿真。仿真中，有功功率参考实际光伏发电数据，无功功率设定为 0，10s 仿真结果如图 4-7 所示。

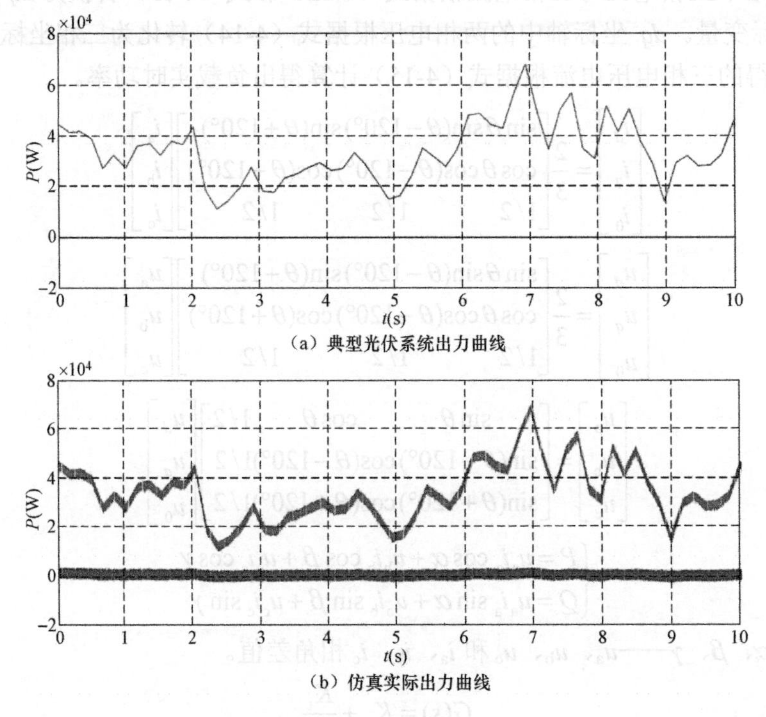

（a）典型光伏系统出力曲线

（b）仿真实际出力曲线

图 4-7　仿真结果

在图 4-7 中，图 4-7（a）所示为调度指令制定光伏系统出力曲线，该曲线具有一定的波动性；图 4-7（b）所示为光伏系统在 PQ 控制下的实际出力曲线，对比图 4-7（a）与图 4-7（b）可知，在 PQ 控制的作用下，光伏发电单元可以跟踪调度指令平稳出力，证明控制策略的正确性。

4.3 储能系统控制策略

4.3.1 并网运行下储能控制策略

4.3.1.1 滞环控制方法

虽然微网中的新能源环节对电压均有支撑作用，但由于其容量较小，更容易受负载及分布式能源特性的影响，而且微网的应用环境通常为中、低压系统，其传输线路与传统高压的传输线路在特性上有很大的不同，见表 4-1。

表 4-1 线路阻抗特性

类型	R（$\Omega \cdot km^{-1}$）	X（$\Omega \cdot km^{-1}$）	R:X
低压	0.624	0.083	7.7
中压	0.161	0.190	0.85
高压	0.060	0.191	0.31

从表 4-1 中可以看出，线路的阻抗特性不再主要是感性，因而需要重新考虑微网中的稳压方法。

对于由风光储组成的微网系统，其结构示意如图 4-8 所示。

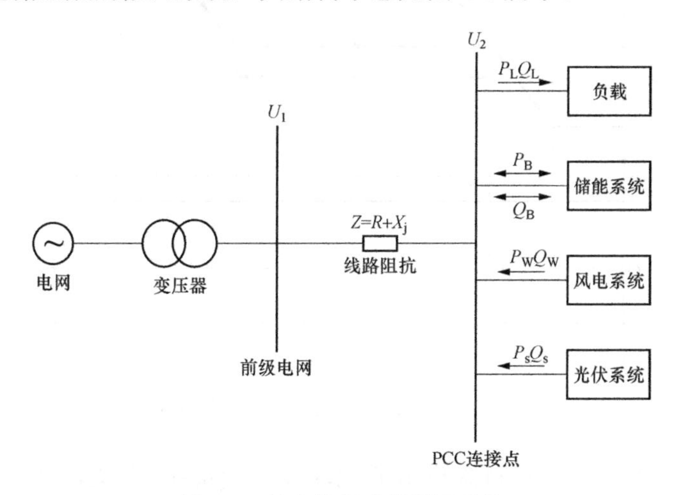

图 4-8 风光储组成的微网系统

在图 4-8 中，U_1 为微网并网处的前级电网电压，经过一固定的传输线路，与配电网相连，PCC 连接点电压为 U_2。该图中假设有两个微源风电系统（P_W、Q_W）和光伏系统（P_S、Q_S），负载（P_L、Q_L），储能系统（P_B、Q_B）等。接入 PCC 点的微电源被认为是要

向电网送入功率，储能系统既可以向电网输送功率，在一定条件下也可以从电网吸收功率。可知 U_1 与 U_2 之间的电压差为线路阻抗 Z 上的压降，其关系如下

$$U_2 = U_1 - \frac{R(-P_W - P_S + P_L \pm P_B) + X(-Q_W - Q_S + Q_L \pm Q_B)}{U_2} \tag{4-17}$$

从式（4-17）中可以看出，分布式能源与负载的切入切出都会引起电压 U_2 发生变化。这一点与传统电网不同，传统电网由于系统的冗余性大，单个电源或负载的切入切出不会引起母线电压明显的变化。但在微网中，系统容量小，冗余性小，惯性小，这种切入切出会明显的影响系统母线电压的稳定。并且从表 4-1 中可以看出，微网的线路阻抗特性与传统电网有很大的不同，PCC 点电压主要受到有功的影响，因而传统的无功补偿装置在低压为电网系统中不能达到很好的稳压效果，而储能装置可以很好地解决这一问题。

在微网系统中，PCC 点的电压更多的是受微网中微电源提供的有功和负载消耗的有功之差影响，即电网注入微网的有功功率越多，PCC 点的电压 U_2 越低，反之越高。当负载发生变化或微电源切入切出时，可以通过控制储能系统的有功功率输出来维持主电网向微网注入有功功率的恒定，这样就可以使 U_2 维持稳定。通常情况下，因为负载可以适应母线电压在正负 10%范围内波动，因此其控制原理如图 4-9 所示。

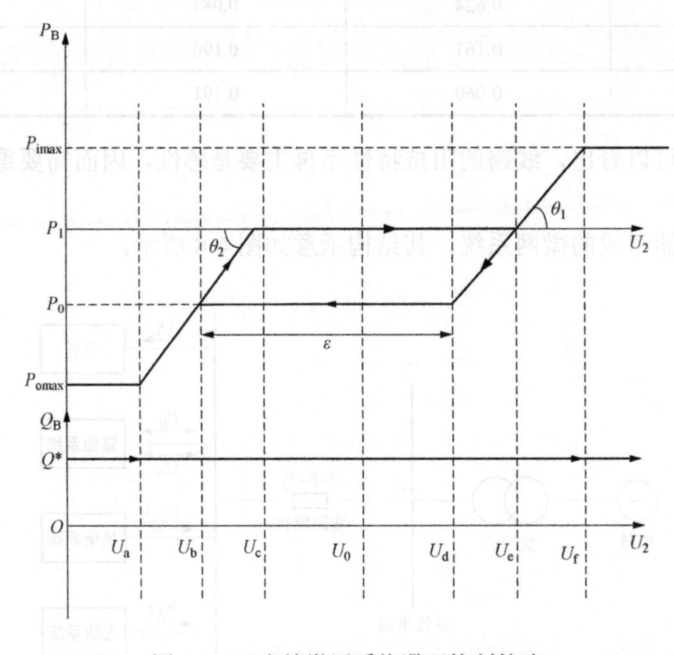

图 4-9　风光储微网系统滞环控制策略

在整体调节过程中，控制器输出的无功功率 $Q_B=Q^*$不变，通过调节有功来稳定 PCC 点电压。将电压设置成不同的等级：U_a、U_b、U_c、U_0、U_d、U_e、U_f。其中 U_a、U_f 分别对应于储能系统按最大有功输出和最大用功输入条件下，PCC 点的电压；U_0 对应于负载适应的母线电压值；U_b、U_e 分别对应于 U_0 的正负 10%。其调节规律如下：

（1）$U_b<U_2<U_e$。此区间电压符合系统的要求，当电压由 U_c 上升到 U_e，或由 U_d 下降至 U_b 区间，控制器暂时不工作，不进行有功稳压调节，即处于调节死区。

但当电压由低到高上升到 U_b 时，并没有让控制器停止工作，而是继续输出有功功率，直到电压达到 U_c，控制器才进入调节死区。因为电压上升时，负载变轻，因此负载所需的有功功率减小，可以使控制器少输出一些有功功率，就能保持 PCC 点电压稳定；同理，当电压由高到低下降至 U_d 时，才让调节器退出控制，因为当电压降低时，系统负载加重，所需的有功功率增加，此时可以减少控制器吸收的有功功率，也能保持 PCC 点电压稳定。由上述分析可知，此区间实现了有功滞环模式控制。

（2）$U_a<U_2\leqslant U_b$ 或者 $U_e\leqslant U_2<U_f$。此区间电压值不再符合要求，控制器的有功功率 P_C 没有达到上限，采用有功功率对电压进行稳定控制。

（3）$U_2\leqslant U_a$ 或者 $U_2\geqslant U_f$。当 $U_2=U_a$ 和 $U_2=U_b$ 时，电压控制器输出和吸收的有功功率分别达到上限 P_{omax} 和 P_{imax}，此后有功调节失去稳定电压的作用。

综上所述，电压上升时的调节规律如式（4-18）所示

$$S_{ref}=\begin{cases}P_{omax}+jQ^* & U_2\leqslant U_a\\ P_1+(U_c-U_2)\left|k_{p2}\right|+jQ^* & U_a<U_2\leqslant U_c\\ P_1+jQ^* & U_c<U_2\leqslant U_e\\ P_1+(U_2-U_e)k_{p1}+jQ^* & U_e<U_2\leqslant U_f\\ P_{imax}+jQ^* & U_2\geqslant U_f\end{cases}\tag{4-18}$$

电压下降时的调节规律如式（4-19）所示

$$S_{ref}=\begin{cases}P_{omax}+jQ^* & U_2\leqslant U_a\\ P_0+(U_b-U_2)\left|k_{p2}\right|+jQ^* & U_a<U_2\leqslant U_b\\ P_0+jQ^* & U_b<U_2\leqslant U_d\\ P_0+(U_2-U_d)k_{p1}+jQ^* & U_d<U_2\leqslant U_f\\ P_{imax}+jQ^* & U_2\geqslant U_f\end{cases}\tag{4-19}$$

4.3.1.2 实例仿真

按照滞环控制策略建立仿真模型，其中电池模块暂用直流源代替，假设其最大输出功率为 40kW。0.3s 将 R_1 切出，0.6s 时重新接入，在 0.8s 时加入新的负载 R_2。仿真模型如图 4-10 所示。

仿真得到的储能有功功率给定曲线、实际输出曲线、PCS 网侧电流曲线以及 PCC 点电压标幺值曲线如图 4-11 所示。从图 4-11（a）和图 4-11（b）中可以看出，通过有功滞环控制，储能系统有功功率的给定值与实际输出值随着负载的切入与切除发生了变换。在 0.3s 将负载 R_1 切出时，所需的有功降低，分布式能源对电池进行储能；在 0.6s 将负载 R_1 重新接入后，储能系统的有功输出又重新回到起始值；在 0.8s 接入新增负载 R_2 后，系统要维持 PCC 点电压需要储能输送更多的有功，此时储能系统向外释放能量。从图 4-11（c）中可以看出，通过储能系统参与调节，进行有功功率滞环控制，可以将母线电压维持在允许范围内。

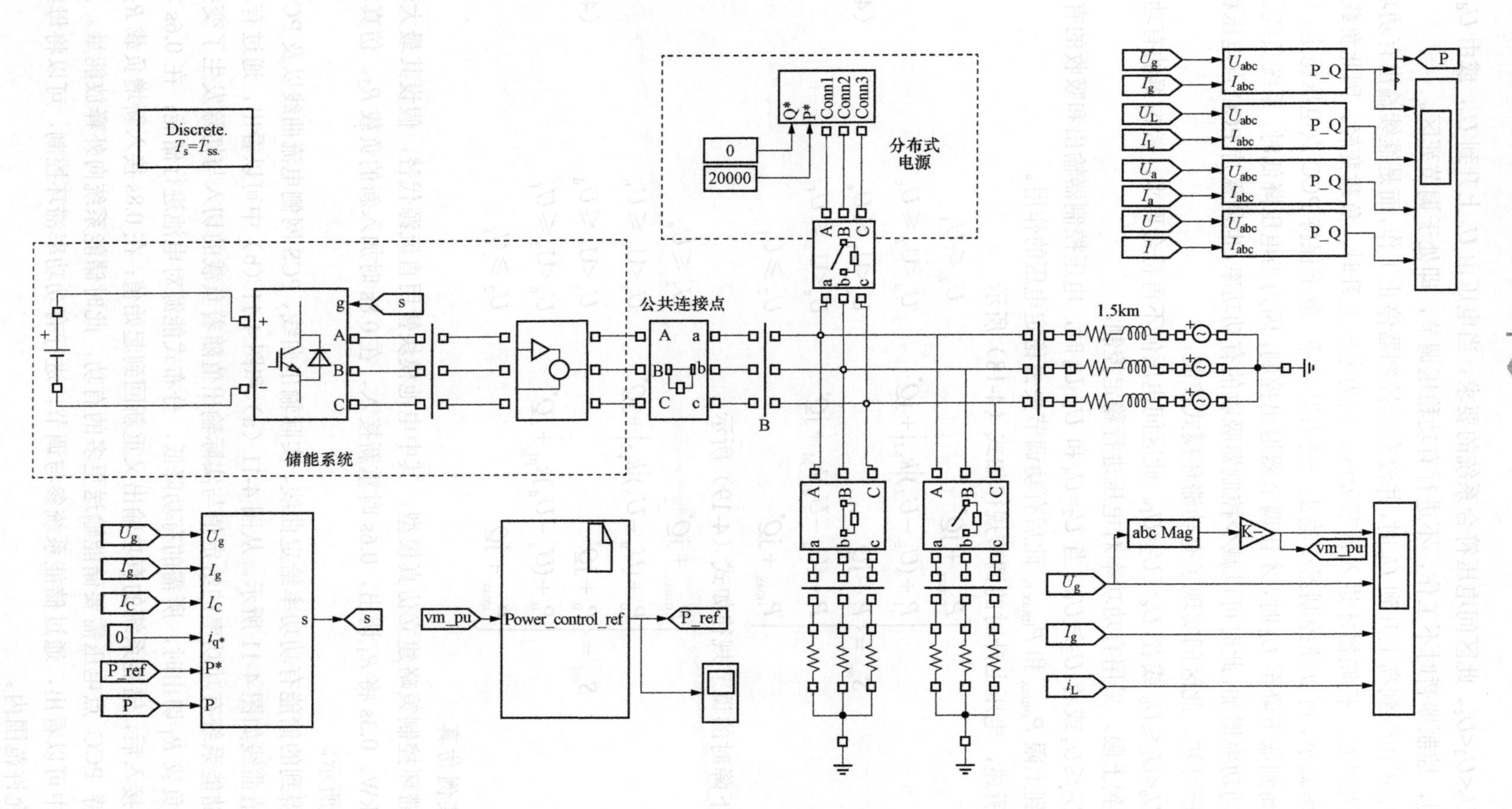

图 4-10 风光储微网仿真结构

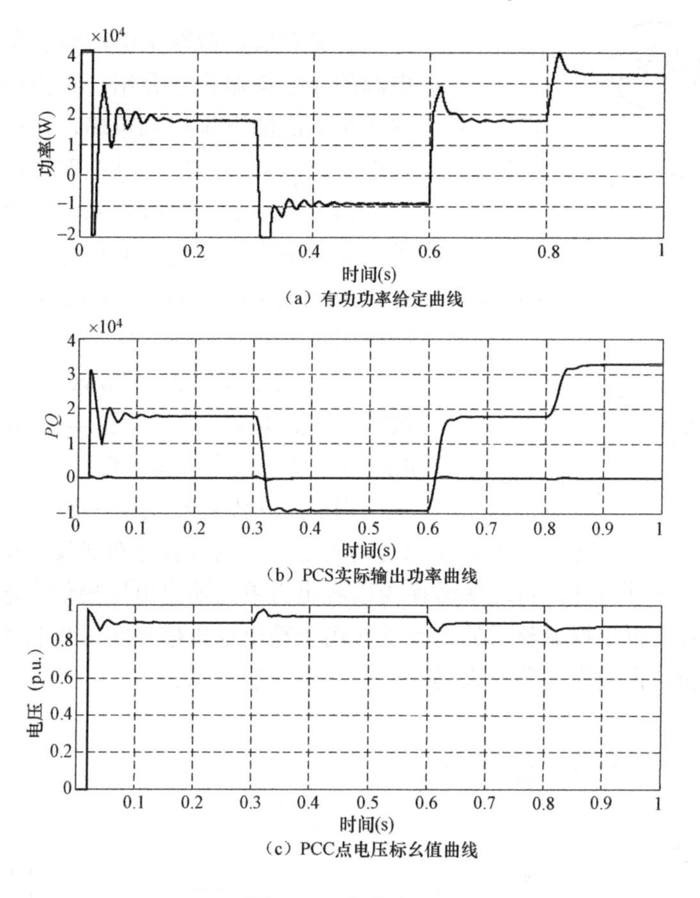

(a) 有功功率给定曲线

(b) PCS实际输出功率曲线

(c) PCC点电压标幺值曲线

图 4-11 仿真波形

4.3.2 离网运行下储能控制策略

当前，在微网中以储能单元作为主电源进行孤岛运行的控制方法主要有两种，即 U/f 控制和下垂控制。通过 U/f 控制，无论分布式电源输出的功率如何变化，微网中主电源逆变器所接交流母线的电压和频率都维持不变，从而为微网运行提供电压和频率支撑，保证系统的稳定运行。但 U/f 控制一般只能应用于一台储能单元，若该储能单元因故障停止工作会导致整个孤岛运行状态下的微网停运，影响供电安全性和可靠性。相较于 U/f 控制，采用下垂控制可实现多台储能系统并联支撑，并且在维持系统电压和频率稳定的基础上，当系统运行模式改变时，不需要对控制策略进行切换。鉴于这些优点，下垂控制受到了较为广泛的关注。

但采用下垂控制并联运行的主电源间容易因逆变器控制方式、输出滤波器参数差异、逆变器死区、传输线路长度及布线结构差异以及公共并网点电压幅值及相角差异等原因引起逆变器等效输出阻抗不同或连接阻抗差异，从而影响功率均分造成环流，引起环流的原因如图 4-12 所示。逆变器间环流容易引起并网电流严重畸变，增加逆变器损耗，降低系统运行效率；并且逆变器间环流的存在容易导致开关管损耗加大，严重情况下还会影响系统的稳定性，导致系统不能正常工作。因此逆变器间的环流抑制问题亟待解决。

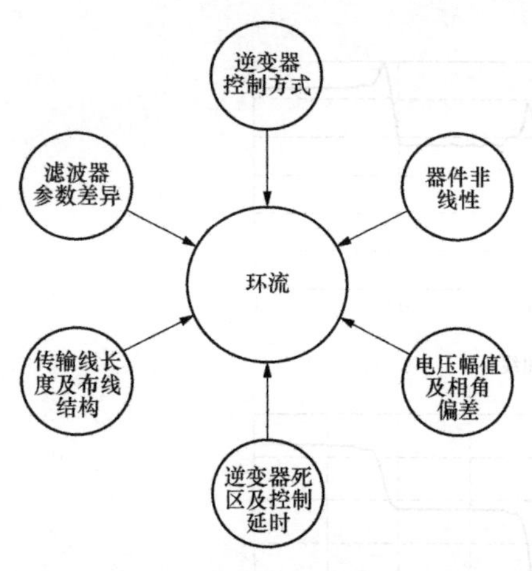

图 4-12　逆变器环流产生原因

下文对低压微网中电池储能单元作为微网主电源的控制策略进行介绍，重点介绍符合低压微网实际工况的下垂控制策略，在此基础之上，引入电压电流双环控制，并在双环控制的电压跟踪控制器中应用虚拟阻抗技术和准比例谐振控制技术。在保证电池储能单元作为主电源维持微网运行电压和频率的基础上，减小电池储能单元间因线路阻抗差异导致的功率差异及环流问题。电池储能单元功率变换器（Power Convert System，PCS）的整体控制策略如图 4-13 所示。

4.3.2.1　低压微网下垂控制策略

当前，在没有互联线的多 PCS 并联控制中，下垂控制得到了广泛的运用。下垂控制的实质是通过测量各分布式发电单元所发出的功率的大小，依据下垂特性，将功率转换为以各出力单元输出电压幅值和输出电压频率为指令的控制信号，再根据调整后的功率反作用于输出电压信号实现自我调节，从而达到功率分配的目的。下面通过分析来具体介绍下垂控制技术。

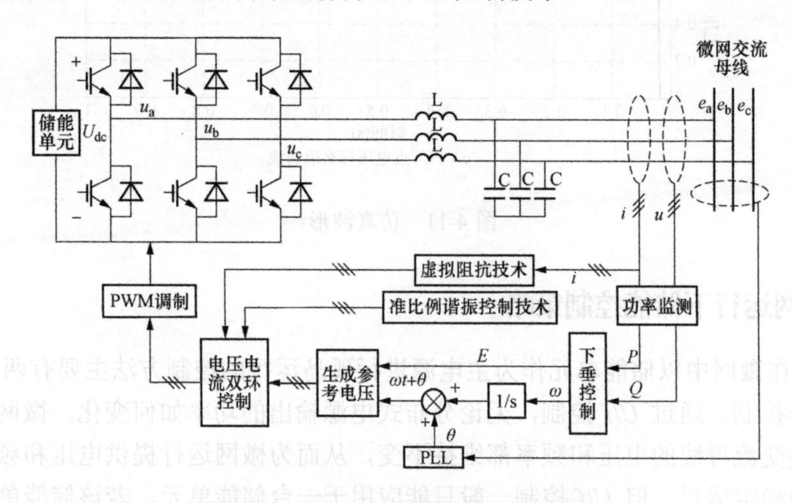

图 4-13　蓄电池储能单元整体控制策略

图 4-14 所示为分布式发电单元的功率传输图，$E\angle\delta$ 为分布式发电单元输出的 PCS 参考电压。R_o+jX_o 为 PCS 的输出阻抗，R_l+jX_l 为输电线路阻抗，将 PCS 的输出阻抗和输电线路阻抗综合为等效阻抗 $Z=R+jX$，令交流母线电压为 $U\angle 0$。根据电路理论相关知识，分布式发电单元传输到交流母线上的功率表达式为

$$\begin{cases} P=\dfrac{(EU\cos\delta-U^2)R+EUX\sin\delta}{R^2+X^2} \\ Q=\dfrac{(EU\cos\delta-U^2)X-EUR\sin\delta}{R^2+X^2} \end{cases} \tag{4-20}$$

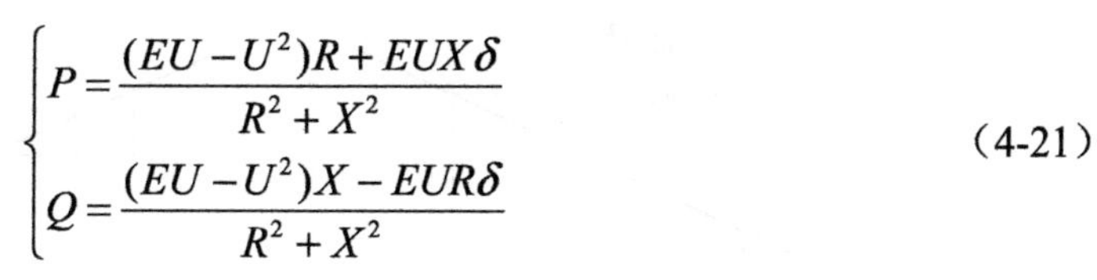

$$\begin{cases} P = \dfrac{(EU - U^2)R + EUX\delta}{R^2 + X^2} \\ Q = \dfrac{(EU - U^2)X - EUR\delta}{R^2 + X^2} \end{cases} \tag{4-21}$$

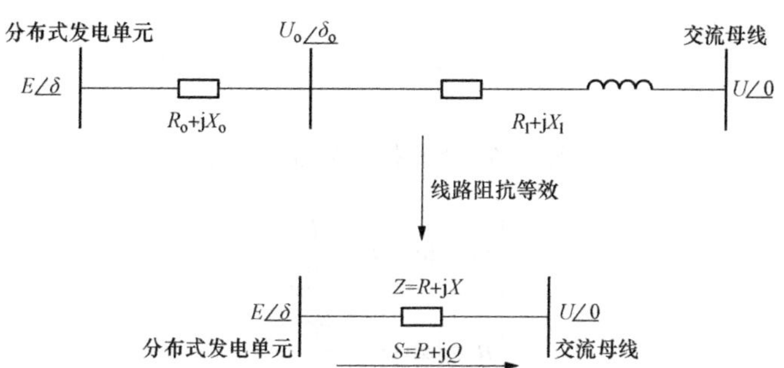

图 4-14　分布式发电单元功率传输图

因δ较小，故式（4-20）可以简化为式（4-21）的形式。本文主要讨论低压微网线路中系统的下垂特性。由表 4-2 中的典型线路参数可知，在低压线路中，线路的阻抗主要呈现阻性，因此线路的感抗 X 可以忽略。因此式（4-21）可改写成式（4-22）的形式，由式（4-22）可知，当 PCS 等效输出阻抗呈现阻性时，PCS 输出电压与交流母线电压的相角差决定无功功率的传输，PCS 输出电压与交流母线电压的幅值差决定有功功率的传输。因此，由式（4-22）可近似认为有功功率 P 和基波电压幅值 E、无功功率 Q 和基波电压相角δ具有线性关系。PCS 输出的基波电压幅值的检测及控制较为容易，但是输出的基波电压相位却较难测量，因此一般通过对电压角频率的测量和控制来间接控制电压相位。

表 4-2　　典型网络线路参数

线路类型	R（Ω·km^{-1}）	X（Ω·km^{-1}）	R/X
低压线路	0.642	0.083	7.70
中压线路	0.161	0.190	0.85
高压线路	0.060	0.191	0.31

由此，得到下垂控制表达式（4-23）及下垂控制策略控制原理，如图 4-15 所示，下垂控制参数由式（4-24）计算，其中 w 和 v 分别为电压频率和电压幅值允许的偏移率，一般二者均可取为 5%。

$$\begin{cases} P = \dfrac{(E - U)U}{R} \\ Q = -\dfrac{EU}{R}\delta \end{cases} \tag{4-22}$$

$$\begin{cases} E = E^* - mP \\ \omega = \omega^* + nQ \end{cases} \tag{4-23}$$

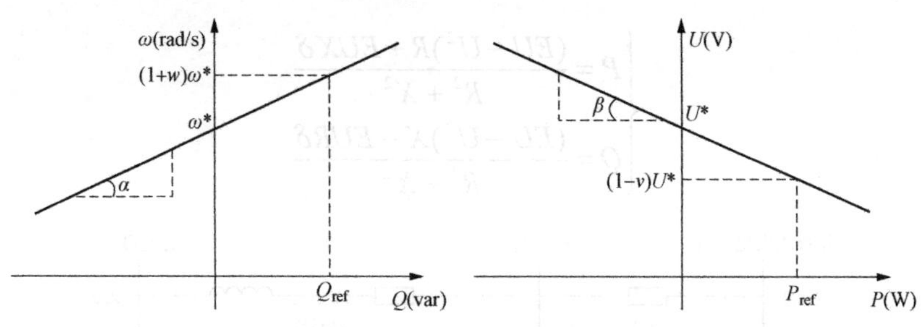

图 4-15　下垂控制策略原理图

$$\begin{cases} m = \tan\beta = \dfrac{vU^*}{P_{\mathrm{ref}}} \\ n = \tan\alpha = \dfrac{w\omega^*}{Q_{\mathrm{ref}}} \end{cases} \tag{4-24}$$

虽然确定了低压微网中下垂控制的表达式，但并未对应用下垂控制并联运行的同容量逆变器的功率均分效果和环流特性进行分析。对于交流母线公共连接点来说，两台分布式单元 PCS 的功率均分和电流环流是同一个问题，因为交流母线公共点中注入的电流跟功率成正比，PCS 的输出功率不均就会导致环流的产生，抑制功率不均就可以抑制环流。也就是说，若并联 PCS 输出功率的偏差不消耗在负载上，环流就会产生。根据下垂控制的控制方程可知，当系统进入稳定运行状态时，两台处于并联运行状态的 PCS 的输出频率一定相等，即此时只要保证下垂系数 $n_1=n_2$ 即可保证无功功率的均分。但有功功率的均分问题较为复杂，因为即使两台同容量并联 PCS 采用相同的控制策略，如若线路等效阻抗 $Z_1 \neq Z_2$，即使各 PCS 输出的电压和等效输出阻抗相等，也会导致 $E_1 \neq E_2$，由式（4-23）可知此时 $P_1 \neq P_2$，PCS 之间会产生较大的基波环流。这也只是考虑了较为理想的状况，实际情况中，线路长度不相等、PCS 控制参数差异等原因都会导致环流的产生。因此，需要设计合理的控制策略抑制蓄电池储能单元间环流产生。

4.3.2.2　环流分析及虚拟阻抗

通过两并联 PCS 对电池储能单元间环流及功率均分问题进行说明，并简述虚拟阻抗控制技术原理。因文中主要考虑低压微网中并联 PCS 的功率传输特性，故线路阻抗主要表现为阻性，但阻值的大小难以确定和预知，并且线路阻抗与 PCS 输出阻抗组成的等效输出阻抗的阻感特性难以确定。因此，为了实现 PCS 的功率均分，减小因输电线路阻抗差异对分布式电源间功率均分造成的影响，在控制环节中引入虚拟阻抗技术，迫使 PCS 的等效输出阻抗表现为阻性，并且阻值远大于输电线路阻值，这样通过人为影响，保证并联 PCS 的等效输出阻抗均表现为阻性并且阻值相等，在一定意义上保证了 PCS 的功率均分。图 4-16 所示为两台 PCS 并联系统在连接在阻性线路中的等

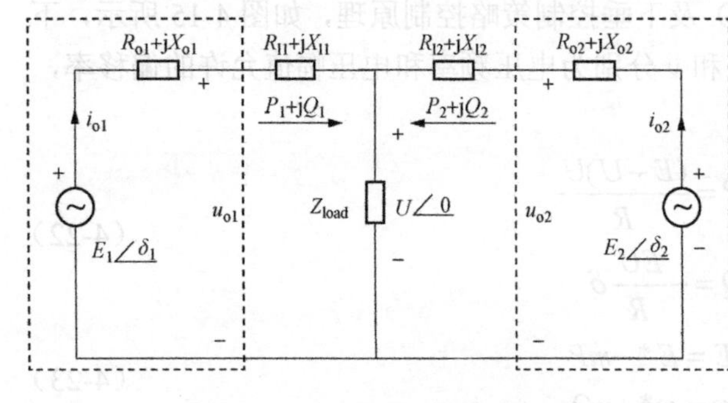

图 4-16　两台 PCS 并联简化模型

效模型，图中各参数标注均参照图 4-13 进行。

根据式（4-22）可知各 PCS 对负载的传输功率大小如式（4-25）所示。联立式（4-23）和式（4-25）并转化为频域表达式可得到式（4-26）所示的下垂功率传输关系和图 4-17 所示的 *P-U*、*Q-f* 功率下垂控制图，图中 ω 为交流母线上的角频率。

$$\begin{cases} P_i = \dfrac{E_i U - U^2}{R_{oi} + R_{li}} \\ Q_i = -\dfrac{E_i U}{R_{oi} + R_{li}} \delta_i \end{cases} \tag{4-25}$$

$$\begin{cases} P_i(s) = (E^* - U)\dfrac{\dfrac{U}{R_{oi}}}{1 + \dfrac{mU}{R_{oi}}} \\ Q_i(s) = (\omega - \omega^*)\dfrac{\dfrac{E_i U}{R_{oi} s}}{1 - \dfrac{nE_i U}{R_{oi} s}} \end{cases} \tag{4-26}$$

由图 4-17 可知，因为无功功率控制环节中有积分项存在，因此在系统稳定运行时，各 PCS 输出的无功功率与等效输出阻抗无关，只要保证并联 PCS 之间 $\omega_1=\omega_2$，$n_1=n_2$，即可实现无功功率的均分；但即使在稳态运行状态，系统满足 $m_1=m_2$，$E_1=E_2$，各 PCS 输出的有功功率也会随着等效输出阻抗的改变而变化，从而导致 PCS 的鲁棒性能变差。因此，提出在下垂控制的基础上应用虚拟阻抗控制技术，通过虚拟阻抗技术的应用，将各 PCS 等效输出阻抗设计为阻性，阻值均相等且远大于传输线路的阻值，从而减小有功功率传输受等效输出阻抗的影响。

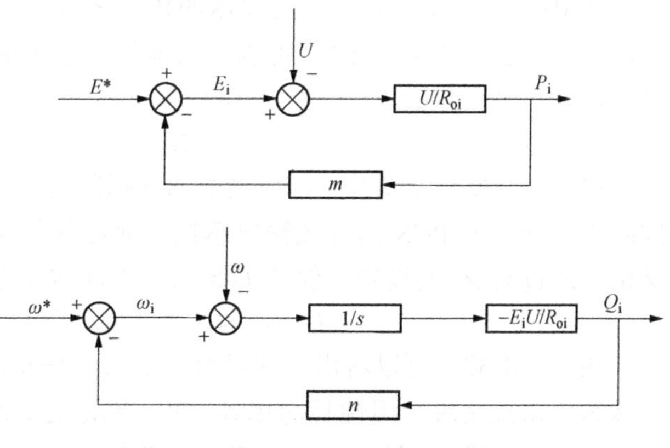

图 4-17 *P-U*、*Q-f* 功率下垂控制图

以上理论的提出是在 PCS 的输出阻抗呈现为阻性并且远大于线路阻值的条件下提出，因此，为了保证上文中理论的正确性，需要通过合理的设计，保证假设的成立。在这里引入虚拟阻抗技术对 PCS 的输出阻抗进行校正，使其更加趋向于电阻性。虚拟阻抗的理论思想来源于等效阻抗的定义，在实际应用中，主要手段为通过合理的闭环控制策略，使各 PCS 的输出阻抗能够呈现出期望的特性。

图 4-18 所示为引入虚拟阻抗的控制原理图，其中，G（s）为控制环节引起的电压增益，Z_v（s）为引入的虚拟阻抗，Z_o（s）为 PCS 的输出阻抗频域形式，Z_l（s）为线路阻抗的频域表达形式，U_r 是虚拟阻抗引入后的参考电压调制信号。根据控制原理图有

$$U_r(s) = U_r^*(s) - Z_v(s) I_o(s) \tag{4-27}$$

$$U_o(s) = U_r(s) G(s) - Z_o(s) I_o(s) \tag{4-28}$$

联立式（4-27）与式（4-28）有

$$U_o(s) = U_r^*(s) G(s) - Z_o'(s) I_o(s) \tag{4-29}$$

式（4-29）中，$Z_o'(s)$ 即为引入虚拟阻抗后的等效输出阻抗，其表达式如式（4-30）所示

$$Z_o'(s) = Z_v(s) G(s) + Z_o(s) \tag{4-30}$$

令

$$Z_v(s) = R_D - k_L L_s s \frac{\omega_c}{s + \omega_c} \tag{4-31}$$

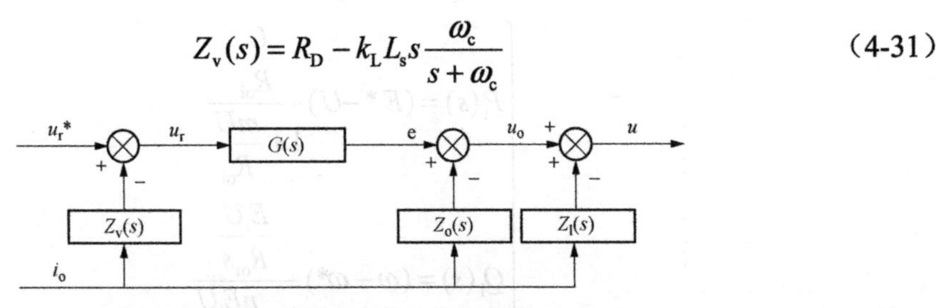

图 4-18　虚拟阻抗控制原理图

其中$\omega_c/(s+\omega_c)$为低通滤波器的传递函数，传递函数中ω_c为低通滤波器的截止频率，通过低通滤波器的引入，可以有效地抑制系统中的高频噪声信号对控制系统的干扰。通过合理的设置参数R_D、k_L，即可使得

$$Z_o'(s) = R_D + R_o \tag{4-32}$$

由式（4-32）可以看出，通过引入虚拟阻抗，虽然增加了 PCS 的等效输出阻抗，但同时也降低了各 PCS 的等效输出感抗，促使各并联 PCS 在工频条件下表现为纯阻性。又由于通过对R_D的设置，保证$R_D >> R_l$、$R_D >> R_o$，因此有

$$U(s) \approx G(s) U_r^*(s) - R_D I_o(s) \tag{4-33}$$

由式（4-32）可以看出，通过合理的设置虚拟阻抗参数，可以保证储能发电单元的等效输出阻抗呈现纯阻性且均相等，在一定意义上保证了各并联 PCS 输出的参考电压幅值和相位的一致性，这一特点对于解决并联 PCS 间因输出阻抗和输电线路差异造成的环流及功率均分问题起到了重要的作用。

4.3.2.3　基于准 PR 控制器的双环控制策略

基于准比例谐振控制器的双环控制策略如图 4-19 所示。在图 4-19 中，电压外环采用准比例谐振控制，保证电压对给定参考信号的无静差追踪；电流内环应用比例控制环节，通过电流内环控制抑制电流波动、提高系统运行的动态性能；同时，通过电压前馈环节的引入，减小因外环电压波动对内环电流造成的影响。

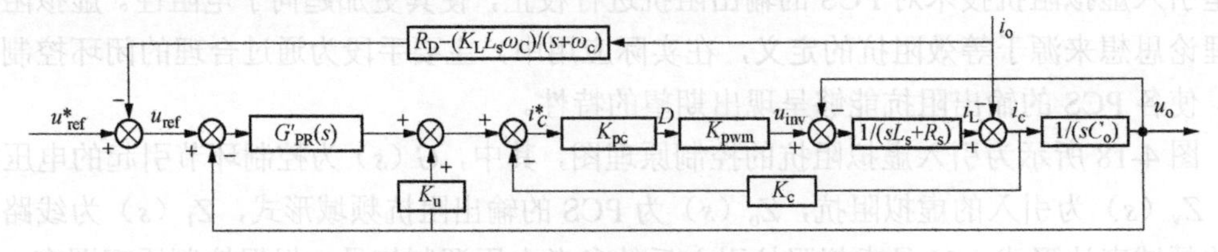

图 4-19　基于准比例谐振控制器的环控制策略

在经典控制理论中，PI 控制器是最成熟且应用最广的控制器，这是因为 PI 控制器具有控制原理简单、易于实现、参数易于整定、可靠性高和稳定性好等优点，通过合理的设置控制参数，易获得较好的系统稳态和动态性能。在三相 PCS 的控制中，如果采用坐标变换将被控交流量转化为直流量，通过 PI 控制器即可以达到较好的控制效果。但是在对交流量的控制上，PI 控制容易产生稳态误差，造成控制效果欠佳。因此，为了改善控制效果，完成对 PCS 交流被控量的无静差跟踪，引入比例谐振控制器——PR 控制器（Proportional-Resonant Controller）。

比例谐振控制器的实现基于内模原理。内模原理强调，如果可以把产生某种信号的指令模型设置到稳定的控制系统当中，那么就可以实现对该指令信号的无误差追踪。比例谐振控制器的传递函数为

$$G_{PR}(s)=K_p+\frac{2K_R s}{s^2+\omega^2} \tag{4-34}$$

由式（4-34）可以看出，PR 控制在控制器的控制环节中加入了一个无损谐振环节，这样控制器在ω处的增益为无穷大，而在其他频率处增益较小，比例谐振控制的这种控制特性在其波特图（图 4-20 中ω=314.15rad/sec，并取 K_R=120、K_P=10）即图 4-20 中也很容易观察到。基于比例谐振控制的此种控制特性，在滤波器应用中，可以将其用作陷波滤波器，这样可以达到对特定频率的谐波进行补偿的效果。在电力 PCS 控制中，若将电网频率设置为其谐振频率，可以达到对网络参数信号无静差跟踪的效果。虽然比例谐振控制器在指定频率处具有无穷大增益，可以减小甚至消除被控对象的稳态误差，但同时也存在着带宽过小的缺点，因为比例谐振控制器中设定的频率点非常精确，在非设定频率处的增益很小，因此网络频率的偏移将会导致控制器的输出无法跟踪参考信号，造成控制器失效的后果。

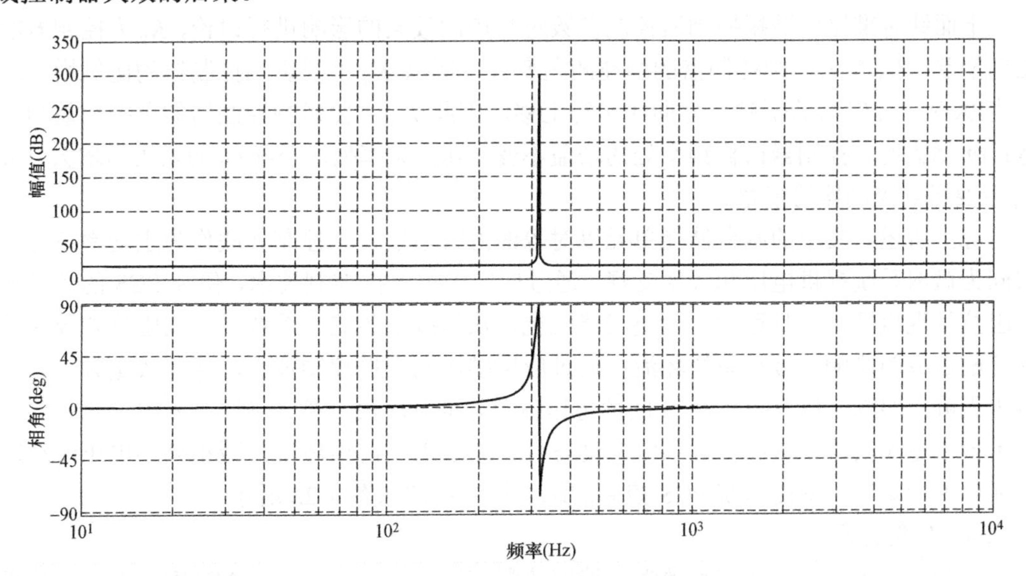

图 4-20 比例谐振控制器波特图

为了解决这一问题，Holmes 在比例谐振控制器中加入了一个零点，将比例谐振控制

器转变为准比例谐振控制器。准比例谐振控制器的表达式如式（4-35）所示

$$G'_{PR}(s) = K_p + \frac{2K_R \omega_r s}{s^2 + 2\omega_r s + \omega^2} \tag{4-35}$$

根据式（4-35）绘制的波特图如图 4-21 所示，绘图参数取ω=314.15rad/sec、K_R=120、ω_r=3.2rad/sec、K_p=10。由图 4-21 可以看出，改进后的比例谐振控制器克服了改进之前其在电网基波频率附近增益低的缺点，增加的系统带宽可有效地抑制频率偏移造成的控制效果差的缺点。

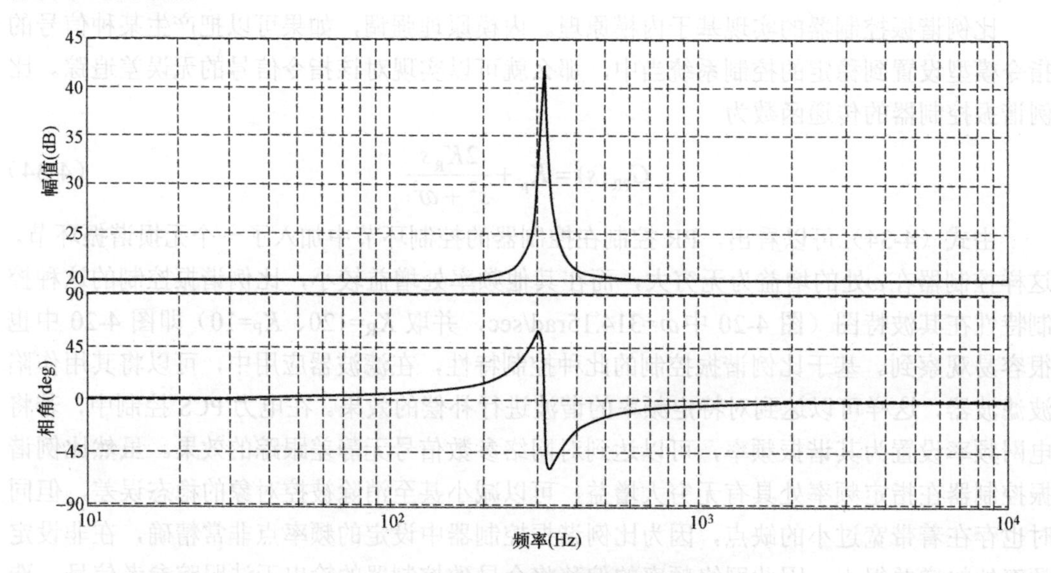

图 4-21 准比例谐振控制器波特图

下面针对准比例谐振控制器控制参数对其控制效果的影响进行讨论，K_p为控制器的比例增益，K_p变大，则控制器的增益随之变大，所以 K_p 主要影响控制器的比例增益；K_R 增大时，控制器的幅频特性曲线平行上移，因此 K_R 主要影响控制器的谐振增益和带宽；ω_r 增大时，控制器谐振频率处的增益不变，其他频率处增益随ω_r的增大而增大，故ω_r主要影响控制器的带宽。

综上所述，文中的两台储能单元以对等的方式通过下垂控制并联作为主功率单元，共同为微网系统提供电压和频率支撑。通过应用虚拟阻抗控制技术，保证 PCS 的等效输出阻抗呈现阻性，并且远大于输电线路阻抗，从而减小各储能系统之间因阻抗差异对功率分配造成的影响，减小系统环流；通过应用准比例谐振控制技术，保证较宽频带内的电压无静差跟踪，从而减小 PCS 间的电压偏差，抑制环流；通过采用电容电流比例控制技术抑制电流波动、提高并联系统的动态性；通过电压前馈环节，减小外环电压波动对内环电流的影响。储能系统 PCS 控制的综合控制框图如图 4-22 所示。

4.3.2.4 实例仿真

为验证上述控制方法的有效性，选取典型控制参数，在 MATLAB/SIMULINK 仿真软件中对储能发电单元进行建模仿真，搭建的仿真电路如图 4-23 所示。仿真分析主要针对文中提出的控制策略对 PCS 输出的功率均分效果进行验证。

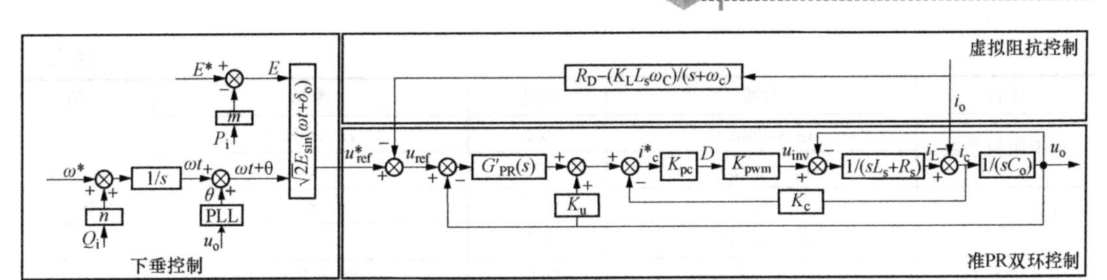

图 4-22 储能系统 PCS 控制的综合控制框图

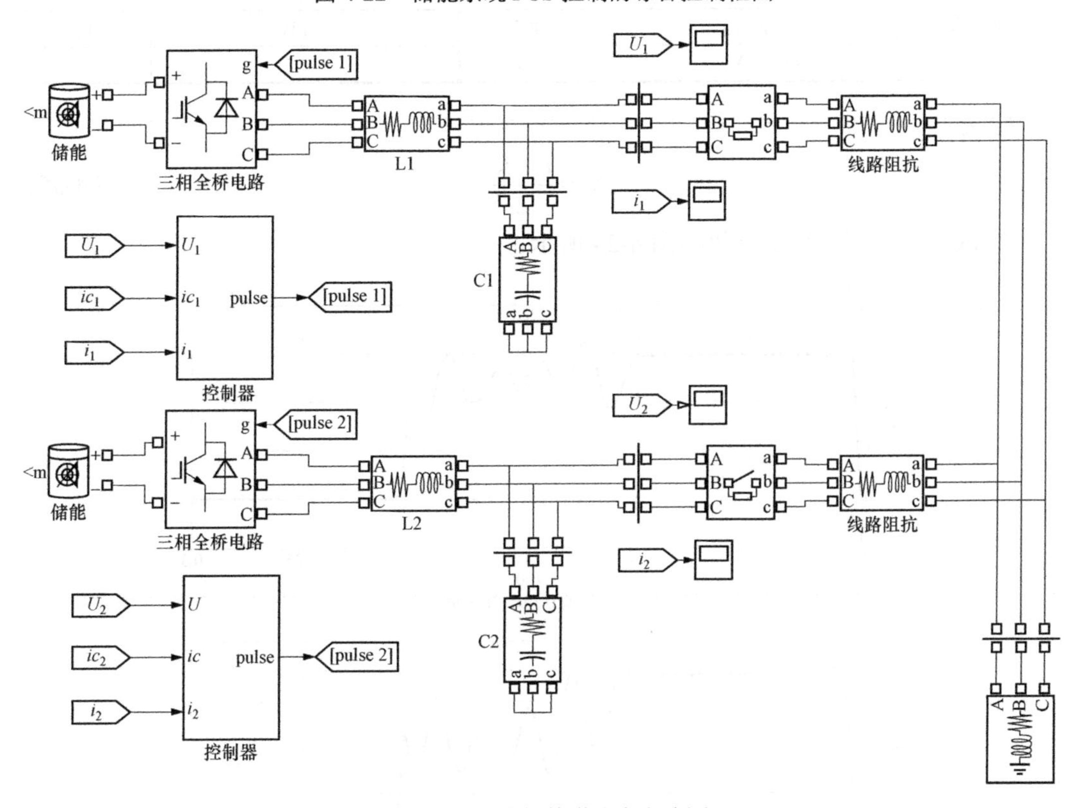

图 4-23 两储能并联仿真电路图

（1）未应用虚拟阻抗仿真分析。仿真分析中，假设储能单元均处于理想工作状态下，仿真中选取的控制参数见表 4-3。t=0 时刻，储能发电单元 1 单独运行；t=0.1s 时刻，储能发电单元 2 接入，与储能单元 1 合作出力；t=0.2s 时刻，储能发电单元 1 退出，由储能发电单元 2 单独出力。

表 4-3　　仿 真 参 数 表

项目	参数	数值	参数	数值
网络参数	直流电压（V）	800	额定交流电压（V）	220
	ω（rad/s）	100pi		
线路参数	L_1（mH）	1	L_2（mH）	1
	C_{o1}（uF）	40	C_{o2}（uF）	40
	R_{line1}（ohms）	0.01	R_{line2}（ohms）	0.02
	R_{s1}（ohms）	0.01	R_{s2}（ohms）	0.01

续表

项目	参数	数值	参数	数值
虚拟阻抗参数	R_D（ohms）	0.1	L_s（mH）	1
	ω_c（rad/s）	628	K_L	0.05
控制器参数	K_p	4/10	K_r	120/10
	ω_r（rad/s）	3.2		
下垂参数	电压下垂系数 m	1.555e–4	频率下垂系数 n	1.57e–6
其他参数	开关频率（kHz）	4	K_{pc}	10/400
	K_{PWM}	400	P_L（kW）	30
	Q_L（kVar）	30		

定义

$$i_H = \frac{i_1 - i_2}{2} \tag{4-36}$$

为 PCS 间环流，仿真结果如图 4-24 所示。

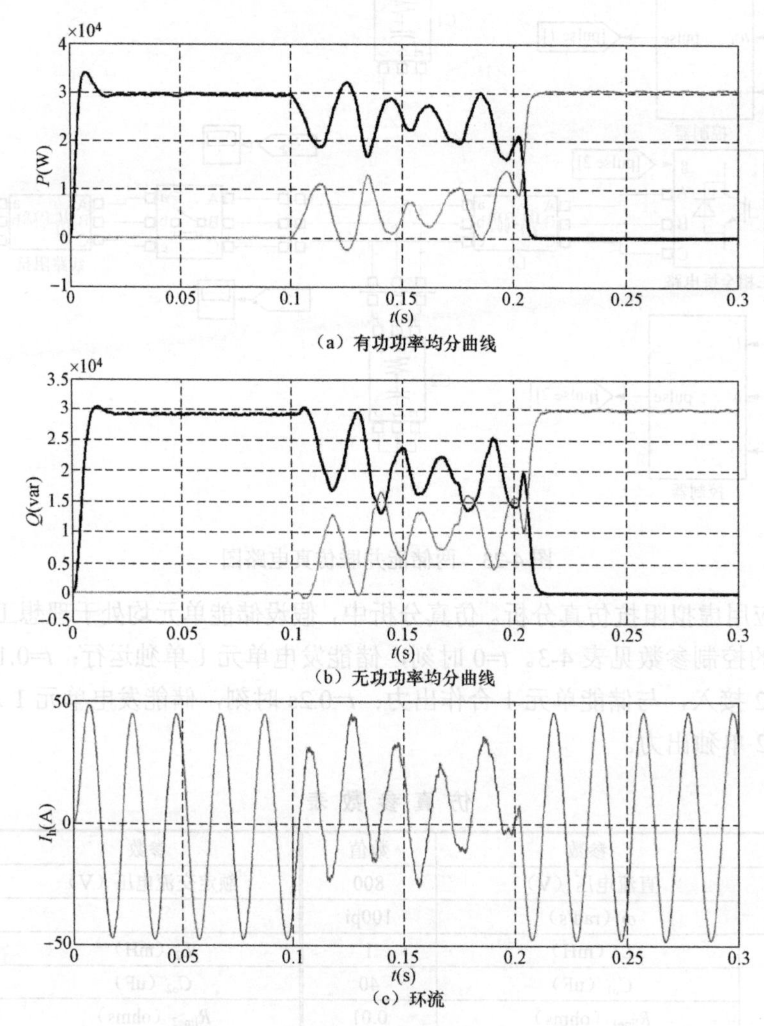

（a）有功功率均分曲线

（b）无功功率均分曲线

（c）环流

图 4-24　仿真结果

在图 4-24 中，图（a）为两并联蓄电池储能单元有功功率出力曲线，图（b）为两并联蓄电池储能单元无功功率出力曲线，图（c）为两并联蓄电池储能单元间环流。由图 4-24 展示的仿真结果可知，两并联运行储能发电单元输出有功功率和无功功率存在明显偏差，因线路阻抗差异无法实现功率均分，两 PCS 间存在明显环流。

（2）本文控制方法仿真分析。仿真分析中，假设储能单元均处于理想工作状态下，仿真中选取的控制参数见表 4-3。t=0 时刻，储能发电单元 1 单独运行；t=0.1s 时刻，储能发电单元 2 接入，与储能单元 1 合作出力；t=0.2s 时刻，储能发电单元 1 退出，由储能发电单元 2 单独出力，仿真结果如图 4-25 所示。

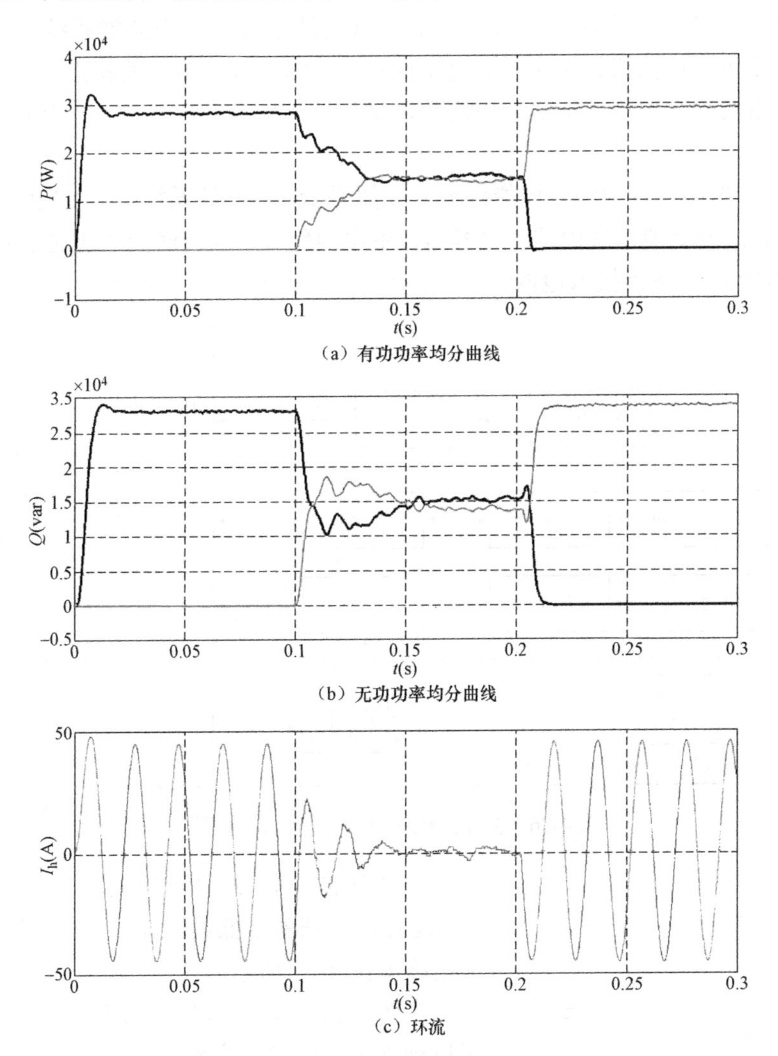

（a）有功功率均分曲线

（b）无功功率均分曲线

（c）环流

图 4-25 仿真结果

在图 4-25 中，图（a）为两并联电池储能单元有功功率出力曲线，图（b）为两并联电池储能单元无功功率出力曲线，图（c）为两并联电池储能单元间环流。对比图 4-24 与图 4-25 的仿真结果可知，两并联运行储能发电单元在文中提出控制策略控制下运行稳定，虽然两储能发电单元的输电线路阻抗不等，但通过控制系统的校正，基本消除了线

路阻抗不等对功率均分造成的不利影响，基本实现了功率均分，抑制了 PCS 环流，在一定程度上说明了文中控制策略的正确性。

4.4 混合储能协调控制策略

4.4.1 基于低通滤波原理的混合储能协调控制

储能装置虽然可在一定程度上起到改善可再生电源功率输出的作用，但是单一的储能装置很难满足要求，而利用超级电容器与蓄电池组成的混合储能系统，利用超级电容器响应速度快，可频繁、快速充放电特性和蓄电池能量密度大的特点，可有效改善可再生电源输出特性，减少蓄电池动作次数，延长其使用寿命。下文以光储系统为例进行介绍。

如图 4-26 光储系统中混合储能协调原理图所示，在光储系统中，由光伏电源接光伏逆变器并网，混合储能系统由超级电容器及蓄电池组成，混合储能系统通过双向 DC/DC 变换器和 DC/AC 变流器接入电网。

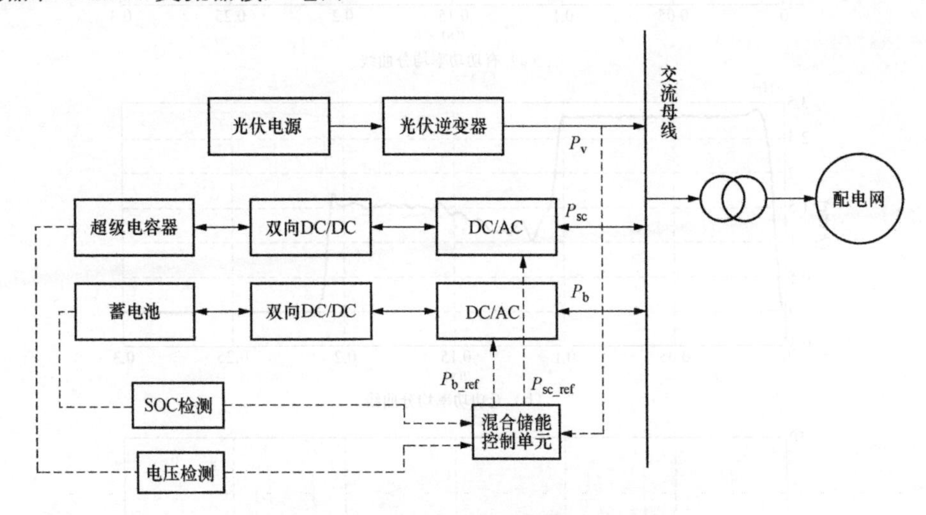

图 4-26　光储系统中混合储能协调原理图

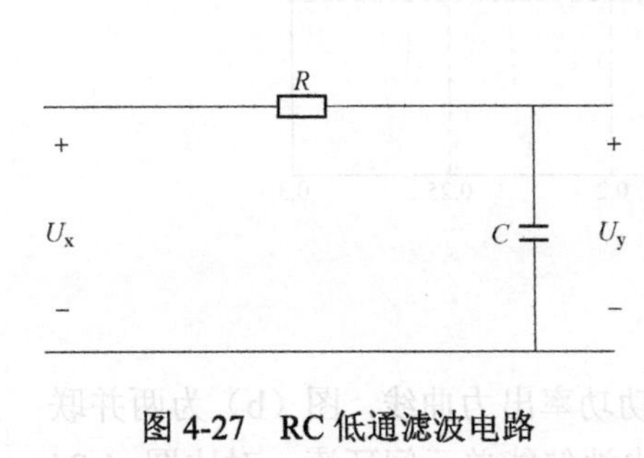

图 4-27　RC 低通滤波电路

低通滤波方法是常用的混合储能协调控制方法，此控制方法基于低通滤波原理，一阶 RC 低通滤波电路如图 4-27 所示。

在图 4-27 中，输入信号为 U_x，输出信号为 U_y，可以列出电路的微分方程

$$RC\frac{\mathrm{d}u_y}{\mathrm{d}t} + u_y = u_x \tag{4-37}$$

s 域的传递函数可写为

$$H(s)=\frac{1}{\tau s+1} \tag{4-38}$$

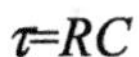

$$\tau=RC$$

式中 τ——滤波时间常数。

令 $s=\mathrm{j}2\pi f$，则式（4-38）可写为频域表达式，即

$$H(f)=\frac{1}{\mathrm{j}2\pi f\tau+1} \tag{4-39}$$

其对应的幅频特性表达式为

$$A(f)=\frac{1}{\sqrt{1+(2\pi f\tau)^2}} \tag{4-40}$$

画出幅频特性曲线，如图4-28所示。

从图4-28可以看出，对于同样振幅的输入信号，频率越高，输出信号的幅值就越小。由此可以说明，低频信号比高频信号更容易通过该网络，这样的网络即为低通网络，其传递函数也可称为低通函数。在图4-28中，f_c为低通滤波网络的截止频率，$f_c=1/2\pi\tau$。显然，f_c越小，τ值越大，经滤波后的输出信号的频率越低，输出信号也就越平稳。

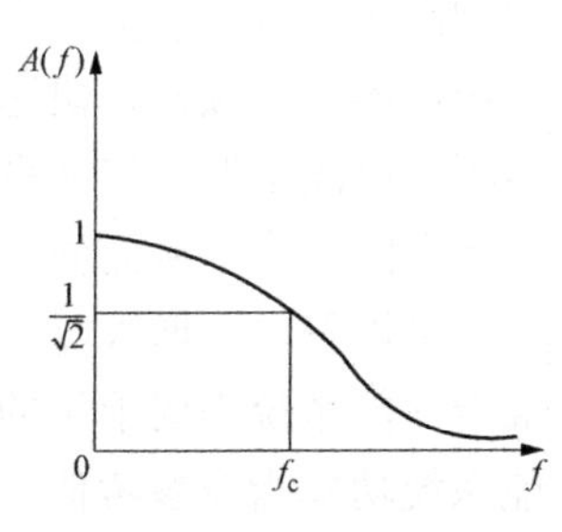

图4-28 幅频特性曲线

可再生电源输出功率 P_v 通过第一个巴特沃斯滤波器，得到可再生电源出力的参考值 P_{v_ref}，其与 P_v 相减得到由超级电容器和蓄电池组成的混合储能系统功率指令参考值 P_{Hess}；P_{Hess} 通过第二个一阶巴特沃斯滤波器，得到高频分量 P_{sc_ref} 和低频分量 P_{b_ref}，分别作为超级电容和蓄电池的功率参考值，如图4-29所示。通过检测超级电容器电压 U_c 和蓄电池荷电SOC状态 SOC_b 调节两个滤波器的时间常数 T_1 和 T_2，实现对储能系统的功率指令有序分配充放电顺序和过充过放保护功能。

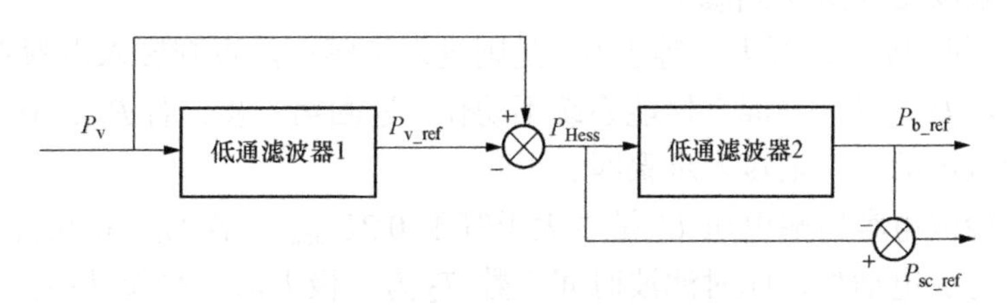

图4-29 功率指令分配原理图

光伏电源输出功率 P_v 通过第一个巴特沃斯滤波器，得到光伏电源出力的参考值 P_{v_ref}，其与 P_v 相减得到混合储能系统功率指令参考值 P_{Hess}

$$\begin{aligned} P_{v\_ref}(s)&=\frac{1}{1+sT_1}P_v(s) \\ P_{Hess}(s)=P_v(s)-P_{v\_sc}(s)&=\frac{sT_1}{1+sT_1}P_v(s) \end{aligned} \tag{4-41}$$

混合储能系统功率指令参考值 P_{Hess} 通过第二个滤波器，分别得到超级电容器功率指令和蓄电池功率指令 P_{sc_ref} 和 P_{b_ref}

$$P_{b\_ref}(s)=\frac{1}{1+sT_2}P_{Hess}(s)$$

$$P_{sc\_ref}(s)=P_{Hess}(s)-P_{b\_ref}(s)=\frac{sT_2}{1+sT_2}P_{Hess}(s) \tag{4-42}$$

两个低通滤波器滤波时间常数分别设为 T_1 及 T_2，通过调节 T_1 实现储能系统的过充过放保护，根据检测超级电容端电压 U_c 和蓄电池荷电状态（SOC_b），判断储能系统即将出现过充过放工况时，减小 T_1，从而混合储能系统功率指令 P_{Hess} 减小，避免过充过放工况发生。通过控制 T_2 实现混合储能系统的协调控制，功率指令经过第二个低通滤波器后，得到高频分量 P_{sc_ref} 和低频分量 P_{b_ref}，分别作为超级电容和蓄电池的功率参考值，利用超级电容器可频繁、快速充放电的特性，优先对超级电容器进行充放电动作，超级电容器不足以满足混合储能系统功率指令 P_{Hess} 时，利用蓄电池容量较大的特性来满足剩余功率指令的响应，从而做到混合储能的协调控制。

可以看出，增大 T_1，则混合储能系统需要承担的功率指令 P_{Hess} 增大；减小 T_1，则混合储能系统需要承担的功率指令 P_{Hess} 减小。在 T_1 确定的情况下，增大 T_2，则混合储能系统功率指令参考值 P_{Hess} 主要由超级电容器承担；减小 T_2，则混合储能系统功率指令参考值 P_{Hess} 主要由蓄电池承担。

通过采集超级电容器端电压 U_c 和蓄电池荷电状态（SOC_b），对超级电容器端电压进行分区，分为 $0<U_{cmin}<0.2U_{cmax}<0.8U_{cmax}<U_{cmax}$，对蓄电池 SOC_b 进行分区，分为 $0<SOC_{min}<SOC_{max}<1$。利用超级电容器响应速度快的特点，优先对其进行充放电动作。混合储能系统根据混合储能系统功率指令 P_{Hess} 正负判断进行充放电动作，$P_{Hess}>0$ 时设定为充电动作，$P_{Hess}<0$ 时设定为放电动作，混合储能系统充放电逻辑按照如图 4-30 所示步骤进行。

步骤一，获取功率指令 P_{Hess}。

步骤二，判断 P_{Hess} 是否大于等于 0，是则进入步骤三，否则转入步骤六。

步骤三，若 $P_{Hess}=0$，则混合储能系统不动作，返回第一步，若 $P_{Hess}>0$，即混合储能系统需要进行放电动作，则转入步骤四。

步骤四，检测电容器端电压 U_c 是否大于等于 $0.2U_{cmax}$，若 $U_c\geqslant 0.2U_{cmax}$，则优先对超级电容器进行放电动作，此时滤波时间常数 T_2 为一极大值，系统功率指令 P_{Hess} 由超级电容器来响应，直至 $U_c<0.2U_{cmax}$，转入步骤五。

步骤五，检测蓄电池荷电状态 SOC_b 是否大于等于 SOC_{min}，若 $SOC_b\geqslant SOC_{min}$，则此时对混合储能功率指令 P_{Hess} 的响应以蓄电池为主，超级电容器为辅，此时滤波时间常数 T_2 为在步骤四的基础上进行减小，混合储能系统放电直至 $U_c\leqslant U_{cmin}$ 且 $SOC_b<SOC_{min}$，表明储能系统进入过放保护区域，此时调节滤波时间常数 T_1 使其减小，则混合储能系统功率指令 P_{Hess} 减小，达到过放保护的目的。

步骤六，根据步骤二，判断到 $P_{Hess}<0$，此时对混合储能系统进行充电动作，检测电容器端电压 U_c 是否小于等于 $0.8U_{cmax}$，若 $U_c\leqslant 0.8U_{cmax}$，则优先对超级电容器进行充电动作，此时滤波时间常数 T_2 为一极大值，系统功率指令 P_{Hess} 由超级电容器来响应，直至 $U_c>0.8U_{cmax}$，转入步骤七。

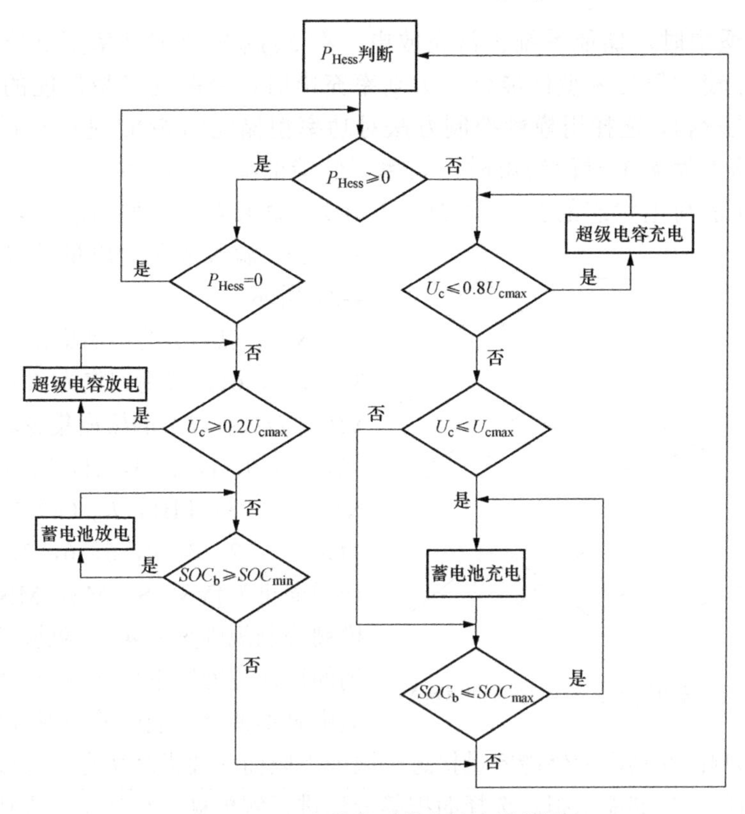

图 4-30 混合储能系统充放电逻辑图

步骤七，检测电容器端电压 U_c 是否小于等于 U_{cmax}，若 $U_c\leqslant U_{cmax}$ 则此时放电动作由蓄电池承担，调节滤波时间常数 T_2 减小，同时转入步骤八。

步骤八，判断 SOC_b 是否小于等于 SOC_{max}，若 $SOC_b\leqslant SOC_{max}$，则继续对蓄电池充电，直至 $SOC_b>SOC_{max}$，此时混合储能系统进入过充状保护状态，调节滤波时间常数 T_1 使其减小，则混合储能系统功率指令 P_{Hess} 减小，达到过充保护的目的。

4.4.2 模糊控制优化混合储能的功率分配

储能的容量是有限的，尤其功率型储能的能量密度较小，其容量较容易达到上下限，直接影响光伏输出功率的平抑效果，因此，有必要对功率型储能的剩余容量进行有效的控制。常用 SOC 描述储能的剩余容量，放电时功率型储能的 SOC 为

$$S_{SOCp}(k)=(1-\rho_p)S_{SOCp}(k-1)-\frac{P_p(k)\Delta t}{E_p\eta_{dp}} \tag{4-43}$$

充电时为

$$S_{SOCp}(k)=(1-\rho_p)S_{SOCp}(k-1)-\frac{P_p(k)\Delta t\eta_{cp}}{E_p} \tag{4-44}$$

式中 S_{SOCp}（k）、S_{SOCp}（k–1）——k、k–1 时刻结束时功率型储能的 SOC；

Δt——时段长度；

ρ_p、η_{dp}、η_{cp}、E_p——功率型储能的自放电率、放电效率、充电效率和容量。

在 S_{SOCp} 适中时，储能系统正常充放电，在 S_{SOCp} 较小但功率型储能仍需大功率放电或 S_{SOCp} 较大但功率型储能仍需大功率充电时，分配功率型储能的一部分功率由能量型储能承担，选择用模糊控制方法对功率型储能的 SOC 进行自适应调控。模糊控制器的输入为 k–1 时段结束时，功率型储能的荷电状态 S_{SOCp}（k–1）和 k 时段所需功率型储能荷电状态的变化量 D_{SOCp}（k），输出为功率型储能的功率调节系数 K_p（k），输入量和输出量的隶属函数如图 4-31 所示。

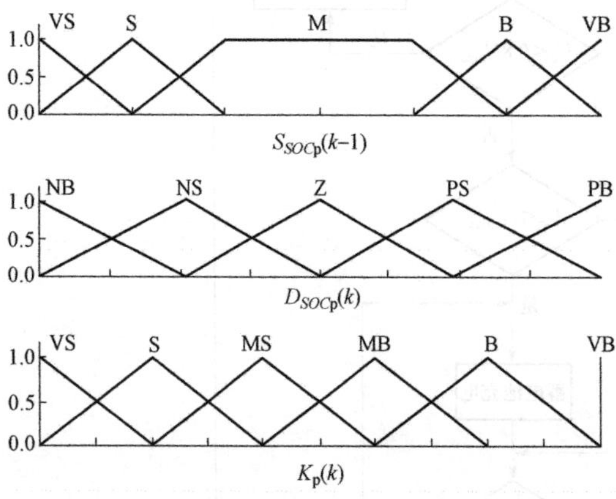

图 4-31　模糊控制器的输入、输出量的隶属函数

S_{SOCp}（k–1）的模糊集论域为{0，1，2，3，4，5，6}，选用词集为{VS，S，M，B，VB}，D_{SOCp}（k）的模糊集论域为{–4，–3，–2，–1，0，1，2，3，4}，选用词集为{NB，NS，Z，PS，PB}，K_p（k）的模糊集论域为{0，1，2，3，4，5，6，7，8，9，10}，选用词集为{VS，S，MS，MB，B，VB}，模糊控制规则见表 4-4。隶属函数和模糊规则的设计遵循以下原则：在功率型储能容量适中时不调整储能间的功率分配，减少对能量型储能的影响；在功率型储能容量接近上限或下限而又要大功率充电或放电时，分配一部分功率给能量型储能承担。选择面积等分法进行解模糊，得到 k 时段功率型储能的功率调节系数 K_p（k）。

表 4-4　　模糊控制规则

S_{SOCp}（k–1）	D_{SOCp}（k）				
	NB	NS	Z	PS	PB
VS	VS	S	MS	VB	VB
S	S	MB	B	VB	VB
M	VB	VB	VB	VB	VB
B	VB	VB	B	MB	S
VB	VB	VB	MS	S	VS

在对光伏输出功率进行平抑时，首先判断是否需要平抑，需要平抑时利用小波分解法分别计算平抑目标功率、能量型储能功率和功率型储能功率，再根据功率型储能的 SOC 状态及其变化趋势，通过模糊自适应控制得出两种储能的充放电功率值。

4.4.3　考虑储能运行状态的混合储能协调控制

以风电为例，在风电场并网口接入储能系统，通过合理地控制储能系统的输出功率可以有效地减小风电波动对电网造成的影响，如图 4-32 所示。风电功率分解为满足一定要求的并网功率 P_{grid} 和需要储能系统平抑的风电波动功率 P_s。

根据不同地区的风场及电网要求，对风电功率的分解方式不同。以 1min 有功功率

最大变化量f_1为风电场装机容量的2%和30min有功功率最大变化量f_2为风电场装机容量的7%为平抑目标。根据以上要求，分解风电功率，1min要求的分解流程如图4-33所示，30min要求的分解类似处理。

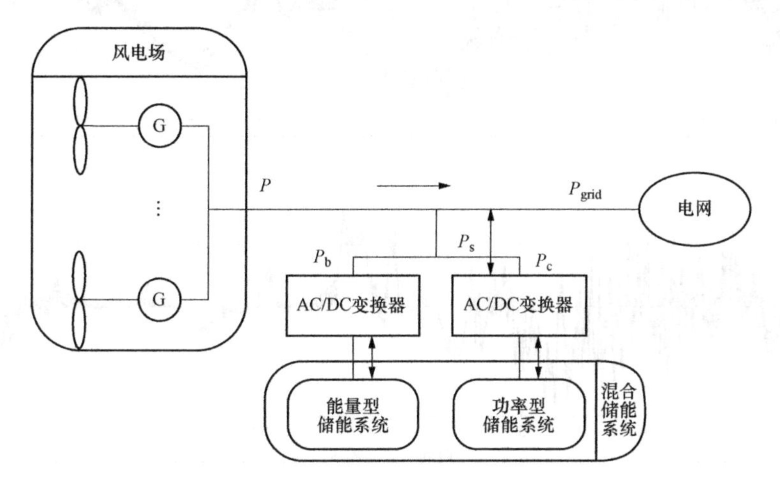

图4-32 风电/混合储能系统

图4-33中，f_1为风电1min内波动要求，Max表示1min内风电有功功率的最大值，Min表示1min内风电有功功率的最小值。当下一个时刻（即A点）到来时，若A在区域Ⅰ、Ⅱ时，需要混合储能系统充电，A向下移动至（Min+f_1）；若A在区域Ⅲ时，不需要混合储能系统动作；若A在区域Ⅳ、Ⅴ时，需要混合储能系统放电，A向上移动至（Max-f_1）。如此，得到符合并网标准的并网功率P_{grid}及需要储能系统平抑的风电波动功率P_s。

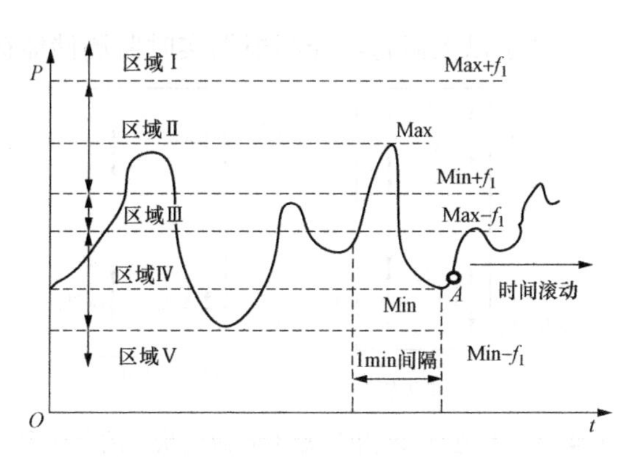

图4-33 风电功率分解说明图

基于某22MW风电场典型天的实际数据，数据样本采样时间间隔为1s，则f_1=22×2%=0.44MW，f_2=22×7%=1.54MW。以上述并网要求及分解方式分解样本数据，得到并网功率P_{grid}及需要混合储能系统出力功率P_s，如图4-34所示。

从图4-34中可以看出，风电功率被有效地分解成满足并网要求的并网功率及混合储能系统出力功率。

分解混合储能系统出力功率的方式有很多，如符合功率型、能量型充放电频率及能量密度的滤波器分解，如一阶低通滤波器、小波或小波包及EMD等分解方式。该分解方式考虑了不同储能的特点及达到了分解功率型储能和能量型储能的功率指令的目的。但是没有考虑储能当前荷电状态与需要充放电可能出现的矛盾、电池动作次数与超级电容器容量大小的矛盾及对功率型储能容量不足情况下，如何满足平抑风电功率波动的弥补策略。

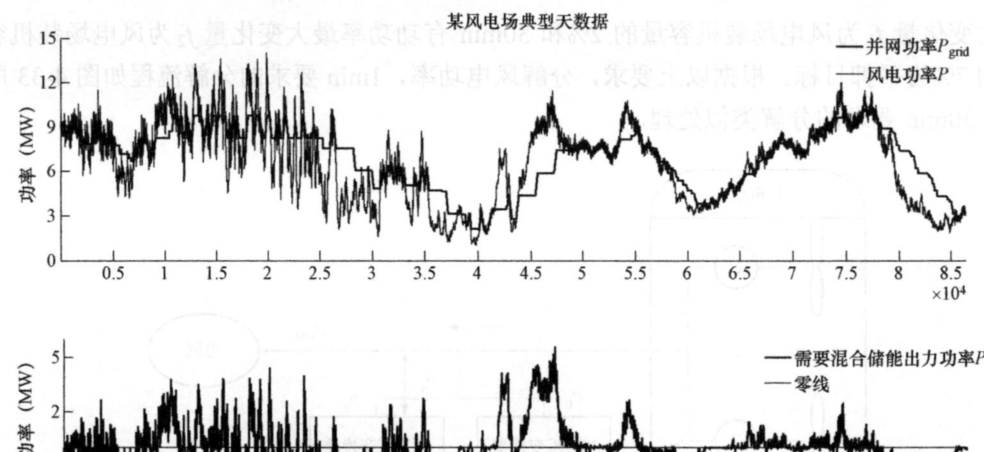

图 4-34　风电功率分解效果图

基于以上问题，介绍根据实时监测储能荷电状态和充放电时间限制结合电池和超级电容器额定功率的混合储能协调控制方案。利用超级电容器循环寿命长、功率高及电池充放电时间长、能量大的特点，建立超级电容器优先充放电并实时检测其荷电状态，当超级电容器不能再充电或是放电时再令电池充放电的控制方式。荷电状态划分及充放电功率限制，如图 4-35 及表 4-5 所示。

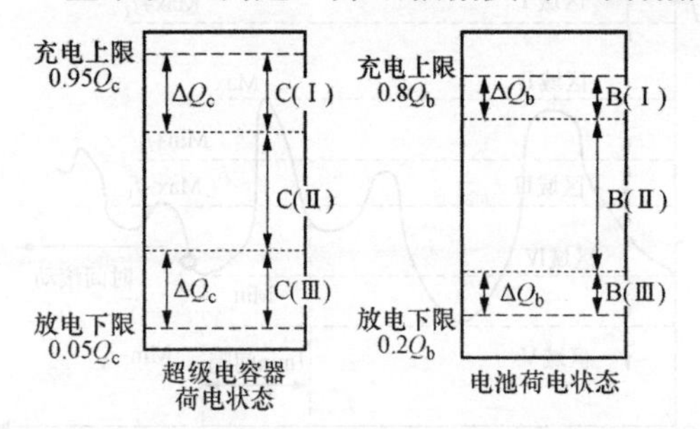

图 4-35　电池与超级电容器不同荷电状态的分区图

表 4-5　电池、超级电容器不同荷电状态下的充放电功率限制

类型	区域	充电功率 P_1 控制	放电功率 P_2 控制
超级电容器（C）	C（Ⅰ）	$P_1 \leqslant (0.95Q_c - Q_c^*)/T_s$	$P_2 \leqslant P_c$
	C（Ⅱ）	$P_1 \leqslant P_c$	$P_2 \leqslant P_c$
	C（Ⅲ）	$P_1 \leqslant P_c$	$P_2 \leqslant (Q_c^* - 0.05Q_c)/T_s$
类型	**区域**	**充电功率 P_1' 控制**	**放电功率 P_2' 控制**
电池（B）	B（Ⅰ）	$P_1' \leqslant (0.8Q_b - Q_b^*)/T_s$	$P_2' \leqslant P_b$
	B（Ⅱ）	$P_1' \leqslant P_b$	$P_2' \leqslant P_b$
	B（Ⅲ）	$P_1' \leqslant P_b$	$P_2' \leqslant (Q_b^* - 0.2Q_b)/T_s$

其中，采样时间间隔为 T_s；电池及超级电容器的额定功率和额定容量分别是 P_b、Q_b、P_c、Q_c，为 4 个变量，并设电池及超级电容器充放电上下限为［$0.2Q_b$，$0.8Q_b$］、［$0.05Q_c$，

$0.95Q_c$]，剩余电量为 Q_b^*、Q_c^*。电池及超级电容器 T_s 时间内充放电量为 $\Delta Q_b=P_bT_s$ 和 $\Delta Q_c=P_cT_s$。从图 4-35 可以看出，电池和超级电容器中 B（Ⅱ）和 C（Ⅱ）部分的存在，故建立式（4-45）作为优化的约束条件

$$s.t.\begin{cases}0.8Q_b-\Delta Q_b \geqslant \Delta Q_b+0.2Q_b \\ 0.95Q_c-\Delta Q_c \geqslant \Delta Q_c+0.05Q_c\end{cases} \tag{4-45}$$

根据表 4-5 中超级电容器及电池的荷电状态和额定功率的约束，限制混合储能系统实际出力的功率，以达到对混合储能系统的有效控制。

4.5 算 例

4.5.1 光储微网并网运行仿真与实验

4.5.1.1 仿真条件

基于 Matlab/Simulink 仿真软件对光储微网系统进行仿真，选取光伏电站某一天的典型出力数据进行验证，其功率曲线如图 4-36 所示，选取其中的两段数据作为光伏 1 和光伏 2 的有功功率给定值。

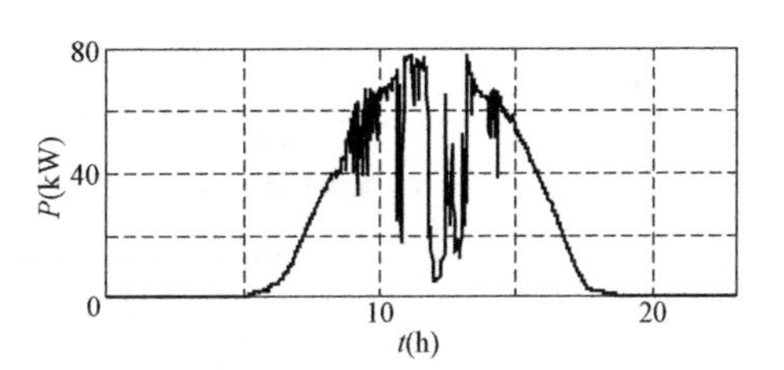

图 4-36 光伏电站功率曲线

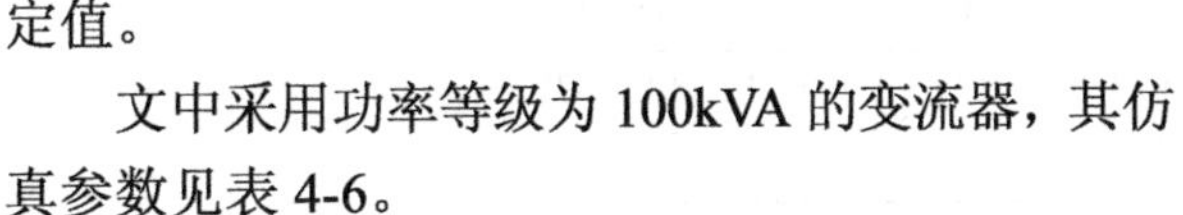

文中采用功率等级为 100kVA 的变流器，其仿真参数见表 4-6。

表 4-6 **变 流 器 参 数**

参数	数值	参数	数值
额定输出功率（kVA）	100	U/f 控制内环 k_p、k_i	10、100
电网额定电压（V）	400	U/f 控制外环 k_p、k_i	10、100
滤波电感（mH）	2	PQ 控制内环 k_p、k_i	5.5、10
滤波电容（F）	10	PQ 控制外环 k_p、k_i	0.0015、0.1
寄生内阻（Ω）	0.01		

4.5.1.2 并网运行仿真

并网运行时，光伏的出力以及在电压管理逻辑下储能的输出功率如图 4-37 所示。加入储能前后，PCC 点母线电压 p.u.值对比如图 4-38 所示。

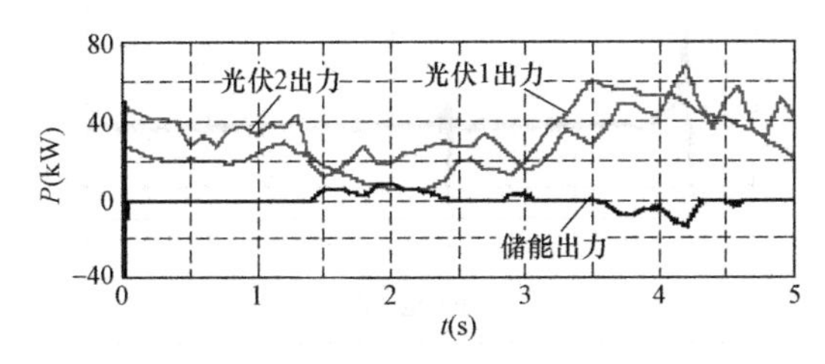

图 4-37 光伏和储能出力曲线

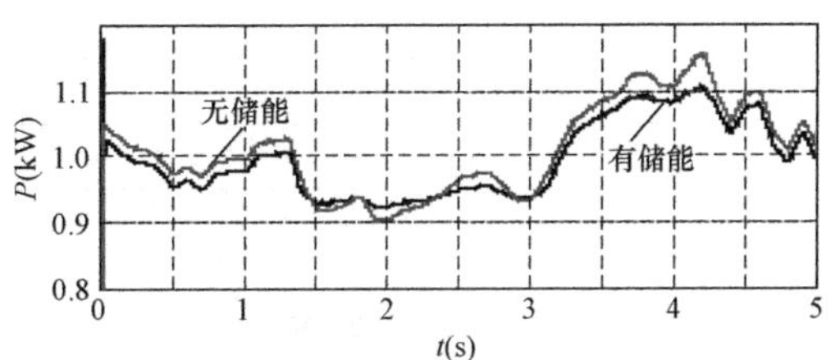

图 4-38 PCC 点母线电压波动曲线

从图 4-37 和图 4-38 可以看出，在光伏出力过低时，会造成 PCC 点电压跌落在 0.9p.u.以下，此时需要储能向电网输出功率，从而使 PCC 点电压恢复到 0.9p.u.以上；在光伏出力过高时，会造成 PCC 点电压上升到 1.1p.u.以上，此时需要储能从电网吸收功率，从而使 PCC 点电压恢复到 1.1p.u.以下。

光伏逆变器和储能变流器的并网电流如图 4-39 所示。

从图 4-39（a）和图 4-39（b）可以看出，光伏逆变器 1 和光伏逆变器 2 的输出电流跟随光伏出力给定值的变化而改变，证明了变流器 PQ 控制的有效性；图 4-39（c）为储能变流器的输出电流，在 PCC 点电压满足要求时，输出电流接近为零，在需要储能输出功率来调整 PCC 点电压时，其输出电流跟随功率指令发生变化。

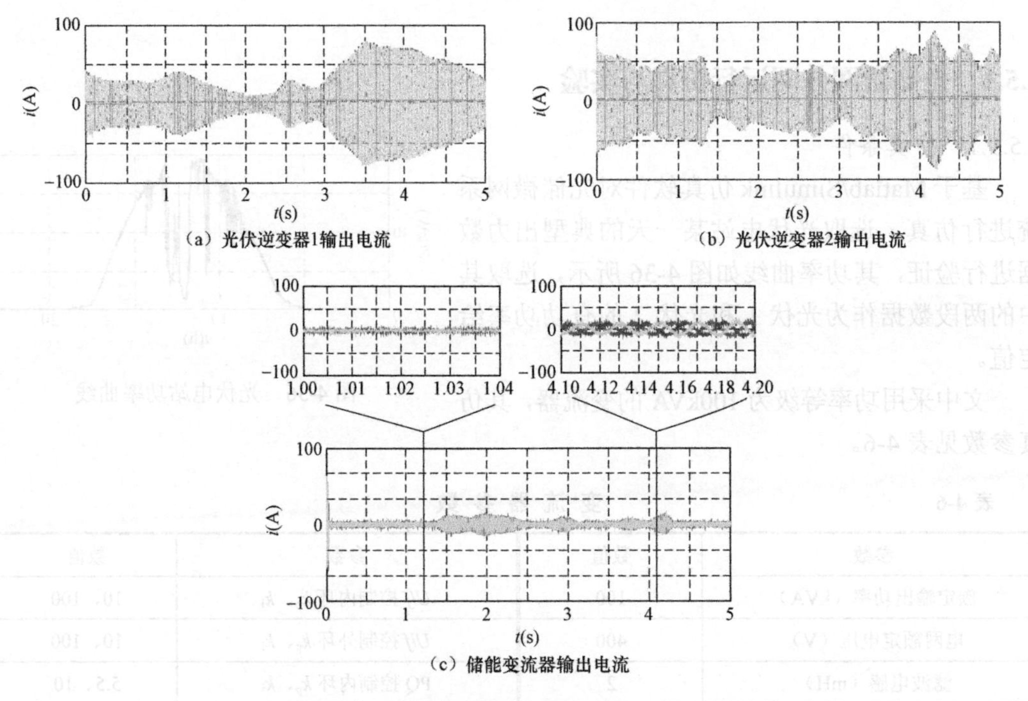

（a）光伏逆变器1输出电流　（b）光伏逆变器2输出电流

（c）储能变流器输出电流

图 4-39　光伏逆变器和储能变流器的并网电流

4.5.1.3　孤岛运行仿真

孤岛运行条件下，令初始负荷为 50kW，在 2s 时切出 30kW 负荷，第 4s 时再切入 10kW 负荷。此时储能变流器采用 *U/f* 控制，负载侧的电压和频率如图 4-40 所示。

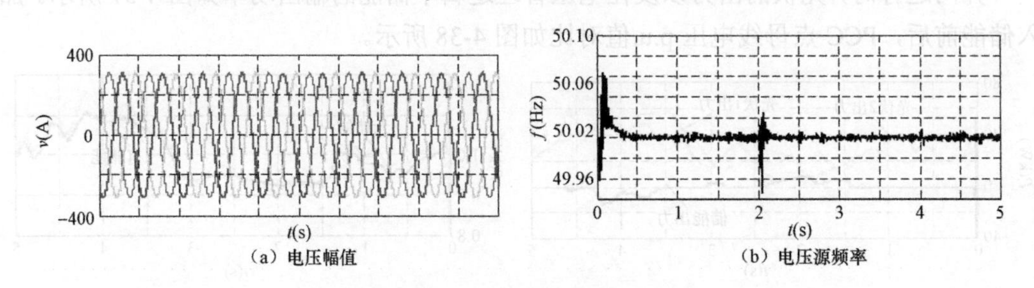

（a）电压幅值　（b）电压源频率

图 4-40　负载侧电压幅值和频率

从图 4-40 可以看出，通过储能变流器的 U/f 控制，构建出一个相电压幅值为 311V，频率为 50Hz 的电压源，保证了光储微网系统的稳定运行。光储微网系统的出力如图 4-41 所示。

从图 4-41 中可以看出：2s 前，光伏出力一直小于负荷功率，需要联合储能共同为负载供电；2s 时切除 30kW 负载之后，在光伏出力大于负荷功率的时段，多余的功率就会对储能进行充电，对应于图中储能出力曲线小于零的部分。

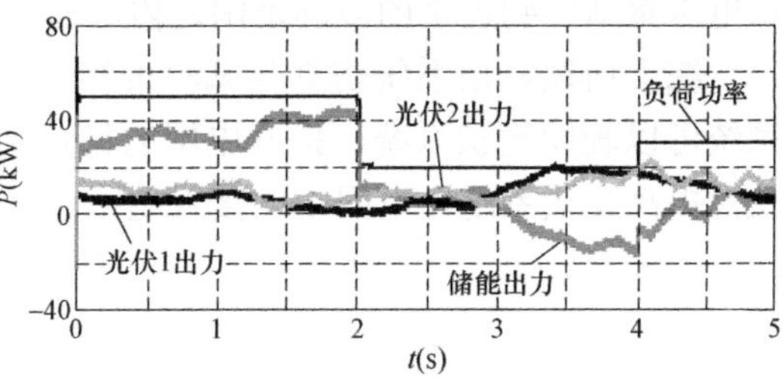

图 4-41　出力曲线

图 4-42 所示为负载电压电流以及储能变流器和光伏逆变器的输出电流，从图 4-42（a）可以看出，负载电流和电压相位相同，在负载减少时，电流也相应减小；从图 4-42（b）可以看出，在 3.2s 时，光伏出力大于负载功率，储能开始从光伏系统吸收电力，因此电流相位发生了反向变化。仿真波形证明了孤岛模式下光储微网系统的稳定运行。

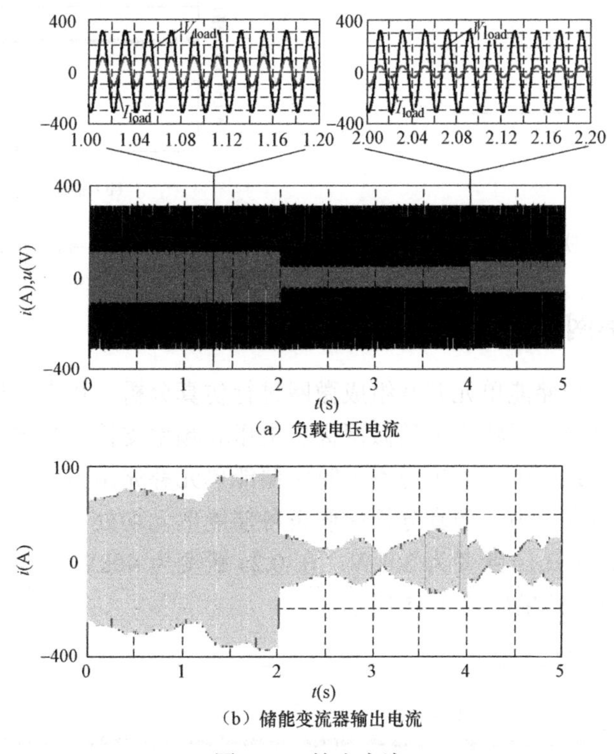

图 4-42　输出电流

4.5.1.4　实验验证

图 4-43 所示为实验系统的结构图，包括变压器、线路阻抗、负载、采样电路、DSP 控制电路、驱动电路以及储能变流器。

试验中，通过对本地负载的切入切出来模拟光伏系统的输出波动，当突然切入负载时，PCC 点电压会由于负载的加大而造成压值下降，需要储能输出有功功率来进行调节，

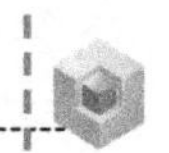

实验结果如图 4-44 所示。

从图 4-44 中可以看出，在切入负载后，储能输出电流和功率都有所增加，使 PCC 点电压重新回到正常的波动范围之内。

综上所述，由系统仿真与试验可知，储能系统可以辅助光伏系统，提升电网的稳定性，从而提高光伏系统在电网中的接入能力。

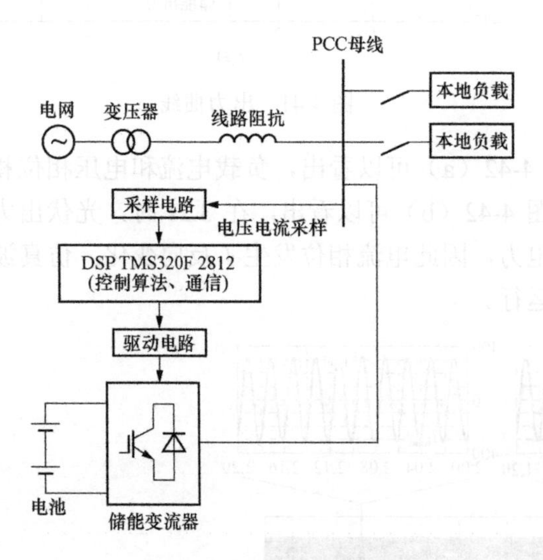

图 4-43　实验系统结构

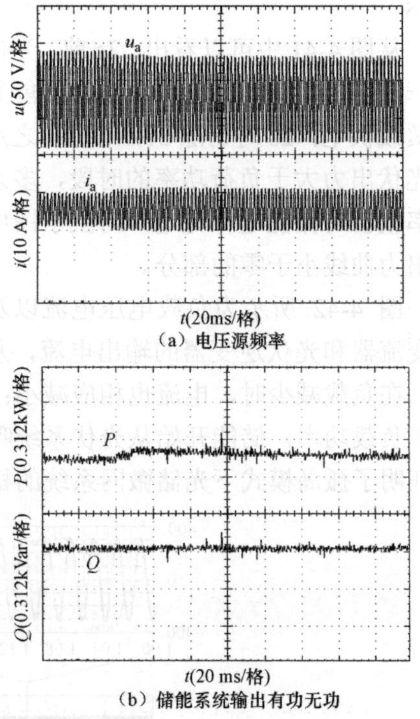

图 4-44　实验结果

4.5.2　光储微网离网运行仿真分析

将光伏发电单元与储能单元并联组成微网进行仿真分析。仿真分析中，储能单元作为主功率单元为在孤岛运行状态下的微网提供电压和频率支撑，当光伏出力盈余时，将多余电力存储在储能系统中，当出力不足时由储能单元补充出力；光伏发电系统作为从功率单元按照调度指令出力。仿真分析中假设各储能单元均处于理想工作状态下，光伏初始出力为 20kW，在 0.1s 跃变为 30kW，在 0.2s 跃变为 40kW 直至仿真结束；负载为 30kW 有功负载，仿真结果如图 4-45 所示。

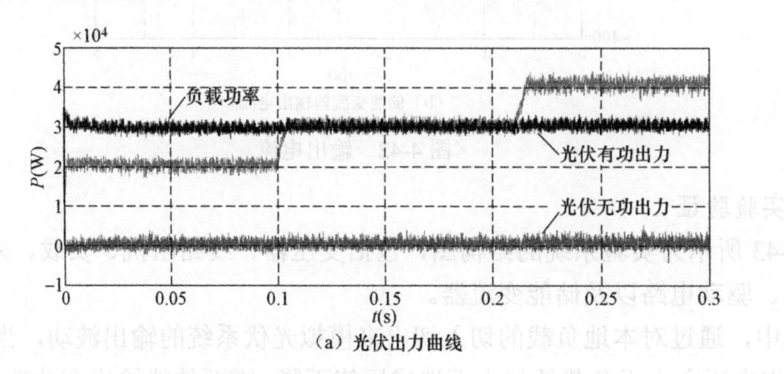

图 4-45　仿真结果（一）

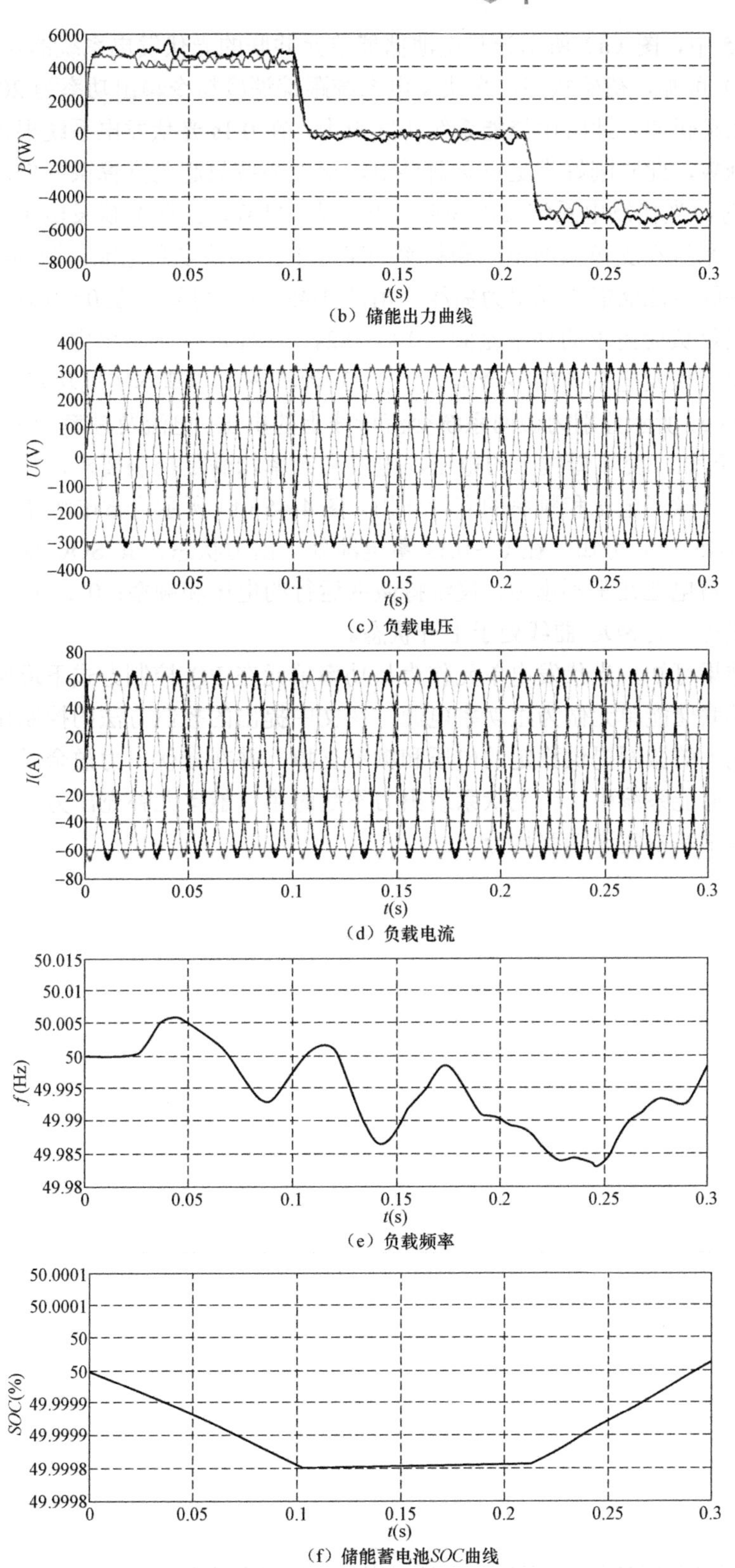

（b）储能出力曲线

（c）负载电压

（d）负载电流

（e）负载频率

（f）储能蓄电池SOC曲线

图 4-45　仿真结果（二）

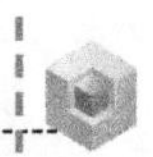

在图 4-45 中，图（a）所示为与电池储能单元并联的光伏发电系统的功率输出曲线，由图 4-45（a）可知，初始状态，光伏发电系统跟踪调度指令输出功率为 20kW，不能独立为微网中负荷供电，此时由储能系统协同出力，在 0.1s 光伏发电系统根据调度指令出力越变为 30kW，此时刚好满足对负荷供电，储能系统只起到支撑微网电压和频率的作用。在 0.2s 时，光伏发电系统又由 30kW 跃变为 40kW，此时光伏发电系统出力大于负荷需求，储能系统在支撑微网电压和频率的基础上，存储多余电能。图 4-45（b）所示为微网中两并联电池储能单元出力曲线。由图 4-45（b）可知，在 0～0.1s，两储能单元共同出力，满足负荷需求的功率差额；0.1～0.2s，两储能单元不出力；0.2～0.3s，两储能单元均存储光伏发电系统的多余出力，在 3 种状态下均基本实现功率均分；图 4-45（c）～图 4-45（e）所示分别为微网系统交流母线上的电压、电流及频率。由图 4-45（c）～图 4-45（e）可知，交流母线上的电压、电流和频率均满足控制要求，从一定意义上证明了储能系统对微网电压和频率的支撑作用。图 4-45（f）所示为蓄电池储能单元的 *SOC* 曲线。由图 4-45（f）可知，在 0～0.1s 蓄电池处于出力状态，其 SOC 曲线处于下降状态；0.1～0.2s 蓄电池几乎不出力，仅维持微网运行的电压和频率；0.2～0.3s 储能单元处于电能存贮状态，其 *SOC* 曲线处于上升状态。

由仿真结果可知，光伏发电单元作为从功率单元在 PQ 控制方式下遵照调度指令平稳出力，两并联储能单元做为主功率电源，在文中提出的控制方法的控制作用下，为在孤岛运行模式下的微网提供稳定的电压和频率支撑，并在光伏出力盈余时，将多余电能存储在蓄电池储能系统中，当光伏系统出力不足时由储能单元补充出力，在整个电能存储及释放过程中基本实现功率均分。

示 范 工 程

5.1 示范工程现状

在微网的概念提出后，迅速的受到了包括美国、欧盟、日本、中国等世界各国的高度重视，各国政府纷纷制订相关的能源发展策略，为微网的发展提供了强劲的动力。示范工程是微网相关技术及研究成果的集中验证和展示，对微网的研究和应用均具有重要意义。目前，全球规划、在建及投入运行的微网示范工程超过400个，主要分布在北美、欧洲、东亚、拉美、非洲等地区。

5.1.1 北美

美国在世界微网的研究和实践中居于领先地位，拥有全球最多的微网示范工程，数量超过200个，占全球微网数量的50%左右。美国微网示范工程地域分布广泛、投资主体多元、结构组成多样、应用场景丰富，主要用于集成可再生分布式能源、提高供电可靠性及作为一个可控单元为电网提供支持服务。

美国电气可靠性技术解决方案协会是世界分布式发电微网领域研究的先行者，它发表了一系列了关于微网概念和控制的著述，这些著述针对微网的思想及重要性技术问题进行了详细的描述。CERTS 在威斯康辛麦迪逊分销建立了自己的实验室规模的测试系统，并与美国电力公司合作，在俄亥俄州的哥伦布 Dolan 技术中心，建立了大规模的微型电网平台。美国北部电力系统承接的曼德瑞沃（Mad River）微网是美国第一个微网示范性工程，该示范工程主要用于检验微网建模及仿真方法、微网保护及其控制策略研究和微网的经济效益等，与此同时还初步的探讨了制订微网管理条例和相关法规。

美国能源部对推进美国微网的研究和发展起到了重要作用，它资助的微网示范工程亦具有重要的典型意义。美国能源部与通用电气共同资助了第二个“通用电气（General Electric Company，GE）全球研究（Global Research）”计划。GE 的目标是开发出一套微网能量管理系统（Microgrid Energy Management，MEM），使它能向微网中的器件提供统一的控制、保护和能量管理平台。MEM 的设计旨在通过优化对微网中互联元件的协调控制来满足用户的各种需求，如运行效率最高、运行成本最小等。这项微网计划分两个阶段施行，第一个阶段主要对一些基础的控制技术和能量管理技术方面进行研究，并探索该计划的市场前景。第二阶段在2008年完成，主要是将第一阶段的技术在具体的模型下进行仿真，并建造示范工程进行具体的实现。这项微网计划对于目前该领域的其他微网研究是一个很好的补充。

美国能源部于 2009 年启动了可再生能源与分布式系统集成项目（Renewable and

Distributed Systems Integration，RDSI），于 5 年内投资 5500 万美元在 8 个州建设 9 个微网示范工程项目，旨在通过集成分布式能源降低电力系统的峰值负荷。该项目通过对微电网内部的分布式能源进行集成管理，至少能够降低 15%的配电馈线或变电站峰值负荷，从而减少大约 25%的配电设备容量和 10%的发电设备容量。

美国能源部（DOE）在“Grid 2030”发展战略中，提出以微网的形式安装和利用微型分布式发电系统的阶段性计划，该计划对此后微网技术的发展规划进行了较为详尽的阐述。

除了民用领域，美国的微网示范工程还拓展到了军用领域。美国国防部与能源部、国土安全部合作，从 2011 年开始，总计投入 3850 万美元开展“蜘蛛”示范工程——面向能源、可靠性和安全性的智能电力设施示范工程（smart power infrastructure demonstration forenergy，reliability and security，SPIDERS），在 3 个美军基地（珍珠港——西肯联合基地、卡森堡基地和史密斯基地）分别建设 3 个微网示范工程，以支持基地的关键负荷。这 3 个基地微网的规模和复杂程度递增，目标是通过示范工程总结出适用于军事基地应用的微网标准和模板。

此外，近年来美国极端灾害天气频发，为此美国政府于 2013 年发起总值 1500 万美元的微网资助贷款试点计划（micro-grid grant and loan pilot program），资助全美 27 个微网示范工程的除设备采购外的设计、互联及其他工程费用，以防范飓风等极端灾害天气对电力供应带来的负面影响。

2014 年，为了支持奥巴马总统的“气候行动计划”，改善国家电网的灵活性，美国能源部宣布将在微网项目投资超过 800 万美元，帮助城市和乡镇更好地为极端气候和其他潜在的电力中断事故做准备。这笔投资的受惠地区包括阿拉斯加州、加利福尼亚州、伊利诺伊斯州、明尼苏达州、纽约州、田纳西州和华盛顿州。资金主要用于发展高新技术，使全国电力公司更加灵活、适应性更强。能源部支持一系列微网相关的项目，包括研发、区域合作以及和国防部及国家安全部合作的项目，可以在军事上保障电网发电和配电的稳定性和灵活性。

加拿大 Quebec 和 BC 两家公司也已经针对微网展开示范性工程建设，两家公司所建立的微网示范性工程主要针对微网的主动离网运行进行测试研究，研究的目标是通过合理地安置分布式发电装置改善用户侧的供电可靠性。

目前，加拿大约有 292 个边远地区独立电网，其中 175 个地区使用柴油发电。在使用柴油发电的地区中，有 138 个地区完全依赖柴油发电。考虑到柴油发电的成本和环境问题，建设利用光伏发电、风力发电、生物质能等本地可再生分布式能源的微网是加拿大边远地区电网发展的方向。目前加拿大已在 Kasabonika、Bella Coola 等许多地区开展了微网示范工程建设，并取得了良好的效果。北美部分微网示范工程见表 5-1。

表 5-1　　北美部分微网示范工程

序号	名称（地点）	能源种类	储能系统	主要特点
1	NREL Microgrid（美国）	柴油发电机：125kW 燃气轮机：30kW 光伏：10kW 风机：100kW	蓄电池	电源形式较多，负荷相对单一、无电动机负荷，分布式发电系统可靠性测试

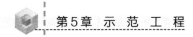

续表

序号	名称（地点）	能源种类	储能系统	主要特点
2	Sandia DETL Microrid（美国）	光伏、燃气轮机	电池储能	分析分布式电源利用效率，监测分布式电源、负荷变化对微网稳态运行的影响
3	CERTS Microgrid（美国）	燃气轮机：60kW×3	蓄电池	电源类型单一，没有考虑光伏、风机等分布式能源
4	Waitsfield Microgrid Project（美国）	光伏 燃气轮机：30kW 柴油发电机：380kW	计划后期增加风机和飞轮储能	分布式电源配电网规划、微网上层监控研究
5	Distributed Utility Integration Test Project（美国）	光伏：150kW 微型燃气轮机：90kW 柴油发电机：300kW	电池储能：500kW 液流电池：1MW	微网的电压和频率调整、电能质量监测与分析，微网继电保护机分布式电源渗透率对配电网影响的研究
6	Palmdale，Calif. City Microgrid Project（美国）	风电：950kW 水轮机：250kW 汽轮机：200kW 备用柴油发电机：800kW	超级电容器：225kW×2	研究超级电容对电能质量的影响
7	Santa Rita Prison Microgrid project（美国）	光伏：275kW	锂离子电池：2MW	为监狱提供日常用电，可孤岛运行 8h 以上，低储高发
8	PowerStream Microgrid（美国）	风电、光伏、天然气	电池储能	通用电气提供微网控制系统和工程设计，帮助 Power Stream 公司建设微网，为其总部提供照明、空调、制冷和电动车充电等负载用电
9	DOD Marine Corps Air Station Miramar Microgrid（美国）	光伏：230kW	锌溴电池：250kW	降低高峰用电需求，并在无法获得电网电力时为关键军事系统提供电力
10	PSU GridSTAR Microgrid Test Center（美国）	——	锂离子电池：250kW	集成了可再生能源与能源存储、电动汽车充电等先进技术
11	NREL &American Vanadium CellCube Test Site（美国）	风电、光伏	锂离子电池：250kW 全钒氧化还原液流电池：20kW	平抑可再生能源功率波动，瞬时功率平衡
12	Scripps Ranch Community Center BESS（美国）	PV：30kW	锂离子电池：100kWh	平抑可再生能源功率波动，后备电源
13	CODA Energy Project（美国）	光伏发电	锂离子电池：1000kWh	辅助服务，平抑可再生能源功率波动，电动汽车充电
14	Rose City Lights Project（美国）	光伏、热电联产	电池储能	平抑可再生能源功率波动

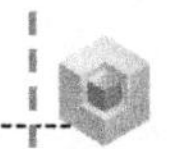

续表

序号	名称（地点）	能源种类	储能系统	主要特点
15	EnerDel Mobile Hybrid Power System（美国）		锂离子电池：15kW	节省发电机燃料供应，保证电力供需平衡
16	BCITMicrogrid Demonstration Site（加拿大）	光伏：27kW 柴油：300、500、125kW 天然气：15kW	电池储能	加拿大第一个校园智能微网示范站点

5.1.2 欧洲

欧洲重视可再生清洁能源的发展，是开展微网研究和示范工程较早的地区，1998 年就开始对微网开展系统的研发活动。欧洲微网的研究和发展主要考虑的是有利于满足能源用户对电能质量的多种要求以及欧洲电网的稳定和环保要求等。微网被认为是未来电网的有效支撑，它能很好地协调电网和分布式发电之间的矛盾，充分发挥分布式发电的优势。欧洲各国对微网的研究越来越重视，从电力市场、电能可靠供给及环境保护等方面考虑，欧洲各国积极致力于微网关键技术的应用研究，利用智能控制技术、先进电力电子技术实现了集中发电与分布式供能的高效紧密结合，积极鼓励社会各界参与电力市场，共同推进微网发展。欧盟在第五、第六和第七框架下支持了一系列关于发展分布式发电和微网技术的研究项目，组织众多高校和企业，针对分布式能源集成、微网接入配电网的协调控制策略、经济调度措施、能量管理方案、继电保护技术以及微网对电网的影响等内容开展重点研究，目前已形成包含分布式发电和微网控制、运行、保护、安全及通信等基本理论体系，相继建设了一批微网示范工程，例如，希腊基斯诺斯岛微网示范工程、德国曼海姆微网示范工程、丹麦法罗群岛微网示范工程、英国埃格岛微网示范工程等。

欧洲的微网研究主要分为两个阶段，第一个是欧盟第五框架计划中的电网研究资助计划。该项目已完成并且取得了一些很具启发意义的研究成果，如可用于对逆变器控制的低压非对称微网的静态和动态仿真工具、孤岛和互联的运行理念、基于代理的控制策略、本地黑启动策略、接地和保护的方案、可靠性的定量分析、实验室微网平台的理论验证等。欧洲微网研究的第二个阶段名为“Advanced architectures and control concepts for more micro-grid”。这项计划正在进行中。这项新计划的研究目标包括研发新型的分布式能源控制器、寻找基于下一代通信技术的控制策略、创造新的网络设计理念、各种微网在技术和商业方面的整合与协议标准以及微网对大电网运行的影响等。

“欧盟第六框架计划”代表着欧洲对微网研究的最高水准，这项计划投资了 850 万欧元，并且这项计划还在进行当中。该计划集合了来自法国、英国、德国等国家的专家学者，他们对微网的研究紧紧围绕着可靠性、灵活性、接入性等方面展开，从而充分利用了微网的智能化、多元化的能量转换功能。该项计划的主要目标为：①研究未来的通信技术，要满足技术和商业的需求。②保证微网的正常运行，还要对分布式电源和硬件设备进行研究，确保分布式电源与微网相容，实现微网即插即用的目标。确保分布式电源与微网相容，实现微网即插即用的目标。③重点研究微网对大电网的影响，不仅包括本地影响，还要研究其大范围的营销策略，要在提高供电可靠性、改善环境、降低网络损耗等方面进行研究。④保证微网的持久使用，要对电网的保护方案进行重新设计，另外，还要及时增强和更新老化的电网，进一步探索微网对基础电网的影响。

2005 年，欧洲提出“Smart Power Networks”计划，并在 2006 年出台该计划的技术实现方略，提出要充分利用分布式能源、智能技术、先进电力电子技术等实现集中供电与分布式发电的高效紧密结合，并积极鼓励社会各界广泛参与电力市场，共同推进电网发展。欧洲的微网示范工程项目主要有法国 Nice Grid 项目、瑞士 Zurich 项目、意大利 CESI RICERCA 项目等。

目前，欧洲已初步形成了微网的运行、控制、保护、安全及通信等理论，并在实验室微网平台上对这些理论进行了验证。其后续任务将集中于研究更加先进的控制策略、制定相应的标准、建立示范工程等，为分布式电源与可再生能源的大规模接入及传统电网向智能电网的初步过渡做积极准备。欧洲所有的微网研究计划都围绕着可靠性、可接入性、灵活性 3 个方面来考虑。电网的智能化、能量利用的多元化等，都将是欧洲未来电网的重要特点，而微网恰好具备这些特点。欧洲部分微网示范工程见表 5-2。

表 5-2　　欧洲部分微网示范工程

序号	名称（地点）	能源种类	储能系统	主要特点
1	Bronsbergen Holiday Park microgrid（荷兰）	光伏：335kW	电池储能	提供200幢别墅电力，联网孤岛自动切换，黑启动能力
2	AM Steinweg residential microgrid project（德国）	光伏：35kW 热电联产：28kW	铅酸电池：50kWh	系统能够进行孤岛运行，满足长时间的电力需求
3	CESI RICERCA DER test microgrid（意大利）	燃气轮机：150kW 光伏：24kW 模拟风机：8kW 柴油发电机：7kW	飞轮：100kW/30s 蓄电池：110kW 全钒氧化还原液流电池：42kW 钠氯化镍电池：64kW	进行稳态、暂态运行过程测试和电能质量分析
4	Kythnos Islands Microgrid（希腊）	光伏：11kW×6 柴油发电机：5kW	电池储能：3.3kW/50kWh	微网运行控制以提高系统满足峰荷能力和改善可靠性，目前只能独立运行
5	Labein Microgrid Project（西班牙）	光伏：0.6、1.6、3.6kW 柴油发电机：55kW×2 微型燃气轮机：50kW 风电：6kW	飞轮：250kW 超级电容器：48V/4500F 电池储能：11.8kWh	并网集中和分散控制策略分析，需求侧管理，电力市场交易
6	DeMoTec test microgrid system（德国）	光伏：1.4、1.7、20kW 柴油发电机：20、30kVA 燃气轮机：5.5kVA 风电：5kVA	电池储能：52.8、52.8kW、44.2kWh	电源类型多样，借助线路模拟、电网模拟和微型电网模拟装置，设置外延网络运行状态
7	MVV ResidentialMicrogrid Demonstration Project（德国）	燃气轮机：1.2kW 光伏：23.5kW	电池储能：6kW/18kWh	微网性能测试，经济效益评估
8	NTUA Microgrid system（希腊）	光伏：1.1kW、110W 风机：2.5kW	电池储能：15kWh	微网经济评估，分层控制策略、联网和孤岛模式切换研究

续表

序号	名称（地点）	能源种类	储能系统	主要特点
9	Armines Microgrid（法国）	光伏：3.1kW 燃料电池：1.2kW 柴油发电机：3.2kW	电池储能：18.7kWh	微网的上层调度管理和联网及孤岛运行控制
10	Aegean Islands Microgrid system（希腊）	光伏：12kW 柴油发电机：9kVA 风机：5kW	电池储能：85kWh	通过微网运行控制以提高系统满足峰荷能力和改善可靠性。目前只能孤网运行

5.1.3 日本

日本在分布式发电的应用和微网建设领域走在了世界的最前列，已在国内建立了多个微网工程。可再生能源一直是日本电力行业关注的重点，新能源产业技术综合开发机构大力支持一系列微网的示范工程，同时鼓励和倡导可再生能源和分布式发电技术在微网中的大力应用。NEDO 早在 2003 年就启动了包含可再生能源的地区配电网项目，分别在京都、爱知和青森 3 个县建立了微网示范性工程。在青森县的微网示范工程中，电能和热能全部由可再生能源（风能、太阳能和生物质能）供给。示范工程中的整个微网通过公共连接点与大电网连接。微网成功投运后，使可再生能源利用率增加，减少了当地用户从大电网购电量，并且 CO_2 排放量明显降低；在为期 1 周的独立试运行期间，整个系统的电压和频率均维持在允许范围内，较好地实现了系统的安全、稳定运行。

日本拥有全球最多的海岛独立电网，因此发展集成可再生能源的海岛微网，替代成本高昂、污染严重的内燃机发电，是日本微网发展的重要方向和特点。日本经济产业省资源能源厅于 2009 年启动了岛屿新能源独立电网实证项目，通过提供政府财政补贴，委托九州电力公司和冲绳电力公司在鹿儿岛县和冲绳县地区的 10 个海岛上完成了海岛独立电网示范工程的建设，包括由东芝集团负责建设的宫古岛大型海岛电网和由富士电机株式会社负责建设的 9 个中小型海岛微网。

日本于 2010 年成立了智能社区（Smart Community）联盟，由新能源及工业技术发展组织于横滨、丰田、京都府与北九州 4 个都市进行微网示范计划。建立了多个微网示范工程项目，包括日本 Kasai 绿色能源公园项目、日本爱知县项目以及与美国合作的日美合作智能电网项目等。

日本地震、台风、海啸等自然灾害频发，因此提升电力供应在自然灾害下的可靠性是日本微网发展的另一个重要方向和特点。2011 年，日本大地震及其诱发的海啸造成了福岛第一核电站 1～4 号机组发生核泄漏事故，并引发了严重的大范围停电。震灾期间，东京电力公司辖区损失电力供应 22GW，约占其峰值负荷的 37%；东北电力公司辖区损失电力供应 7.5GW，约占其峰值负荷的 50%。然而仙台市微网经受住了灾害的考验，在大电网失电、独立运行的 60 余个小时内，通过储能设备和燃气发电实现了关键负荷的不间断供电，有力保障了微网内医疗护理设备、实验室服务器等关键设备的正常运行。灾害过后，日本更加重视微网的研究和建设，以提高其电力供应的抗灾害能力及弥补核电关停造成的电力缺口。日本部分微网示范工程见表 5-3。

表 5-3 日本部分微网示范工程

序号	名称（地点）	能源种类	储能系统	主要特点
1	Hachinohe Project（日本）	沼气内燃机：170kW×3 光伏：80kW 风电：20kW	铅酸电池：100kW	供需平衡研究
2	Aichi Project（日本）	光伏：330kW 燃气轮机：130kW 磷酸型燃料电池：800kW 固体氧化物燃料电池：25kW 熔融碳酸盐燃料电池：440kW	钠硫电池：500kW	多种分布式能源的区域供电系统及对大电网的影响研究
3	Sendai Microgrid Project（日本）	燃料电池：250kW 内燃机：350kW×2 光伏：50kW	电池储能	分布式电源和无功补偿、动态电压调节装置的研究与示范
4	Kyotango Microgrid Project（日本）	光伏：50kW 内燃机：400kW 燃料电池：250kW 风机：50kW	铅酸电池：100kW	微网能量管理、电能质量控制研究
5	TokyoShimizu Construction Company Microgrid Project（日本）	内燃机：90kW 350kW 燃气轮机：27kW 光伏：10kW	超级电容：100kW 电池储能：420kWh	负荷预测、负荷跟踪、优化调度、热电联产控制的研究
6	Tokyo Gas Microgrid projects（日本）	光伏：10kW 内燃机：25kW×2、9.9kW 风机：6kW	电池储能	保证微网内电力供需平衡，实现本地电压控制，保证电能质量，减少温室气体排放

5.1.4 我国

微网技术作为前沿技术研究领域，以其高可靠性、环保、灵活等众多优点在欧美等发达国家得到了大力发展，与发达国家相比，我国的微网技术研究工作起步比较晚，但是发展较快。目前，电力公司和很多高校、研究结构都针对微网这一领域展开研究，并在国家“973”“863”计划的支持下在该领域开展一些研究工作，建设了一批微网示范工程。从地域上来看，我国微网示范工程主要分布于边远地区、海岛及城市等传统电网投资成本高、可再生能源丰富、环境压力大的地区，主要原因如下：

（1）我国西藏、青海、新疆、内蒙古等边远地区人口密度低、生态环境脆弱，扩展传统电网成本高，采用化石燃料发电对环境的损害大。但边远地区风光等可再生能源丰富，因此利用本地可再生分布式能源的独立微网是解决我国边远地区供电问题的合适方案。

（2）我国拥有超过 7000 个面积大于 500m^2 的海岛，其中超过 450 个岛上有居民。这些海岛大多依靠柴油发电在有限的时间内供给电能，目前仍有近百万户沿海或海岛居民生活在缺电的状态中。考虑到向海岛运输柴油的高成本和困难性以及海岛所具有的丰富可再生能源，利用海岛可再生分布式能源、建设海岛微网是解决我国海岛供电问题的优选方案。从更大的视角看，建设海岛微网符合我国的海洋大国战略，是我国研究海洋、开发海洋、走向海洋的重要一步。

（3）我国城市微网示范工程，重点示范目标包括集成可再生分布式能源、提供高质量及多样性的供电可靠性服务、冷热电综合利用等。

另外还有一些发挥特殊作用的微网示范工程，例如，江苏大丰的海水淡化微网项目。根据微网是否与大电网联合运行可以分为联网微网和独立微网。

联网微网是解决波动性可再生电力高比例接入配电网的有效方案。我国部分联网微网示范工程见表 5-4。相对于不带储能的简单可再生能源分布式并网发电系统具有如下功能和优势：

（1）通过微网形式可以有效提高波动性可再生能源接入配电网的比例。

（2）微网具备很强的调节能力，能够与公共电网友好互动，平抑可再生能源波动性，消减电网峰谷差，替代或部分替代调峰电源，能接受和执行电网调度指令。

（3）与公共电网联网运行时，并网点的交换功率和交换时段可控，且有利于微网内电压和频率的控制。

（4）在微网自发自用电量效益高于从电网购电时，或在公共电网不允许“逆功率”情况下，可以有效提高自发自用电量的比例，避免损失可再生能源发电量，提高效益；当公共电网发生故障时，可以全部或部分孤岛运行，保障本地全部负荷或重要负荷的连续供电。

（5）延缓公共电网改造，不增加甚至减少电网备用容量。

（6）在电网末端可以提高供电可靠性率，改善供电电能质量，延缓电网（如海缆）改造扩容，节约电网改造投资。

（7）与其他清洁能源（如 CHP）和可再生能源不同利用形式结合，可以同时解决当地热水、供热、供冷和炊事用能问题。

表 5-4　　我国部分联网微网示范工程

序号	名称	能源种类	储能系统	主要特点
1	内蒙古呼伦贝尔市陈巴尔虎旗赫尔洪德村分布式电源接入风光储微网项目	光伏：100kW 风电：75kW	磷酸铁锂电池：25kW×2h	新建的移民村，并网型微网
2	浙江鹿西岛并网型微网示范工程项目	光伏：300kW 风电：1.56MW 柴油发电机：1.2MW	铅酸电池：4MWh 超级电容：500kW×15s	具备微网并网与离网模式的灵活切换功能
3	天津生态城二号能源站综合微网	光伏：400kW 燃气轮机：1489kW 地源热泵机组：2340kW 电制冷机组：1636kW	300kWh	灵活多变的运行模式；电冷热协调综合利用
4	中新天津生态城公屋展示中心项目	光伏：300kW	锂离子电池：648kWh 超级电容：50kW×2×60s	“零能耗”建筑，全年发用电量总体平衡
5	中新天津生态城智能营业厅项目	光伏：30kW 风电：6kW 负荷：10kW 照明、5kW 充电桩	锂离子电池：35kW×2h	既可与外部电网并网运行，也可孤立运行
6	南京供电公司微网接入及风光储系统	光伏：50kW 风电：15kW	铅酸蓄电池：50kW	储能系统可平滑风光出力波动；可实现并网/离网模式的无缝切换
7	浙江南都电源动力公司微网	光伏：55kW	铅酸蓄电池/锂电池：1.92MWh 超级电容：100kW×60s	电池储能主要用于“削峰填谷”；采用集装箱式，功能模块化，可实现即插即用

续表

序号	名称	能源种类	储能系统	主要特点
8	河北承德御道口村分布发电/储能及微网接入控制项目	光伏：50kW 风电：60kW	锂电池：128kWh	为该地区广大农户提供电源保障，实现双电源供电，提高用电电压质量
9	北京新能源产业基地智能微网示范项目（简称北京延庆微网项目）	光伏：1.8MW 风电：60kW	3.7MWh	结合我国配网结构设计，多级微网架构，分级管理，平滑实现并网/离网切换
10	河北省电力科学研究院园区"光、储、热一体化协调运行控制技术研究及微网示范工程"	光伏：190kW 地源热泵	磷酸铁锂电池：250kWh 超级电容：100kWh	接入地源热泵，解决其启动冲击性问题；交直流混合微网；电动汽车充电桩
11	河南分布式光伏发电及微网运行控制试点工程	光伏：350kW 负荷：45kW	锂离子电池：100kW×2h	是国家电网公司智能电网微网领域2010年唯一的试点工程，基本满足学校7栋宿舍楼和学生食堂的日常用电；实现微网双向潮流功能，但储能技术功能单一，系统功能有限，不能充分凸显储能实现智能微网能量优化效果
12	杭州电子科技大学"先进稳定并网光伏发电微电网系统"	光伏：120kW（728块光伏板） 柴油发电机：120kW 负荷：200kW	超级电容器：100kW×2s 铅酸电池：50kW×1h	中日双方共同实施，国内第一个光伏发电微型电网实验研究系统，光伏发电比例高达50%；储能昼充夜放，提高供电质量。铅酸电池能量利用率较低，寿命有限
13	山东长岛"间歇式可再生能源海岛电网运行技术研究及工程示范"项目	风电：62MW 光伏：200kW	电池储能系统：1MWh	我国北方第一个岛屿微网；储能平抑风电波动，提高供电可靠性，增强电网结构，促进可再生能源的高效利用。储能选型单一，能量管理简单
13	浙江大学风光流储混合微网示范工程	风能：3400kW 光伏：500kW 潮汐能：300kW 柴油发电机：200kW	锂离子电池：1MW/500kWh	能够运行于并网模式（最大功率跟踪模式和可调度模式）和孤网模式，实现两种模式间无缝切换；储能平抑风光波动，提高系统电能质量。储能系统类型单一，功能简单，能源利用率不高，运行成本较高
14	未来科技城国电研发楼风光储能建筑一体化示范项目	光伏：2.58MW 风电：1.5MW	磷酸铁锂储能装置：500kW×2h	风光储微网系统实现了间歇电源发电功率稳定输出，有效解决了当前风电、光伏发电发展中面临的电能质量低下，电压波动、闪变、频率波动、谐波污染问题，减少电网设备投资
15	"微网群高效可靠运行关键技术及示范"课题示范工程	光伏、风电、应急柴油发电	230kWh×4	国家首个智能微网群工程

独立微网适用于电网未覆盖的农村、海岛等边远无电地区，仅有小水电但供电不可靠的地区，以及对于在国家"送电到乡"工程中已经建成，但供电能力已严重下降的光伏或风光互补村落电站的改造。

独立微网建设的主要目的是有效解决我国边远无电地区和无电海岛的用电问题，替代柴油发电机组，降低供电成本。通常采用交流总线技术，与传统的直流总线技术相比，

交流总线微网更高效、更灵活，更适合于多种可再生能源发电系统的接入，供电半径宽，易于扩容，通过从发电到用电的能量管理系统可以做到实时的供需平衡，大大提高供电保证率，在将来还可以很容易地同公共电力系统或相邻其他交流总线微网并网。我国部分独立微网示范工程见表 5-5。

表 5-5　　我国部分独立微网示范工程

序号	名称	能源种类	储能系统	主要特点
1	西藏阿里地区狮泉河水光储互补微网项目	光伏：10MW 水电：6.4MW 柴油发电机：10MW	5.2MWh	光电、水电、火电多能互补；海拔高、气候恶劣
2	西藏日喀则地区吉角村微网项目	水电、光伏发电、风电、柴油发电机应急发电、总装机 1.4MW	电池储能	风光互补；海拔高、自然条件艰苦
3	西藏那曲地区丁俄崩贡寺微网项目	光伏：6kW 风电：15kW	储能系统	风光互补；西藏首个村庄微网
4	青海玉树州玉树县巴塘乡 10MW 级水光互补微网项目	光伏：2MW（单轴跟踪光伏发电） 水电：12.8MW	15.2MW	兆瓦级水光互补，全国规模最大的光伏微网电站之一
5	青海玉树州杂多县大型独立光伏储能微网项目	光伏：3MW	双向储能系统：3MW/12MWh	多台储能变流器并联，光储互补协调控制
6	青海海北州门源县智能光储路灯微网项目	集中式光伏发电	锂电池储能	高原农牧地区首个此类系统，改变了目前户外铅酸电池使用寿命在 2 年的状况
7	新疆吐鲁番新城新能源微网示范区项目	光伏（包括光伏和光热）：13.4MW	储能系统	当前国内规模最大、技术应用最全面的太阳能利用与建筑一体化项目
8	内蒙古额尔古纳太平林场风光储微网项目	光伏：200kW 风电：20kW 柴油发电机：80kW	铅酸蓄电池：100kWh	边远地区林场可再生能源供电解决方案
9	广东珠海市东澳岛兆瓦级智能微网项目	光伏：1MW 风电：50kW	铅酸蓄电池：2MWh	与柴油发电机和输配系统组成智能微网，提升全岛可再生能源比例至 70%以上
10	广东珠海市担杆岛微网	光伏：5kW 风电：90kW 柴油发电机：100kW 波浪发电：10kW	442kWh	拥有我国首座可再生独立能源电站；能利用波浪能；具有 60t/天的海水淡化能力
11	浙江东福山岛风光储柴及海水综合新能源微网项目	光伏：100kW 风电：210kW 柴油发电机：200kW 负荷：240kW 海水淡化：24 kW	铅酸蓄电池：1MWh 单体 2V/1000Ah，共 240 节×2	我国最东端的有人岛屿；具有 50t/天的海水淡化能力，储能平抑风光波动，提高新能源利用率，辅助柴发维持微网稳定，储能类型单一，功能单一
12	浙江南麂岛离网型微网示范工程项目	光伏：545kW 风电：1MW 柴油发电机：1MW 海流能：30kW	铅酸蓄电池：1MWh	全国首个兆瓦级离网型微网示范工程；能够利用海洋能；引入了电动汽车充换电站、智能电能表、用户交互等先进技术；储能用以平抑风光流波动，提高可再生能源利用率，减少柴油机发电机运行时间。储能系统功率较小，能量结构单一

续表

序号	名称	能源种类	储能系统	主要特点
13	三沙市 500kW 独立光伏发电示范项目	光伏：500kW	磷酸铁锂电池：1MWh	我国最南方的微网
14	江苏大丰风柴储海水淡化独立微网项目	风电：2.5MW 柴油发电机：1.2MW 海水淡化负荷：1.8MW	铅碳蓄电池：1.8MWh	研发并应用了世界首台大规模风电直接提供负载的孤岛运行控制系统

微网的特点适应我国电力发展的需求与方向，在我国有着广阔的发展前景，具体表现如下：

（1）微网是我国发展可再生能源的有效形式。一方面，充分利用可再生能源发电对于中国调整能源结构、保护环境、开发西部、解决农村用能及边远地区用电、进行生态建设等均具有重要意义；另一方面，我国可再生能源的发展潜力十分巨大。然而，可再生能源容量小、功率不稳定、独立向负荷提供可靠供电的能力差以及对电网造成波动、影响系统安全稳定的缺点将是其发展中的极大障碍。若能将负荷点附近的分布式能源发电技术、储能及电力电子控制技术等很好地结合起来构成微网，则可再生能源将充分发挥其重要潜力。例如，对于中国未通电的偏远地区，充分利用当地风能、太阳能等新能源，设计合理的微网结构，实现微网供电，将是发挥中国资源优势、加快电力建设的重要举措。

（2）微网在提高中国电网的供电可靠性、改善电能质量方面具有重要作用。将地理位置接近的重要负荷组成微网，设计合适的电路结构和控制，为这些负荷提供优质、可靠的电力，可以减少重要负荷的停电经济损失。

（3）微网对于我国发展热电联产具有极大的指导意义。目前，我国已建立了许多热电联产项目。如何就近选择合适容量的热力用户与电力用户组成微网，并进行最佳的发电技术组合，对于我国提高能源利用效率、优化能源结构、减少环境污染等具有重要意义。

为了充分利用可再生能源发电、调整能源结构、改善电能质量、提高供电可靠性，我国开展了对微网的研究。国家已将“分布式供能技术”列入了2006～2020年中长期科学和技术发展规划纲要，并且已有“863”和“973”计划支持微网领域的研究，开展了一系列微网示范工程。

5.1.5 其他国家和地区

世界上还有许多其他国家和地区开展微网相关研究和示范工程建设，例如，韩国济州岛示范工程、印尼电信产业微网工程、澳大利亚珀斯等地的9个微网示范工程、泰国Kohjig等地的7个微网示范工程、南非罗本岛微网示范工程、香港晨曦岛微网示范工程等，见表5-6。越来越多的国家和地区加入到微网的研发和应用中，根据具体国情和实际需求建设各具特点的微网示范工程。

表5-6　　其他国家和地区部分微网示范工程

序号	名称（地点）	能源种类	储能系统	主要特点
1	ERI Microgrid（韩国）	光伏：20kW 风电：10kW 柴油发电机：70kW	电池储能	

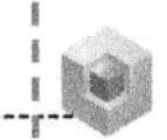

续表

序号	名称（地点）	能源种类	储能系统	主要特点
2	Central India system（印度）	风电：7.5kW×2 光伏：5kW 柴油发电机：2kW、5kW	电池储能	为移动电话基站持续提供电力。减少柴油发电机的燃料成本，减少二氧化碳排放
3	Bulyansungwe Microgrid（非洲）	光伏：3.6kW×2 柴油发电机：4.6kW	电池储能：21.6kWh	为两所宾馆、学校和修道院供电
4	lencois Island Microgrid（巴西）	光伏：21kW 风电：7.5kW×3 柴油发电机：53kW	电池储能	风光柴储独立微网系统

5.2 典型示范工程

5.2.1 河南分布式光伏及微网工程

河南分布式光伏及微网工程位于河南财专新校区，项目于2010年底联调成功，包括350kW光伏系统、2套100kW/100kWh储能系统，为7栋宿舍楼和学生食堂提供日常用电，系统结构图如图5-1所示。其中光伏发电系统设置在7栋宿舍楼顶，如图5-2所示，为便于控制，每个宿舍楼光伏单独逆变。

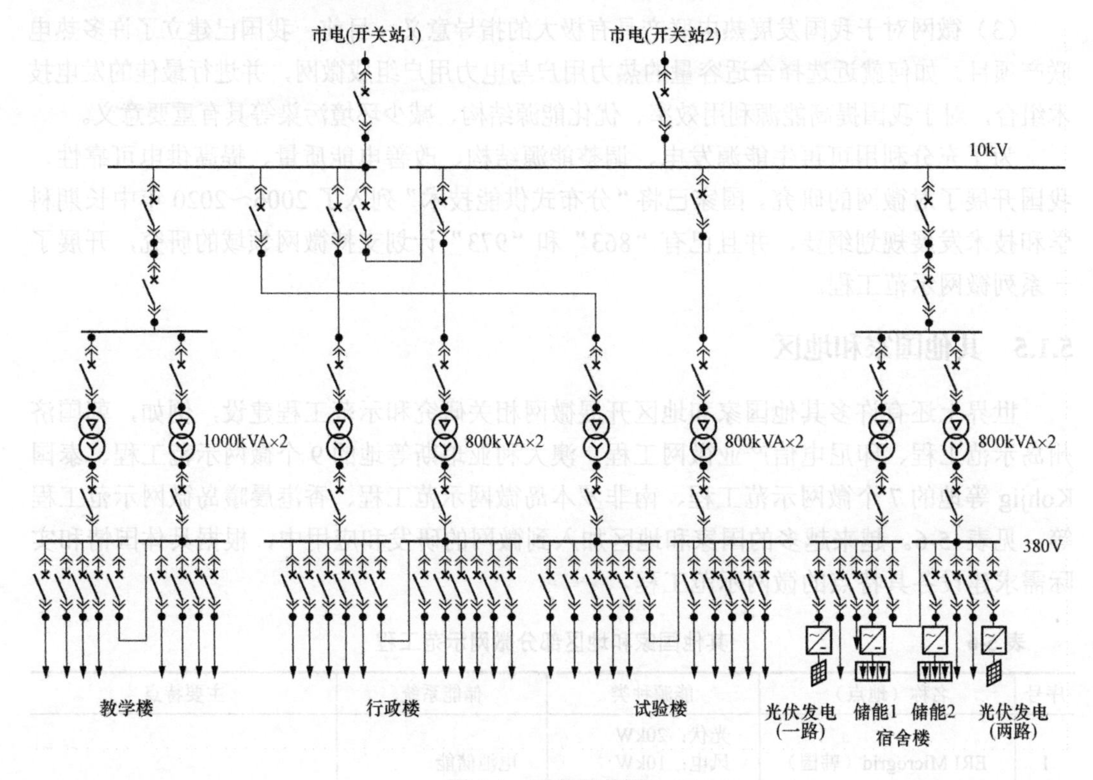

图 5-1　系统结构图

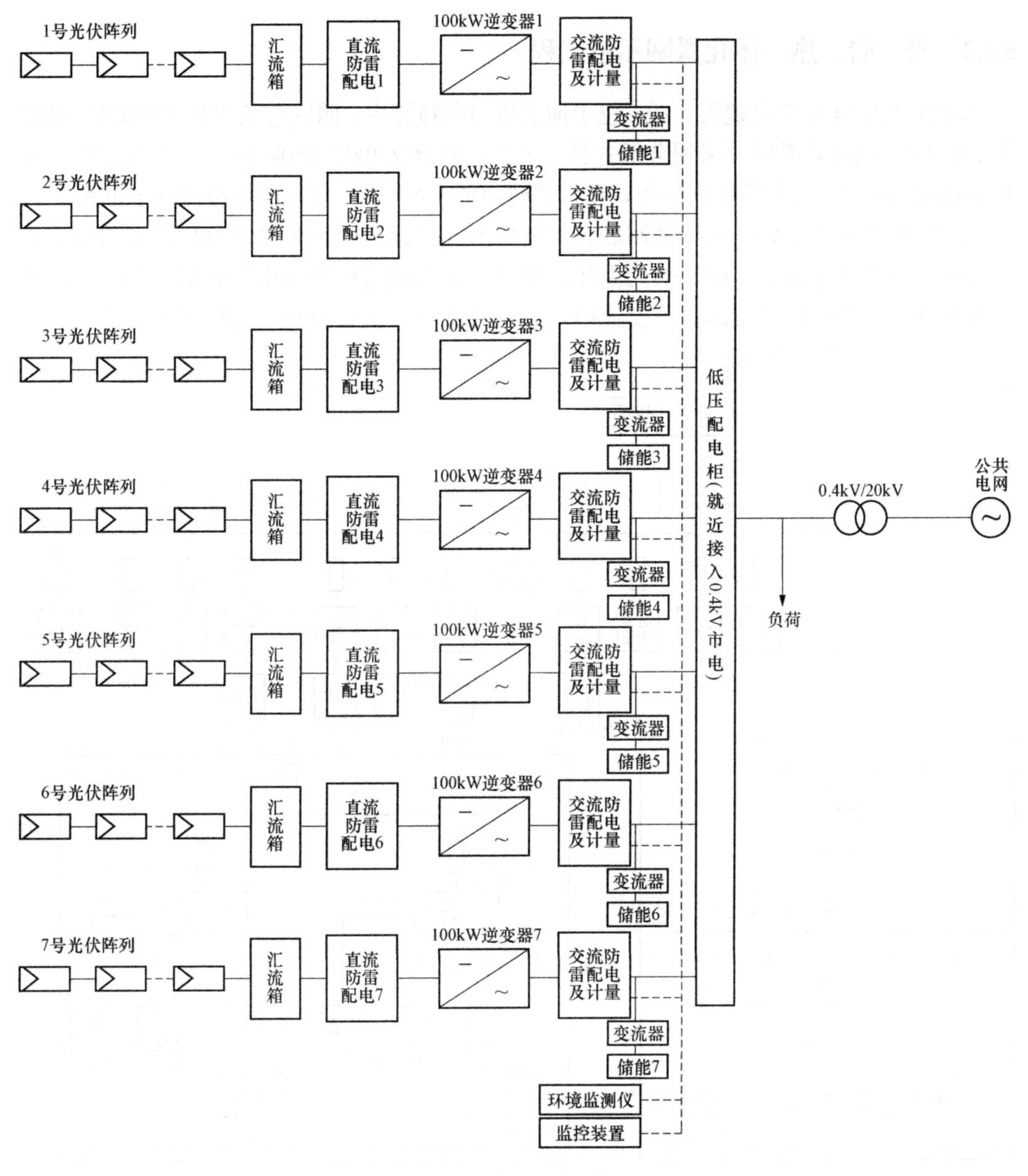

图 5-2 分布式光伏结构图

为了减小对现有配电设备的改变，蓄电池也接入宿舍的供电母线上。并且将宿舍楼配电区（4 号区）中的负荷根据重要程度分级，如照明和动力负荷可以分开，照明负荷相对重要。孤岛方式下，微网系统可仅为照明负荷提供电源，实现对重要负荷的不间断供电。储能系统友好接入，与配网协调运行，实现双向潮流，功率分配调度与电能平衡、发电及负载控制。

本系统用电具有明显的时段性，在学生开学期间用电负荷峰值在 600kW 左右，此时光伏发电可全部就地被消纳，当学生放假期间，整个系统用电负荷小于 50kW，光伏发电超过用电负荷，将有反方向的潮流流入电力配电网。

5.2.2 光、储、热一体化微网示范工程

项目于 2014 年 7 月建设完成，位于河北电力科技园内，园区总负荷为 4200kW，建设了 190kW 光伏发电系统并采用分散式接入方式，联合 250kW/250kWh 电池储能系统，以及 100kW×5s 超级电容器储能系统，配套搭建组成光/储/热一体化的多级微网示范系统。

微网系统采用主微网与子微网联合组网的形式构建，两个子微网分别在交流和直流侧组网。该平台是以光、储、热为主体，兼容各类负载与模拟发电设备的一体化微网实验研究系统。其运行模式涵盖了交流微网、直流微网、交直流混合微网等多种形式。平台的总体架构如图 5-3 所示。

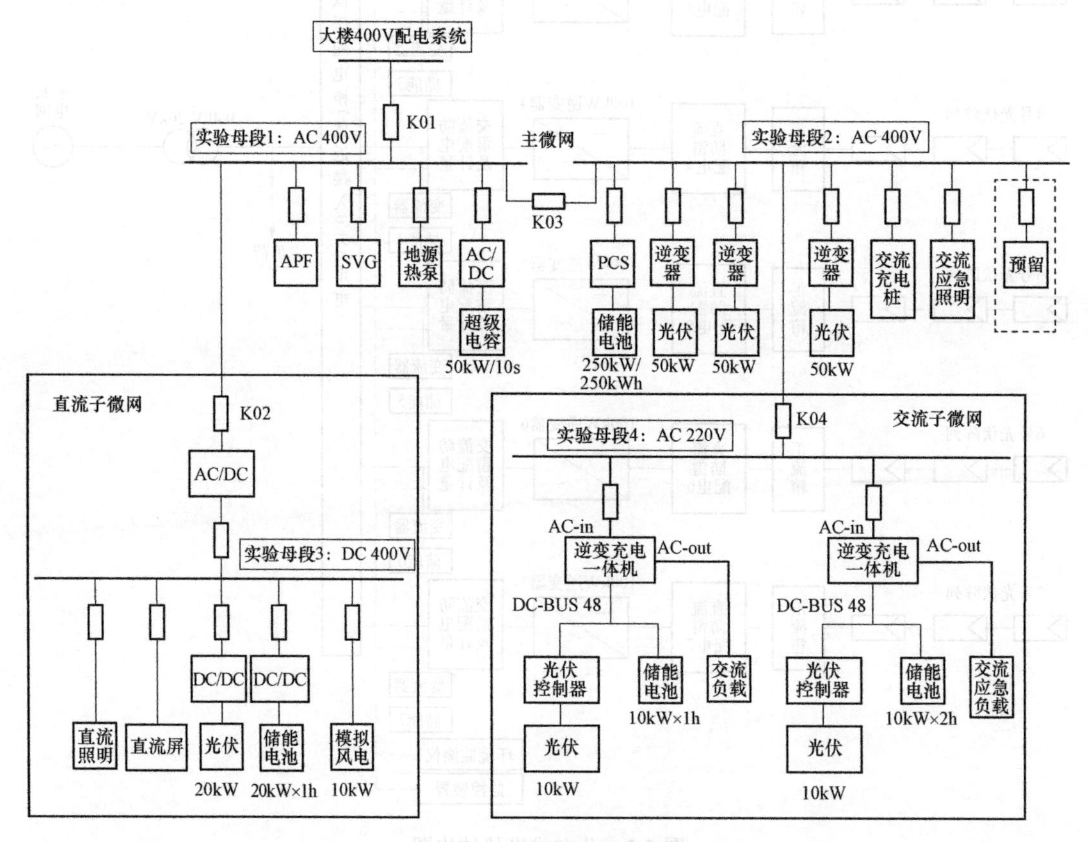

图 5-3 平台的总体架构图

主微网采用 400V 交流电压组网，由 250kW/250kWh 储能单元、50kW 光伏发电单元、有源滤波装置（APF）、无功静止补偿装置（SVG）、交流充电桩、交流照明以及预留的交流电源和负载间隔组成，所有单元间隔均在交流母线汇集。

直流子微网采用 400V/24V 双直流组网，由 20kW/20kWh 储能单元、20kW 光伏发电单元、10kW 模拟风电发电单元、直流照明、微网控制室直流屏组成。所有单元间隔均在直流母线汇集，通过 DC/AC 变换单元与外部电网连接。

交流子微网模拟分布式家庭用微网系统，由两个户用微网组成，采用 400V 交流组网。每个户用微网由 10kW 光伏发电单元、10kW 储能单元、交流负载组成，通过充电逆变一体机与外部电网连接。

整个微网实验研究平台具备灵活的网架结构，可实现如下几种运行方式：

（1）整个微网实验研究系统与实验大楼配电网并网运行。

（2）整个微网实验研究系统离网运行。

（3）主微网与交流子微网联网运行，直流子微网并网运行。

（4）主微网与直流子微网联网运行，交流子微网离网运行。

（5）主微网与交流子微网并网运行，直流子微网离网运行。

（6）主微网与直流子微网并网运行，交流子微网离网运行。

（7）主微网、直流子微网、交流子微网各自离网运行。

微网的运行控制分为接入控制层、微网控制层、就地控制层 3 个层面。以就地控制为主，远程控制为辅。微网的主要相关运行数据可以远传到调度端。微网运行控制体系的架构如图 5-4 所示。

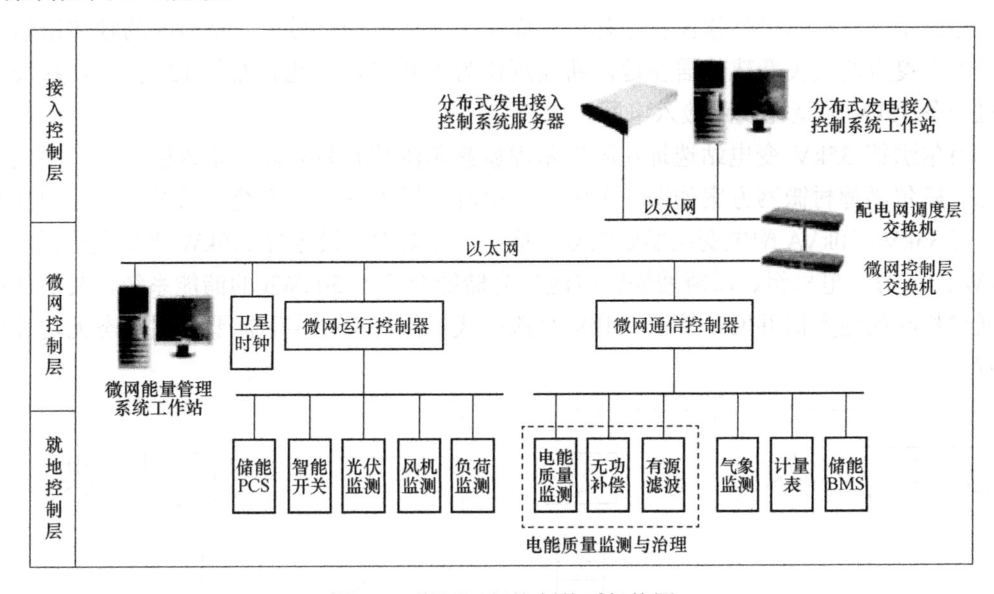

图 5-4 微网运行控制体系架构图

5.2.2.1 接入控制层

微网对于大电网表现为单一可控、可灵活调度的单元，既可与大电网并网运行，也可在大电网故障或需要时与大电网断开运行。正常运行时参与大电网经济运行调度，提高整个电网的运行经济性。在特殊情况下，微网可作为配电网的备用电源向配电网提供有效支撑，加速配电网的故障恢复。在大电网用电紧张时，微网可利用自身的储能机制进行削峰填谷，从而避免配电网大范围的拉闸限电，减少大电网的备用容量。

5.2.2.2 微网控制层

微网控制层是整个微网运行控制的核心部分，用来实现微网的监视和控制。在保证微网安全运行的前提下，以全系统能量利用效率最大为目标，最大限度地利用可再生能源，同时兼顾电能的优化配置。微网控制层通过负荷预测和分布式电源发电预测，根据当前微网的运行情况，实时进行分布式电源与负荷、微网与主网的优化协调控制，并及

时响应接入控制层的远方控制，实现并网、孤网、停运的平滑过渡。

5.2.2.3　就地控制层

就地控制层由一系列就地控制器和就地保护设备组成，就地控制器独立完成各分布式电源频率和电压的一次调节，就地保护设备独立完成各单元的故障快速保护，通过就地控制和保护的配合实现微电网故障的快速“自愈”。

5.2.3　内蒙古呼伦贝尔市陈巴尔虎旗微网

陈巴尔虎旗赫尔洪德移民新村分布式发电/储能及微网接入控制试点工程，在偏远、网架薄弱地区建设并网型微网，在实际解决本地无电区供电需求的同时，解决农村智能配电网建设中的分布式电源高效并网、储能优化配置、高可靠性供电关键技术问题，探索分布式发电/储能及微网在农村电网的接入和建设模式，为农村智能配电网的建设提供理论、技术及实践依据。

陈巴尔虎旗赫尔洪德移民村是陈巴尔虎旗为居住在沙化最为严重地区的呼和诺尔镇哈日干土嘎查的牧民新建的居住地，新建规模为 100 户，占地总面积 12 万 m^2，移民村通过一条 35kV 轻型化线路接入电网。

赫尔洪德 35kV 变电站选址在陈巴尔虎旗赫尔洪德新村东侧，是该微网的主要支撑电源。赫尔洪德村微网方案如图 5-5 所示，微网工程为 0.4kV 系统，通过一个专用并网开关与 35kV/630kVA 配电变压器低压侧连接。该方案中建设包含 110kW 光伏发电系统、50kW 的风力发电机组、以磷酸铁锂电池作为储能介质的 50kWh 的储能系统，灵活分组后通过相应的逆变器并网，接入 0.4kV 交流母线，同时根据实际需要配置动态无功补偿装置。

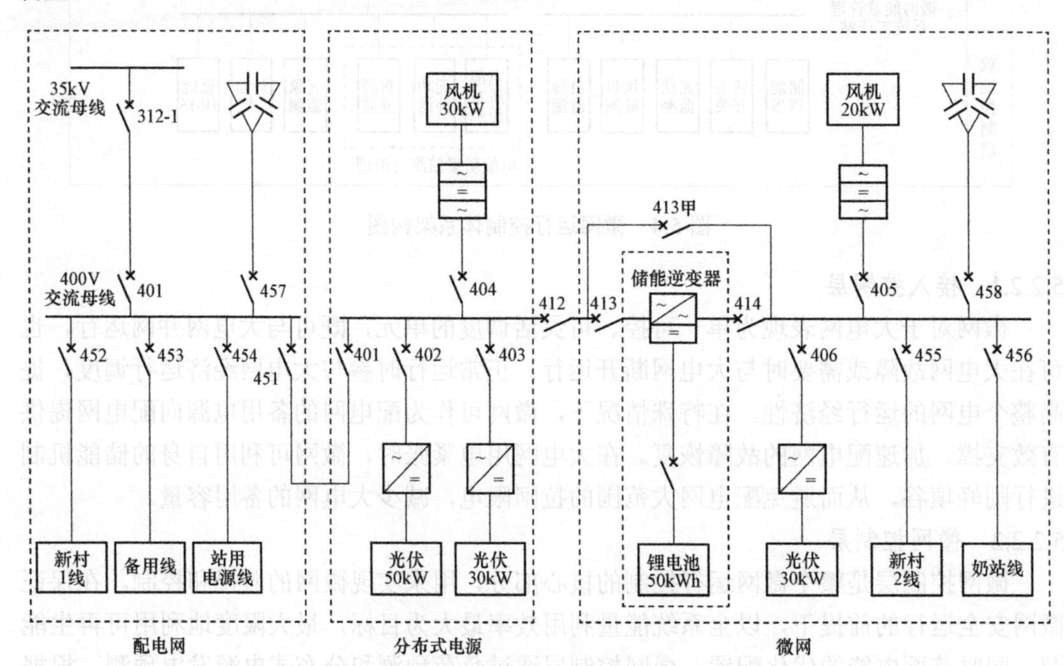

图 5-5　赫尔洪德村微网方案

陈旗微网试点工程为典型的并网型微网，作为移民定居点生产、生活、沙化治理工程、绿化灌溉工作电源以及“风光储”试点项目的配套工程，微网拟接入由规划中的35kV 轻型化线路供电的配电变压器低压侧，包括 100kW 光伏、75kW 风电、25kW×2h 磷酸铁锂电池储能。分布式电源/储能并网方案如图 5-6 所示。赫尔洪德移民新村牧户为 100 户，选取 30 户居民作为微网负荷，最大负荷约为 24kW。

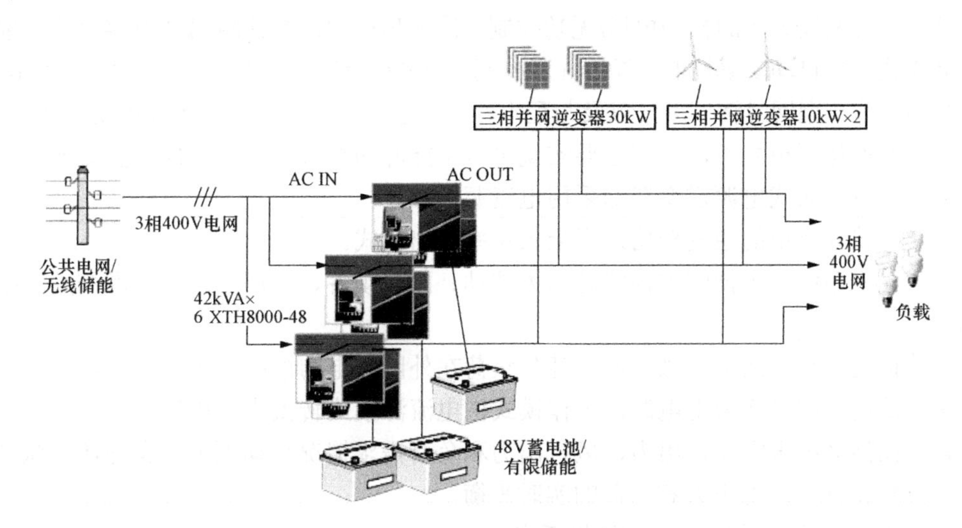

图 5-6 分布式电源/储能并网方案

通过结构化的综合布线系统和网络化接线，将微网中的分布式电源、储能和负荷等设备集成为一个有机整体，有效实现系统的运行监控和能量管理。

采用集中管理和分层控制的思想，对整个系统中的设备进行分层/分级控制，解决多种分布式电源、储能、负荷的协调控制和优化运行问题。并网运行时，配电网调度系统下发调度指令，实现与电网互动；主站负责能量管理策略的制订，集中控制器负责优化协调控制的执行；就地控制层负责分布式电源/微网/负荷的运行控制与保护。图 5-7 所示为微网控制系统架构图。

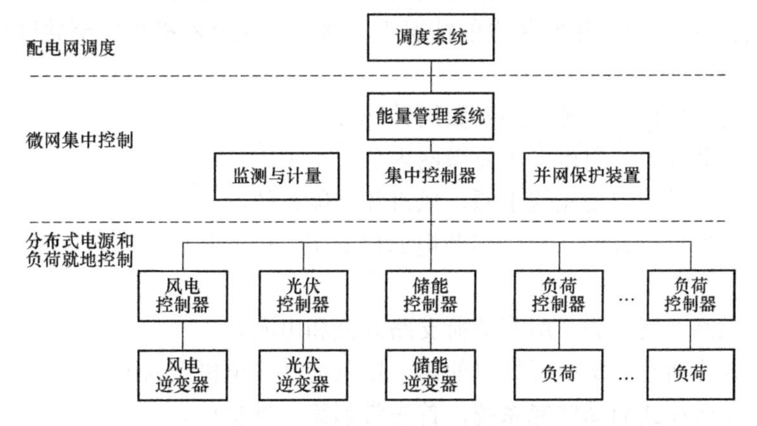

图 5-7 微网控制系统架构图

微网运行管理系统从配电网调度层、微网集中控制层、分布式电源和负荷就地控制层

3个层面对微网进行综合控制和管理。数据采集及存储可实现微网的运行控制以及运行数据的积累，对分布式电源和储能系统配置监控装置，采用先进智能化的通信方式，实时监测微网系统的运行参数和工作状态。集中监控平台主要负责微网控制策略的运行、与电源/储能/负荷终端的信息交互、与后台服务器系统的信息交互，通过对分布式电源/储能/负荷的协调控制，实现微网在并网/孤岛模式下的稳定优质运行及运行模式间的切换。监控平台包括：①并网模式下的自动电压/无功控制；②孤岛检测；③并网/孤岛切换功率控制；④孤岛模式下的自动功率控制；⑤再并网控制。微网能量管理系统主要负责数据存储、实时监视与操作、微网经济调度，以及与配电网调度系统的接口。微网运行控制策略如下：

➢ 并网运行模式下，微网主要实现可再生能源的综合利用，解决电能短缺问题。

➢ 所有分布式电源逆变器均采用电流源模式。

➢ 光伏和风电的逆变器均采用最大功率输出模式。

➢ 储能系统起平抑间歇性能源出力波动、削峰填谷、提高可再生能源利用效率的作用。

➢ 孤岛运行模式下，微网保证部分负荷在外网断电的情况下正常运行。

➢ 储能系统可作为主电源，工作模式由电流源模式转换为电压源模式。

➢ 储能系统根据光伏出力、风机出力和负荷需求情况自动调节自身充放电状态和功率，维持微网中电源出力和负荷的实时平衡。

➢ 必要时候可采取切负荷/切机手段。

（1）并网转离网运行模式下，当外部电网发生故障时，检测到并网母线电压过低，双向逆变器的内置转移继电器会自动打开，并自动切换成电压源模式，储能系统维持微网电压和频率保持恒定。风力、光伏发电逆变器在微网模式切换过程中自动退出（孤岛保护），待检测到微网母线电压正常时， 重新并网运行；其仍工作在电流源模式。

（2）离网转并网运行模式下，当外部电网恢复时，检测到并网母线电压恢复正常，微网控制器给双向逆变器下达孤网转并网指令。双向逆变器接收并网指令后，自动检同期并网，并同时切换成电流源模式。风力、光伏发电逆变器继续运行，仍工作在电流源模式。

（3）微网启动运行模式下，包括并网启动和孤岛启动2种。

1）并网启动：在电网正常供电的情况下，微网从完全停机恢复至并网供电的过程，具体流程为如下：

➢ 断开所有负荷和电源，闭合微网并网开关。

➢ 闭合负荷开关，用市电恢复微网内负荷供电。

➢ 以电流源模式启动光伏电源、风机和储能系统。

2）孤网启动（黑启动）：在电网断电的情况下，微网从完全停机恢复至孤岛供电的过程。

➢ 断开微网并网开关、所有负荷支路开关和电源。

➢ 对于该黑启动方案中要恢复的第一批负荷（非电机负荷），闭合该支路开关。

➢ 以电压源模式启动储能系统，首先带起第一批负荷。

➢ 为了实现微网的黑启动逐步分批地增加电源和负荷恢复部分电源然后恢复相应容量的负荷；重复此步骤，直至全部电源恢复。

（4）分布式电源/微网并离网稳定切换。并网时，微网的功率由配电网进行平衡，频率的控制和电压调整也由配电网完成，光伏逆变器采用 PQ 控制。离网时，主电源是储能系统，负责系统的能量平衡。

1）并网控制策略。微网与电网互动，根据电网需求，结合分布式电源的发电情况，在保障自身稳定运行的前提下，进行储能充放电和负荷投切的灵活控制。

2）离网控制策略。微网内的功率全部由系统进行自平衡，储能逆变器由 PQ 控制转变为 Uf 控制，提供电压和频率支撑，并适时跟踪负荷变化。风光逆变器采用 PQ 控制，功率适时可调。

5.2.4 青海曲麻莱独立微网储能示范工程

青海曲麻莱独立微网储能示范工程位于青海省玉树藏族自治州曲麻莱县，是国家“金太阳示范工程”。曲麻莱光储独立微网系统结构如图 5-8 所示。本项目属于离网光伏发电系统，光伏总装机容量为 7.2MW，储能总容量为 25.7MWh，分 3 部分建设：

（1）光伏微网电站为 6.91MW 光伏、5MWh 锂电池及 20MWh 铅酸蓄电池。

（2）县委、县政府及政协为 251.37kW 光伏及 500kWh 铅酸蓄电池的微网停车棚。

（3）景观照明部分为 41.16kW 光伏及 200kWh 铅酸蓄电池的纯离网光伏电站。

工程建设单位为中广核青海太阳能科技有限公司，东北电力设计院为总承包方，黑龙江火电第一工程公司为分包方，协同东北院负责建筑、安装、调试等工作。

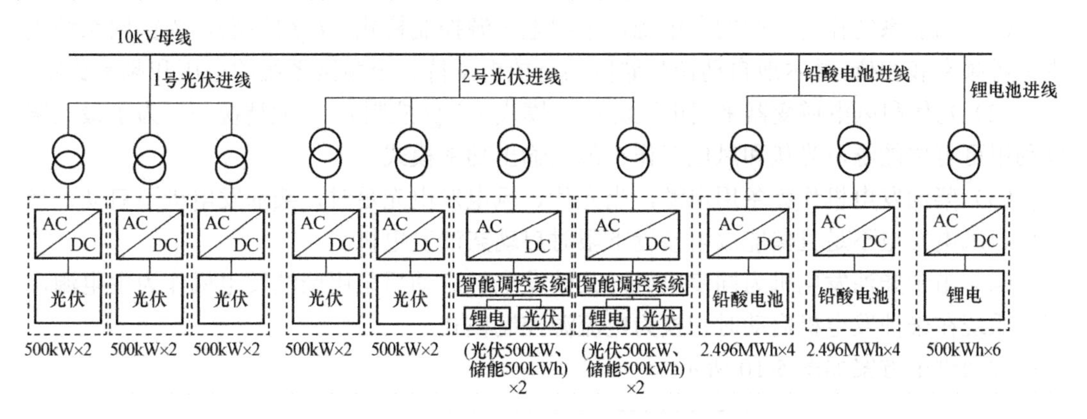

图 5-8 曲麻莱光储独立微网系统结构图

该电站采用全光伏储能发电模式，不带任何其他电源，并入当地微网后，其启动电压由水电站提供，但当水电站处于枯水期无法建立光伏电站启动电压时，通过在磷酸铁锂电池储能的能量调节系统中加装调控设备，对储能电池的放电情况进行调控，为光伏电站母线充电并使其并联的并网逆变器带电，从而建立启动电压，解决光伏电站的黑启动问题。可解决曲麻莱县城常住户 3866 户 11429 人以及自来水厂、肉联厂、鹿厂、砖厂、寺院等用电大户无电、缺电问题，并可在连续阴雨天等极端情况下，依靠电池 24h 供电，50%的居民日常用电靠储能电池运行 72h，重要负荷依靠储能电池供电达 1 周时间。另外，为处理好光伏电源点、储能电源点、小水电电源点与负荷分配的关系，光伏电站增加了一套调度自动化系统，合理控制电源点出力和负载之间的关系。

5.2.5 额尔古纳太平林场微网

太平林场位于内蒙古自治区东北部，呼伦贝尔草原北端，大兴安岭西北麓。原太平地区有邮局、部队、边防、学校、诊所等多个单位。由于远离主网，太平林场未与主网连接。太平林场尚未实现电网供电，微网未建前仅由 3 台柴油发电机共 30kW 供应林场生产和居民用电，每天供电 2h。而太平林场约有居民 90 户，用电负载以居民负载为主，每户最大负载按 0.8kW 计算；考虑 0.8 的同时率，最大负载 58kW，现有电源条件不能满足用户负载需求。

额尔古纳太平林场地区具有丰富的太阳能、风能资源。

太阳能资源：太平林场地区冬季有效日照时间每天在 3～4h，有效日照时段在上午 10 时～下午 14 时，夏季有效日照时间在 6～8h，有效日照时段在上午 9 时～下午 16 时。

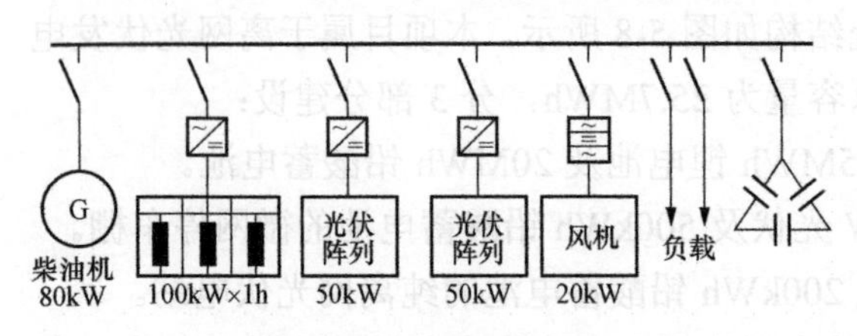

图 5-9 微网供电方案

风能资源：额尔古纳地区 50m 高度年平均风速为 4.03m/s，风向较为稳定。

太平林场微网为典型的风光储离网型微网，包括 200kW 光伏、20kW 风电、100kW×1h 储能，另配的 80kW 柴油发电机组作为备用，如图 5-9 所示。

微网运行控制策略：

（1）储能系统作为微网的主电源，采用电压源控制模式（*U*/*f* 控制），为微网系统提供参考频率和相位，并本地自动调整储能的充放电维持整个微网系统的电压和频率稳定。

（2）光伏和风电逆变器采用电流源控制模式（*P*/*Q* 控制）。一般情况下，为了最大限度利用可再生能源，光伏和风电工作在最大输出功率模式。

（3）柴油发电机作为备用电源，当光伏、风电发电充足时，柴油发电机不启动；当光伏、风电发电不足且储能放电接近下限时启动柴油发电机。

（4）由于柴油发电机为同步电机，柴油发电机启动后采用柴油发电机作为主电源，储能系统在柴油发电机启动时切换为电流源控制模式。

微网供电方案如图 5-10 所示。

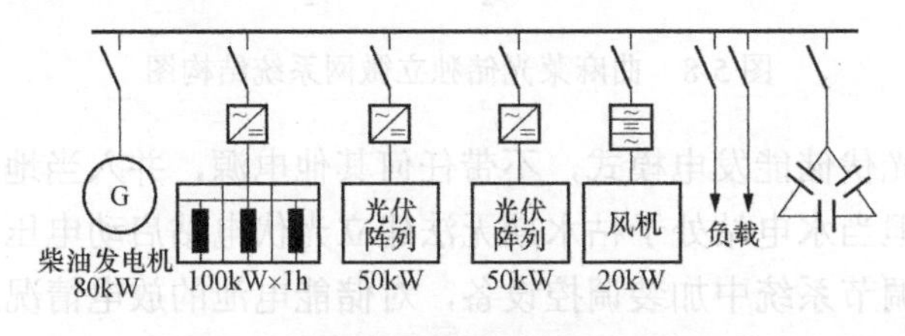

图 5-10 微网供电方案